普通高等教育"十四五"规划教材

大学生创新创业实践（计算机类专业）

赵 玲 编著

中国石化出版社

图书在版编目(CIP)数据

大学生创新创业实践：计算机类专业 / 赵玲编著 .
—北京：中国石化出版社，2022. 6
ISBN 978-7-5114-6687-7

Ⅰ. ①大… Ⅱ. ①赵… Ⅲ. ①大学生-创业
Ⅳ. ①G647. 38

中国版本图书馆 CIP 数据核字（2022）第 078549 号

中国石化出版社出版发行
地址：北京市东城区安定门外大街 58 号
邮编：100011 电话：(010)57512500
发行部电话：(010)57512575
http://www. sinopec-press. com
E-mail：press@ sinopec. com
河北宝昌佳彩印刷有限公司印刷
全国各地新华书店经销
*
787×1092 毫米 16 开本 16. 75 印张 405 千字
2022 年 7 月第 1 版 2022 年 7 月第 1 次印刷
定价：58. 00 元

前　　言

随着信息化的不断发展和互联网的不断普及，人们越来越重视计算机教育，使得计算机类专业成为各大高校的热门专业之一。而另一方面，现在许多企事业单位在招聘中，对计算机类毕业生的要求也越来越严格，尤其是电子竞技类的企业，因为计算机技术发展迅速，几乎是日新月异，各大企业要求计算机类的大学生必须要具备新精神与创新能力，能给企业创造利益。所以，要求高等院校在计算机类课程的教学过程中，注重对大学生创新能力的培养，而加强大学生创新能力已成为现代教育技术发展的必然趋势。

计算机专业大学生的创新创业实践，是信息技术及学生未来发展的重要部分，创新创业是大学生面临的必要问题，计算机的日新月异与信息更替是面临的现实问题，系统化地让计算机专业的学生明白创新创业的重要性，真正学会如何创新创业已经是各大高校不可缺少的意识培养。网络化的学生时代，我们更应该把握时代潮流，将创新意识作为高校培养内容之一。

创新的重要性逐渐显现，一个国家、一个民族想要走在时代的前列，就一刻也不能停止创新。高校毕业生，作为国家不可缺少的后备力量，作为国家未来发展的中流砥柱，必须要认识创新，明白创新，学会创新。

长期以来，对于看似是创新主体——学生在进行创新活动，但是跟很多因素和环节有密切关系，比如政策保障、条件保障等。创新是需要各级政策保障的，以便解除学生的后顾之忧，使他们本已分散的精力能重新积聚起来。应有各种奖励制度，鼓励他们勇往直前。对各类政策的了解与熟悉，更能帮助大学生们了解。还要有其他因素，如：可用的实验室资源、指导教师力量与投入、测试分析保障等。高校实验室集实验教学、科学研究、技术开发等所用各种仪器设备资源于一处，是学生创新实践的主战场，指导老师则是大学生创新实践活动的高级顾问和参谋；谈笑间指导学生攻坚克难，更可以把其多年从事创新、创业的经验传授给德才兼备的弟子，继承发扬出去。

编写本书的主要目的，就是为了给在大学阶段不知该如何创新创业的计算机相关学科的大学生，提供一定的思路和帮助，让大学生适应社会主义市场经济发展，让他们认识到城乡产业结构将依据市场的不断变化进行相应调整，从而带来劳动力的转移和职业岗位的转换，需要且应该具备新技术、新工艺的实施以及新产品的开发和创造能力，也就是要求未来的大学生不仅要具备计算机行业的从业能力，还必须具备创新创业能力。

围绕创新创业的基本政策和基于当代大学生的创新创业的迫切需求，我们编写了本书。本书主要分为四个部分，11 个章节。

第一部分是创新的概念和意义，包括第 1 章、第 2 章。主要介绍了创新的定义、创新的发展、创新的重要性及创新思维。

第二部分是 TRIZ 创新方法，包括第 3 章、第 4 章。主要介绍了 TRIZ 创新方法的主要内容及在计算机领域的应用。TRIZ 的理论基础是自然科学、系统科学和思维科学，来源于对海量专利的分析和总结。理论核心是技术系统进化法则。

第三部分介绍了互联网思维，包括第 5 章、第 6 章。互联网思维的含义与理论及互联网思维下网站产品功能的创新设计。这样的一种思维模式，能够了解和把握互联网思维的主要特征，对进入互联网的企业持续发展具有重要实践意义。

第四部分介绍了国家创业政策、创业的基本知识及大学生创业基础，包括第 7~11 章。大学生创业一直是网络的讨论热点，成功与失败都是明显的，优点与缺点都是不可忽视的，本书全面地介绍了目前国家的政策优势及大学生创业的难点。

计算机专业大学生的创新创业实践是个新的课题，随着以中国“互联网+”大学生创新创业大赛为首的创业类比赛的进行，越来越多的专家、学者和互联网从业者参与到创业型人才的选拔和培养中来，希望通过本书，能够真正意义上帮助同学们了解到什么是创新创业，也能够了解自己是否具备创业的专业素养和创业思维，如何不断提升自己的创业能力，从而更好地服务国家和人民。

本书由赵玲、王险峰、刘志刚和杨冬黎编写，所有编者都具有丰富的指导大学生创新创业类比赛的经验，并指导过大学生进行过创业，其中赵玲负责总体策划，并编写了第 1、2、3、4 章；王险峰编写了第 5、6 章；刘志刚编写了第 7、8、9 章；杨冬黎编写了第 10、11 章。在本书编写过程中，刘赵杰同学、汪百彤同学、张静怡同学、刘海洋同学参与了本书的文稿校正和程序测试等工作，在此表示衷心的感谢。

由于国内尚无与本书密切相关的书籍作为参考，所以书内所写仅为作者一家之言，若有不当之处，敬请读者批评指正。

目　录

1.3.1 创新的哲学要点

(1) 物质的发展

物质形态对于人类来说是具体矛盾。人们认识的宇宙与哲学的宇宙，在哲学上代表了实践的范畴与意识的范畴两个不同的含义。创新就是创造对于实践范畴的新事物。任何有限的存在都是可以无限再创造的。

(2) 矛盾是创新的核心

矛盾是物质的本质与形式的统一。物质的具体存在与存在本身是矛盾的。

(3) 人是自我创新的结果

人以创新创造出人对于自然的否定性发展。是人超越自然、达成自我的基本路径。人的内在自觉与外在自发，构成内在必然与外在必然的差异。创新就是人的自我否定性发展。

(4) 创新是人自我发展的基本路径

创新与积累行为构成一个矛盾发展过程。创新是对于重复、简单方式的否定，是对于人类实践范畴的超越。新的创造方式创造新的自我!

(5) 认识论认为创新是自我意识的发展

自我意识的发展是自我存在的矛盾面，其发展必然推动自我行为的发展，推动自我生命的成长。

从认识的角度来说，就是更有广度、深度地观察和思考世界；从实践的角度来说，就是能将这种认识作为一种日常习惯，贯穿于具体实践活动中。创新是无限的。从辩证法的角度说，创新包括肯定和否定两个方面，从而也就包括肯定之否定与否定之肯定。前者是从认同到批判的暂时过程，而后者是一种自我批判的永恒阶段。所以创新从这个角度来说，就是一种“怀疑”，是永无止境的。

1.3.2 社会学概念的创新

创新是指人们为了发展需要，运用已知的信息和条件，突破常规，发现或产生某种新颖、独特的有价值的新事物、新思想的活动。

创新的本质是突破，即突破旧的思维定势，旧的常规戒律。创新活动的核心是“新”，它或者是产品的结构、性能和外部特征的变革，或者是造型设计、内容的表现形式和手段的创造，或者是内容的丰富和完善。

1.3.3 经济学概念的创新

什么是创新？简单地说，就是利用已存在的自然资源或社会要素，创造新的矛盾共同体的人类行为，或者可以认为是对旧有的一切所进行的替代、覆盖。

经济学上，创新概念的起源为美籍经济学家熊彼特在1912年出版的《经济发展概论》。熊彼特在其著作中提出：创新是指把一种新的生产要素和生产条件的“新结合”引入生产体系。它包括五种情况：引入一种新产品，引入一种新的生产方法，开辟一个新的市场，获得原材料或半成品的一种新的供应来源，新的组织形式。熊彼特的创新概念包含的范围很广，如涉及到技术性变化的创新及非技术性变化的组织创新。

到20世纪60年代，新技术革命的迅猛发展。美国经济学家华尔特·罗斯托提出了“起飞”六阶段理论，对“创新”的概念发展为“技术创新”，把“技术创新”提高到“创新”的主导地位。

1962年，由伊诺思(J. L. Enos)在其《石油加工业中的发明与创新》一文中首次直接明确地对技术创新下定义，“技术创新是几种行为综合的结果，这些行为包括发明的选择、资本投入保证、组织建立、制定计划、招用工人和开拓市场等”。伊诺思的定义是从行为集合的角度来下定义的。而首次从创新时序过程角度来定义技术创新的林恩(G. Lynn)认为技术创新是“始于对技术的商业潜力的认识，将其完全转化为商业化产品的整个行为过程”。

美国国家科学基金会(National Science Foundation of U. S. A.)，也从20世纪60年代开始兴起并组织对技术的变革和技术创新的研究，迈尔斯(S. Myers)和马奎斯(D. G. Marquis)作为主要的倡议者和参与者。在其1969年的研究报告《成功的工业创新》中将创新定义为技术变革的集合。他们认为技术创新是一个复杂的活动过程，从新思想、新概念开始，通过不断地解决各种问题，最终使一个有经济价值和社会价值的新项目得到实际的成功应用。到70年代下半期，他们对技术创新的界定大大扩宽了，在NSF报告《1976年：科学指示器》中，将创新定义为“技术创新是将新的或改进的产品、过程或服务引入市场。”而明确地将模仿和不需要引入新技术知识的改进作为最终层次上的两类创新，并把它划入技术创新定义范围中。

20世纪70—80年代，随着有关创新的研究进一步深入，开始形成系统的理论。厄特巴克(J. M. Utterback)的创新研究独树一帜，1974年发表的《产业创新与技术扩散》中认为，“与发明或技术样品相区别，创新就是技术的实际采用或首次应用”。缪尔赛在20世纪80年代中期对技术创新概念做了系统的整理分析，并提出：“技术创新是以其构思新颖和成功实现为特征的、有意义的、非连续性事件”。

著名学者弗里曼(C. Freeman)把创新对象基本上限定为规范化的重要创新。他从经济学的角度考虑创新，认为技术创新在经济学上的意义只是包括新产品、新过程、新系统和新装备等形式在内的技术向商业化实现的首次转化。1973年发表《工业创新中的成功与失败研究》，提出“技术创新是技术的、工艺的和商业化的全过程，其导致新产品的市场实现和新技术工艺与装备的商业化应用”。1982年，在《工业创新经济学》修订本中明确指出，技术创新就是指新产品、新过程、新系统和新服务的首次商业性转化。

我国在20世纪80年代以来开展了技术创新方面的研究，傅家骥先生对技术创新的定义是：企业家抓住市场的潜在盈利机会，以获取商业利益为目标，重新组织生产条件和要素，建立起效能更强、效率更高和费用更低的生产经营方法，从而推出新的产品、新的生产(工艺)方法、开辟新的市场，获得新的原材料或半成品供给来源或建立企业新的组织，它包括科技、组织、商业和金融等一系列活动的综合过程。此定义是从企业的角度给出的。彭玉冰、白国红也从企业的角度为技术创新下了定义：“企业技术创新是企业家对生产要素、生产条件、生产组织进行重新组合，以建立效能更好、效率更高的新生产体系，获得更大利润的过程。”

进入21世纪，在信息技术推动下，知识社会的形成及其对技术创新的影响进一步被认识，科学界进一步反思对创新的认识：技术创新是一个科技、经济一体化过程，是技术进和问题分析方法可以有效地打破思维惯性，使人们从传统的思维中解放出来，从更广阔的视角看待问题，快速发现问题的本质；“最终理想解”指明解决问题的目标所在，明确解决问题的方向，从而有效避免盲目性；系统进化法则可以帮助人们认清技术系统的进化规律，并预测产品与服务的未来；分析模型可以帮助人们正确定义问题的矛盾，细致梳理产生矛盾的过程和原因，保证有效、彻底地解决问题。此外，TRIZ 理论还可以与其他优秀的创新方法如六西格玛、头脑风暴法、模糊前端技术、质量功能展开等方法或理论结合使用。TRIZ 理论自身也在进一步发展完善，主要应用于工程技术领域，但也在向社会科学领域发展和渗透。TRIZ 理论所揭示的规律和提供的工具具有一定的普适性，从事任何行业的人在学习过 TRIZ 理论后都会受益匪浅。

1.7 创新的原则

市场发展到一定程度，资本越来越集中，竞争也必然越来越残酷，尤其在国内，消费增长比投资增长慢，必然会导致生产过剩的时代提前到来。所谓的“红海”战略，描述的就是在这种环境下竞争的企业战略，其一个主要特点就是“血腥”。资本集中导致产品技术竞争的差异化程度越来越小，营销创新就成了许多企业的救命稻草。过去的几年，可以说是国内企业营销创新得到了很大的发展，渠道创新、概念营销等都让人耳目一新，但这些凝聚了许多营销人心血的创新，好像流行音乐一样，来得快，去得也迅速。比如凭借着渠道营销创新一夜走红的三株，也就风光了几年，最终倒在自己的营销思维上。还有风光一时的秦池、爱多等等，这种现象让营销界陷入了一种迷幻之中：究竟是什么造成营销创新的短命？

其实，如果我们深层理解营销创新，把营销创新当成一种战略，而不是战术或者救市稻草，就会发现：营销创新其实是可以如经典歌曲一样，长盛不衰。下面介绍营销的创新原则。

（1）营销创新的原则之一

永远不要抛弃创新的根本——产品。在现实生活中，有很多人思维好像非常超前，一说起营销，就滔滔不绝的说一大堆听起来非常前卫的理论，让人云里雾里，肃然起敬。更有人出卖所谓的“点子”成了大营销家。但一旦实践起来，这些理论和“点子”就如被包装好的流行歌曲，即使成名，又能维持多久呢？当然不可否认前卫理论和“点子”的作用，关键是营销人应该在这些让人眩晕的五彩面前始终要保持一种清醒的意识。有哪个百年企业是依靠一时的前卫理论和“点子”一直发展的？可口可乐、宝洁等跨国企业长盛不衰的一个秘诀就是始终把产品是否能够符合消费者的要求作为营销至高无上的法宝。当别的企业在炒作概念的时候，这些优秀的企业始终坚持把“优秀的产品才是最好的营销”当作自己的理念。只有在产品基础上创新的营销，才是永远能够保持活力的营销，才能不断创新。

（2）营销创新的原则之二

渠道。无论是眼下流行的终端制胜论，还是大批发萎缩论，企业的营销是绝对不能没有渠道的。渠道是企业营销创新取之不竭的源泉。在现实生活中，我们经常会看到很多企业通过渠道变革来达到营销创新的目的，并且取得了空前的成功。比如，国内一家很著名的摩托车企业，在 20 世纪 90 年代初期，当其他企业忙着收获因为卖方市场带来的好处时，这家企业把渠道变革当成营销创新的基础去开展工作了。当90年代中期，国内摩托车行业走向买方市场，供大于求的时候，这个厂家的营销创新发挥了巨大的作用，尤其是1995年上海助力车市场开放的时候，该企业通过其完整的渠道提前得到消息，迅速研发，并通过渠道将该车在上海销售。当该企业赚的眉开眼笑的时候，别的企业才慌忙跟进。

（3）营销创新的原则之三

不要把营销当作企业渡过难关的战术使用，一定要把营销创新提升到战略的高度。为什么很多外国专家都评价说中国的民族企业最终不能担当大任？除了企业整体战略，就是营销创新战略的缺失。内行看行情，外行看热闹。别看国内许多企业在营销上搞的有形有色，但细看基本上没有几个能够把自己的营销创新坚持下来，并发扬光大。一旦营销掌门人换掉，企业的营销创新又换了一种思路，最终受损失的是企业。如果我们的企业能够把企业营销创新当作一种战略，这种尴尬的局面就不会出现，企业也就不会因为换人也换思路了。

（4）营销创新的原则之四

服务是别人永远无法复制的制胜法宝。当海尔宣布自己的服务营销战略时，曾经有很多企业跟进。例如家电行业的美菱，服务人员去用户家里服务时，必须随身带着红地毯，避免弄脏用户的地板，这就是轰动一时的红地毯服务。但由于各种原因，没多久就销声匿迹了。第二个例子是摩托车企业春兰，曾经用飞机空运一台发动机到安徽，但也没有了下文。而海尔始终把服务创新当作自己的营销战略贯彻于始终，不管别人说海尔产品质量怎样怎样，但就凭海尔的服务特色，海尔的营销战略就是成功的，至少在目前的国内企业，没有一个企业能够把自己的营销创新贯彻到战略高度并且如此彻底，这就是海尔成功的基本因素之一。

1.8 创新的重要性

没有创新的企业是没有希望的企业，开拓创新的重要性体现在两个方面：

一方面，优质高效需要开拓创新：

① 服务争优要求开拓创新；

② 盈利增加仰仗开拓创新；

③ 效益看好需要开拓创新。

另一方面，事业发展依靠开拓创新：

① 创新是事业快速、健康发展的巨大动力；

② 创新是事业竞争取胜的最佳手段；

③ 创新是个人事业获得成功的关键因素。

1.9 创新人才

创新不容易。第一，创新意味着改变，所谓推陈出新、气象万新、焕然一新，无不诉说着一个“变”字；第二，创新意味着付出，因为惯性作用，没有外力是不可能有改变的，这个外力就是创新者的付出；第三，创新意味着风险，从来都说一分耕耘一分收获，而创新的付出却可能收获一份失败的回报。创新确实不容易，所以总是在创新前面加上“积极”“勇于”“大胆”之类的形容词。

因为创新不容易，所以也就有了创新人才的问题。所谓的创新人才，就是具有创新意识、创新精神、创新思维、创新知识、创新能力并具有良好的创新人格，能够通过自己的创造性劳动取得创新成果，在某一领域、某一行业、某一工作上为社会发展和人类进步做出了创新贡献的人。

仅有创新意识和创新能力还不能算是创新人才，因为创新人才首先是全面发展的人才，作为工具的人、模式化的人和被套以种种条条框框的人不可能成为创新性人才。当代社会的创新人才，是立足于现实而又面向未来的创新人才。

1.9.1 人才内涵

虽然各国在高等教育改革中都非常重视培养创新型人才，但各国对创新人才的理解并不一致。

我国从 20 世纪 80 年代中期开始倡导培养创新型人才以来，有关创新型人才培养的学术论文不胜枚举。但对于什么是创新(创造)型人才，大家的观点并不一致。具有代表性的观点是：

——所谓创造型人才，是指富于独创性，具有创造能力，能够提出、解决问题，开创事业新局面，对社会物质文明和精神文明建设作出创造性贡献的人。这种人才，一般是基础理论坚实、科学知识丰富、治学方法严谨，勇于探索未知领域；同时，具有为真理献身的精神和良好的科学道德。他们是人类优秀文化遗产的继承者，是最新科学成果的创造者和传播者，是未来科学家的培育者。

——创造型人才的主要素质是：有大无畏的进取精神和开拓精神；有较强的永不满足的求知欲和永无止境的创造欲望；有强烈的竞争意识和较强的创造才能；同时还应具备独立完整的个性品质和高尚情感等。

——创新型人才是指具有创造精神和创造能力的人，它是相对于不思创造、缺乏创造能力的比较保守的人而言的，这个概念与理论型、应用型、技艺型等人才类型的划分不是并列的。实际上，不论是哪种类型的人才，皆须具有创造性。

由此看出，我国教育界主要是从创造性、创新意识、创新精神、创新能力等角度阐释创新人才或创造型人才的。这似乎给人一种错觉，只要专门培养人的创造性、创新意识、创新精神、创新能力等素质，创新人才的培养便可大功告成。虽然也有个别专家的定义、解释涉及到了基础理论知识、个性品质和情感等因素，但并没有形成主流。

1.9.2 国际定义人才

在国外的有关文献中，我们并未发现与“创造型人才”或“创新型人才”对等的概念。一些相关的概念如 creative mind、creative、critical thinking 等，大都是从心理学的角度研究创造性思维、创造性人格的特点。

国外对创新人才的理解比我国要宽泛一些，他们大都是在强调人的个性全面发展的同时突出创新意识、创新能力的培养。这从国外有关大学教育培养目标的阐释中可以清晰地看出来。应该注意的是，世界主要发达国家对人才的创新意识、创新精神、创新思维、创新能力的重视已有很长的历史，只不过近年来更加突出而已。

在英国，培养绅士型的领袖和学者是大学教育的培养目标。什么是绅士型的领袖和学者？按照英国19世纪教育家纽曼的话来说，就是“学会思考、推理、比较、辨别和分析，情趣高雅，判断力强，视野开阔的人”。牛津大学校长C·鲁卡斯要求大学培养的人才“要有很高的技术，非常宽的知识基础，有很强的个人责任感、革新能力和灵活性。个人能够不断地获取新的技术以适应其需要。”至2001年，牛津大学共为英国培养出40名诺贝尔奖获得者、25位首相。

德国大学的人才培养深受洪堡大学理念的影响。至20世纪，德国教育家雅斯贝尔斯提出大学应该培养“全人”的理念，追求“全人”前提下的创新。

美国大学教育有着自由教育的传统。早在20世纪初叶，弗莱克斯纳就提出大学教育应培养社会的精英。至20世纪中叶，美国教育家赫钦斯批评美国大学教育在人才培养上的专业化和非智力化倾向，强调教育的目的在于培养完人，使人成为有作为的人、自由的人，而不是片面发展的工具。大学教育的目的与教育目的是一致的，就是要发展人的理性，养成智性美德，实现最高的智慧(睿智)及最高的善，从而培养出“完人”。美国有许多大学其实都在追求培养创新型人才。截止到1998年，仅哈佛大学一所学校，就已有35名教师、38名毕业生获得诺贝尔奖，可以说是培养创新人才最成功的大学之一。该校以追求真理为办学宗旨，在人才培养上以全面发展的人、有教养的人为目标，强调培养的人才应该是在情感、智力方面全面发展的人，应该是受过广泛而深刻的教育的人，是独立思考能力、分析能力、批评能力和解决问题的能力高度发展的人才。麻省理工学院(MIT)也很重视创新人才的培养，该校规定：“MIT的本科教育扎根于广泛的学科领域，结合这些学科的力量来形成对价值和社会目标的看法。除了广泛的自由学习的机会之外，还鼓励学生获得某一领域的基本知识和继续学习的兴趣，并成为创造性的智力探索者，能够独立追求学问”；“MIT致力于给学生打下牢固的科学、技术和人文知识基础，培养创造性地发现问题和解决问题的能力。”

联合国教科文组织的有关21世纪教育发展的报告也要求培养创新型的人才，但在教育目的的阐述上仍坚持全人或完人的培养目标。

1.9.3　创新人才理解的基本认识

在对创新人才的理解上，我们应该坚持以下几点基本认识：

(1) 创新人才是与常规人才相对应的一种人才类型

所谓创新型人才，就是具有创新意识、创新精神、创新能力并能够取得创新成果的人才。而所谓常规人才则是常规思维占主导地位，创新意识、创新精神、创新能力不强，习惯于按照常规的方法处理问题的人才。创新型人才与通常所说的理论型人才、应用型人才、技艺型人才等是相互联系的，它们是按照不同的划分标准而产生的不同分类。无论是理论型人才、应用型人才还是技艺型人才，都需要有创造性，都需要成为“创新人才”。

(2) 创新人才的基础是人的全面发展

创新意识、创新精神、创新思维和创新能力并不是凭空产生的，也不是完全独立发展的，它们与人才的其他素质有着密切的联系。从这个意义上讲，创新人才首先是全面发展的人才，是在全面发展的基础上创新意识、创新精神、创新思维和创新能力高度发展的人才。

（3）个性的自由发展是创新人才成长与发展的前提

日本临时教育审议会关于教育改革的第一次审议报告指出：“创造性与个性有着密切的联系。”大学要培养具有创造性的创新人才，就必须首先使他们成为一个作为人的人、真正自由的人、具有个体独立性的人，而不是成为作为工具的人、模式化的人、被套以种种条条框框的人。虽然不能说人只要个性自由发展了，就有创造性，就能成为创新人才，但人要是没有个性的自由发展，创新人才就不可能诞生。从这个意义上讲，创新人才就是个性自由、独立发展的人。

（4）无论是创新还是创新人才都是历史的概念，在不同的历史时期，人们对创新和创新人才的理解都会有一些异同。

当代社会的创新人才，是立足于现实而又面向未来的创新人才，应该具备以下几个方面的素质：博、专结合的充分的知识准备；以创新能力为特征的高度发达的智力和能力；以创新精神和创新意识为中心的自由发展的个性；积极的人生价值取向和崇高的献身精神；强健的体魄。

（5）创新人才的通俗特征：具有创新能力、创业能力和合作能力。

1.10　如何创新

（1）开拓创新要有创造意识和科学思维

强化创造意识要具有：

① 创造意识要在竞争中培养。

② 要敢于标新立异：第一要有创新精神，第二要有敏锐的发现问题的能力，第三要有敢于提出问题的勇气。

③ 要善于大胆设想：第一要敢想，第二要会想。

④ 创新的源泉：第一要有兴趣，第二要适合所从事的事业。

确立科学思维要有相似联想、发散思维、逆向思维、侧向思维、动态思维等。

（2）开拓创新要有坚定的信心和意志

① 坚定信心，不断进取；

② 坚定意志，顽强奋斗；

③ 当创新活动误入歧途需要调整方向时，它能够强迫自己“转向”或“紧急刹车”。

1.11　创新能力的培养

创新能力就是对新的挑战作出创造性应答的能力，培养创新能力应该注意以下几个方面：

（1）激发人们的学习动机和好奇心，培养人们的求知欲，调动学习的积极性和主动性

是培养和发展创新能力的重要条件

人们的学习动机和求知欲、学习的积极性和主动性不会自然涌现，他取决于一定的情境。教学情境不外乎两种：注入式和启发式。前者是使学生所进行的学习完全依赖于教师的讲解，被动地学。后者则是创设情境，使学习过程成为一个积极主动的探索过程。因此培养人们的创新能力需要能够进行素质教育的教师。这样的教师或许对本学科的前沿发展的一些细节掌握的不够深刻，但对于本学科的总体应有所把握，对一些重要概念、理论、方法产生的背景和来龙去脉，特别是其思想方法和创新之处能够了如指掌，从而在教学过程中去启发学生，达到激发独立思考和创新意识。

（2）培养发散思维

发散思维又称求异思维，是指从一个目标出发，沿着各种不同的途径去思考，探求多种答案的思维。不少心理学家认为，发散思维是创造性思维的最主要特点，是测定创新能力的主要标志之一。

（3）培养创造人格

在研究创造性时，学者们普遍发现创造性不仅受认知因素的影响，还受到个性的影响。比如，独立性、幻想性、自制性等都是创造性人的共同人格倾向。同时研究还表明，凡是具有高度创造性的人，在其早年的家庭经验中，就有充分的独立与自由，有较多的解决问题的机会，而那些行为循规蹈矩、避免越轨、避免尝试的人容易接受权威性的主张，往往不会有创新性的表现。因此，创造人格的培养必须在生活早期就引起注意。

（4）学习创新方法

每个人的成长受到环境的影响非常大，教育程度的不同影响每个人创造能力的发挥。创新方法作为创新人才培养的基石和引导，能够有效解决前期成长环境对人才创新的影响。有着强烈的好奇心和求知欲的具备创造人格的人才在解决问题的时候会有意无意应用创新方法中的创新原则进行实践，但是由于缺乏创新方法体系的知识关联，所以会遇到每走一步，障碍重重的创新沟壑，而快速跨过沟壑，到达下一个重要环节，就需要系统学习创新理论。

思考与练习

SIKAOYULIANXI

1. 谈谈创新对个人、社会以及国家的重要性。
2. 你觉得什么是创新？为什么要创新？
3. 大学生如何提高创新能力？

题我要去问一下。老总你等一会儿。”说完噔噔噔小 B 下楼了，一会儿回来了。小 B 对老总说：“老总，六毛钱一斤他就卖”。老总看他跑了四趟，汗水出来了，端一杯热茶递过去说：“小 B 你坐下休息一下”。老总又把提了副科长的小 A 叫过来说：“小 A 你到隔壁市场看一下有什么东西卖没有，回来给我讲一下”。小 A 噔噔噔噔去了，一会儿回来了。小 A 说：“老总，有个农民推着一车土豆在卖”。老总说：“大约有多少斤啊?”。小 A 说：“大概有 300 多斤。”老总说：“多少钱一斤呢?”小 A 说：“八毛钱一斤。”老总说：“全部买了，他能不能便宜点?”小 A 说：“六毛钱一斤他就卖。”老总说：“叫他来，我们都买了。”小 A 说：“我已经叫到门口了，只等您一声令下就进来”。小 B 看到这个全过程，心服口服，对老总说：“老总我继续干，我会好好干的”。老总希望有踏踏实实干活的人，但他更希望有创新思维，创造性地理解老总意图的人才。

习近平总书记高度重视创新与创新思维，他强调要把创新摆在国家发展全局的核心位置，将改革创新贯穿于经济社会发展各领域诸环节。为此，必须弘扬创新精神，激发创新思维，提高创新能力。创新思维就是要打破迷信经验、迷信本本、迷信权威的惯性思维，摒弃不合时宜的旧观念，以思想认识的新飞跃打开工作的新局面。而这种创新思维本质上是与解放思想、实事求是相通的。解放思想、实事求是既是马克思主义的精髓，也是毛泽东思想与中国特色社会主义理论体系的灵魂；既是中国共产党人思想路线、思想方法的核心，更是习近平总书记治国理政新思想新理念新战略赖以形成并始终坚持的根本方法论原则。创新思维同解放思想、实事求是的内在联系体现为：一方面，一切思维创新都以解放思想为基本前提，没有思想解放，就不会有思维创新。创新思维的核心要义就是要打破思维定式，超越过时陈规，破除种种迷信，冲破思想束缚，推陈出新，破旧立新，努力提出新思想、创造新理论、运用新方法、探索新思路、形成新做法、引导新实践。另一方面，思维创新更要以实事求是为基础，否则解放思想就可能沦为天马行空般的胡思乱想。只有从实际出发，实事求是，才能从惯性思维中解放出来，才是真正解放思想；而只有解放思想，才能做到实事求是，从而按照现实世界的内在逻辑创造性地分析与解决问题。从思维发展规律看，解放思想与实事求互为前提，是一个过程的两个方面，它们的内在交融必然带来思维创新，成就思维的创新品格。在治国理政的理论探索与实践进程中，习近平总书记提出的中国梦、“四个全面”战略布局、国家治理体系与治理能力现代化、经济发展新常态、新发展理念、人类命运共同体、“一带一路”建设等新思想新理念新战略，都是在坚持解放思想与实事求是内在统一的方法论原则下沿着思维创新的正确道路取得的重要理论成果。

从创新形成的机制与规律看，习近平总书记创新思维方法论思想特别强调作为创新活动的两大方面即理论创新和实践创新之间应始终葆有辩证互动。一方面，实践是理论创新的基础，也召唤与推动着理论创新。世间万物，变动不居。“明者因时而变，知者随事而制”。社会在发展，世界在变化，新情况新问题总是层出不穷。过去合理的现在可能已经不适应，以前长期有效的目前可能开始失灵。如果不能及时提出与运用新思想新理念新办法，理论就会落后，哲学社会科学就会“肌无力”，因此需要不断根据实践的发展与要求与时俱进地推进理论创新。另一方面，理论创新是实践创新的先导，创新理论的指导势必推动实践的创新，同时理论本身也在实践创新中得以检验、修正与发展。习近平总书记强调，要不断实现理论创新和实践创新良性互动，在这种统一和互动中发展21世纪中国的马克思主义。当然，无论是理论创新还是实践创新，都必须坚持问题导向。坚持问题导向是习近平总书记创新思维方法论的鲜明特点。他指出："问题是创新的起点，也是创新的动力源。只有聆听时代的声音，回应时代的呼唤，认真研究解决重大而紧迫的问题，才能真正把握住历史脉络、找到发展规律，推动理论创新。"而从某种意义上说，理论创新的过程就是发现问题、筛选问题、研究问题、解决问题的过程。以新发展理念为例，它就是在总结实践经验基础上，针对我国经济社会发展面临的重大矛盾与问题而提出来的，其中，崇尚创新是为了解决发展动力不足的问题，注重协调是为了解决发展不平衡的问题，倡导绿色是为了解决人与自然和谐相处的问题，厚植开放解决的是发展内外联动问题，推进共享解决的是社会公平正义问题。新发展理念整体上将我们党对中国特色社会主义建设规律的认识提升到了一个新境界，而发展理念的转变势必带来也正在带来当代中国发展方式的转型，有力地引领着新的发展实践，从而使中国道路越走越宽广。

2.2 创新思维的三大障碍

2.2.1 思维定势

如果思维定在那儿了，钻进牛角尖出不来，那么创新思维就不可能展现出来。一个人的思维为什么会定在那儿，动不了呢？为什么钻进牛角尖进了死胡同就出不来了呢？思维定势是如何产生的呢？造成思维定势的原因主要有两个。一是权威，二是从众。

下面是思维定势的案例。

(1) 小学生问老师："老师，天上有一个太阳，是不是就会有两个太阳呢？"老师回答说："瞎说，国无二君，天无二日，怎么会两个太阳呢！"小孩的创新思维就这样被泯灭了。宇宙无限，银河系中太阳系可能有很多。

(2) 有一个中小学的老师，给中小学生出了一个考题。问：在一条船上有75头牛，32只羊，那么船长的年龄有多大？抽样调查结果显示，一个班有百分之七八十，都认为船长43岁(用75头牛减32只羊，得到船长43岁)。其实这是一道根本就没有答案的题，船长的年龄和75头牛、32只羊是没有关系的。但是中小学生却认为只要这个题出来了，就会有标准答案，想也不想就用给定的数字进行计算，这就是思维定势。

正如名言所说"思维一旦进入死角，其智力就在常人之下"。思维一旦进入死角进入定势，再聪明的人的智力也在常人之下。所以，既然要创新思维，就要打破思维定势。

2.2.2 思维惯性

举个例子，有一个聋哑人，到五金商店去买一个钉子，由于无法表达想要买什么，于是就用手进行比划。如果是一个盲人，想要买剪刀，他该如何买到想要的东西呢？大部分人会想也不想就认为这个盲人想要买到剪刀，就得对店家比划手势。事实上这只是个盲人，完全可以用嘴巴把想要的东西表达出来。

前面聋哑人一阵比划后买到了东西，人们就自然而然认为盲人买东西也是通过比划，直接把思维引到比划的思维定势上了，这就叫思维惯性。

2.2.3 思维封闭

如果你站得层次太低了，没有站得很高，思维封闭了，就不能创新了。

下面举个“避免霍布森选择”的例子。300 多年前，英国伦敦的郊区有一个人叫霍布森，他养了很多马——高马、矮马、花马、斑马、肥马、瘦马都有。然而整个马圈旁边只有有个很小的门，去买马的人如果选大马就无法出去。后来获得诺贝尔奖的西蒙，把这种现象叫作霍布森选择。就是说，你的思维、境界只有这么大，没有打开，思维封闭。

2.3 常见的创新思维方式

2.3.1 逆向思维

逆向思维也叫反向思维，倒过来思维。逆向思维是指不采用通常思考问题的思路，而是从完全相反的、对立的角度思考问题，从而达到创新的目的。

1959 年美国著名的物理学家费曼做了一个《在底部还有很大的空间》的报告，这就是著名的费曼设想。费曼提出，把很小的东西加工成大件，这与我们传统的思维完全相反，即逆向思维。20 世纪 80 年代出现的纳米技术，就是根据费曼设想而来的。

2.3.2 转向思维

除了逆向思维以外还有转向思维。转向思维包括前向思维，后向思维，由上而下的思维，由下而上的思维，还有借脑思维——借别人的大脑来思维，都是属于创新思维。

有两个推销员到一个岛屿上去推销鞋。第一个推销员到了岛屿上之后，发现这个岛屿上每个人都是赤脚。他气馁了，人们没有穿鞋的习惯，如何推销鞋？于是他失望而归。第二个推销员来到岛屿上，看到人们都不穿鞋，高兴得几乎昏过去。他认为这个岛屿上鞋的销售市场太大了，由于每个人都没有鞋子穿，每个人都需要买一双鞋穿，这样就可以销售出很多鞋子。同样一个问题，不同的思维得出的结论是不同的，第二个销售员就是用逆向思维来看问题的。

2.3.3 加法思维

加法思维就是将两种或两种以上的学说、技术、产品的一部分或全部进行适当叠加或组合，用以形成新学说、新技术、新产品的创新方法。正如美国创造学家奥斯本所说：“新的发明几乎都是通过对老发明的组合或改进产生的”。

在现代科学技术的发展中，一个思维的转变，往往能给人们带来惊喜的创新。如：电视+电话=可视电话；数据+文字+图像+声音=多媒体；电子管+电阻+电容=集成电路；台秤+电子计算机=电子秤；飞机+飞机库+军舰=航空母舰；手枪+消音器=无声手枪；自行车+电机+蓄电池=电动自行车。这些都属于加法思维。

2.3.4　减法思维

减法思维就是将事物的要素进行缩减或分割，从而达到创新的目的。

减法思维：因减少而丰富。

飞利浦公司1990年代在推出DVD播放机时，就大胆删除了原先的录影带或VCD播放机上的按键、LCD面板，从而创造出真正意义上的轻薄型DVD机，此项创举还使得轻薄型设计渗透到电子产品的其他领域。“乔帮主”乔布斯生前推出的iPod、iPad、iPhone等产品，也包含着轻薄型设计的理念。

今天的人们在用过触屏智能手机iPhone，再对照之前的按键手机，理解这一点并不是什么难事。难就难在尽管人们知道做减法的可行性和重要性，却不知道怎样减。如果将做减法的创新，仅仅理解为去除产品或其设计方案中一些无关紧要的构件，就很难真正成功。创新研究专家德鲁·博迪与哥伦比亚大学营销学教授雅各布·戈登堡合著的《微创新：5种微小改变创造伟大产品》一书，对创新的减法策略阐释是做减法需要去除原先的核心部件或功能。

为什么减法策略需要减掉原先的核心部件、功能？实施减法策略驱动创新，也常常招致企业研发、营销、品牌部门乃至领导成员的抵触，但这种抵触恰恰是因为原先的产品或设计方案已经造成定势、依赖以及对创新的排斥。事实上，无论是什么企业，以及何种产品，都不可能获得稳定不变的客户支持，如果企业不主动启动减法战略，反复去琢磨如何通过减法不断创新改进，那么就会有别的企业来完成这项使命。

《微创新：5种微小改变创造伟大产品》一书就谈到从洗衣液产品脱颖而出的衣物清新剂的创新案例。洗衣液由活性成分(洗涤液)、香精、黏着液三项成分组成，1960年代，Vito公司注意到一部分顾客洗衣服，仅仅是因为衣服被穿过几次，但衣服并没有脏，顾客需要的是衣服焕然一新的感觉。这家公司启用减法战略，希望研发出不含活性成分的新产品。但就在同时，该公司被联合利华并购，后者搁置了衣物清洗剂的开发投产。4年后，联合利华最大的竞争对手宝洁公司推出了最终大受欢迎的产品——衣物清新剂，至今每年可以从这项产品中获利超过10亿美元。

做减法有几个建议：一、不能只删除有缺陷的部分，并且不允许删除基本的部分，才能产生好创意。二、“低配”不等于“减法”。低配是降低对某个功能的价值，但是减法是为了给这个功能找到替代的解决方案，两者是不同的。比如当年摩托罗拉以色列分公司推出了Mango手机，这是一款低成本手机。为了和竞争对手竞争，这款手机除了拨号功能，只能接电话。一款只能接电话不能打电话的低价手机，会有市场吗？

结果手机推出后，意外受到特定人群的欢迎。这群人是孩子的家长。对家长而言，这款手机没有拨号功能，孩子们就不会制造高额的通话费，而接听电话则可以让家长掌握孩子的行踪。这款手机价格极其便宜，即使被孩子弄丢了也没多大损失。不仅仅是家长，连一些公司都选择这款手机和外勤人员联系。有些公司和自己的销售人员建立了一个单向联系的网络，既减少了费用又可以随时联系到员工。公司用户喜欢这款手机的原因还在于，对于一款只能接听的手机，手机占线的可能性非常少。最后的结果是这款手机在一年时间内占据了当地市场5%份额，1995年，这款手机被评为全世界最具创意的12个营销策略之一。

总之，减法思维涉及用人、用财、用物、用时等生活工作的各个方面，是一篇永远做不完的大文章，需要我们认真去观察、仔细去思考。掌握了减法思维的要义，你会发现生活中许多问题都迎刃而解了。

2.3.5 转换思维

转换思维实际是一种多视角思维，从多个角度观察同一现象，用联系发展的眼光看问题，会得到更加全面的认识。从多个层次、多个方面、多个角度思考同一问题，会得到更加完满的解决方案。思维转换/范式转换一词是美国哲学家 Thomas Kuhn 在他的经典之作《The Structure of Scientific Revolutions》中首先提出来的。但是并非所有的思维转换都是正面的。

运用该法的步骤是：

① 面对某一研究对象，先从思想上将研究对象分解为不同的侧面，分解得越多越好。

② 分别从不同的角度来思考。

③ 用辩证的观点，将研究对象的不同角度、不同侧面的思考综合起来，形成一个立体思考网络。在网络中各个网结相互联系、相互作用中认识研究对象的新特点。

运用变换视角的思维法要注意：

① 不要自我封闭，要善于冲破旧框的束缚。

② 要注意选择新视角，力争多看到研究对象的“新”侧面。

例子：在黑暗的中世纪，有两个基督徒一起去问牧师在祈祷的时候能否吸烟。其中一个教徒先上前问道：“在祈祷的时候能否吸烟？”牧师生气地回答：“不可以！”这个教徒闷闷不乐地退了下去。另一个教徒上前问道：“在吸烟的时候能否做祈祷？”牧师愉快地回答：“当然可以！”

对于一个本质上相同的问题，用两种不同的问法，能得到截然相反的答案。所以，当我们说话办事情的时候，不妨换一个角度。一个好的角度就有成功的一半；但若你选择了一个坏的角度，你就得到了全部的失败。所以当我们发表看法时不妨站在对方的角度上想想，做到“己所不欲，勿施于人”，这样往往可能会取得成功。

享有“钻石大王”美誉的查尔斯·蒂凡尼之所以能够取得如此辉煌的成就，很大原因在于他思考问题和观察事物的角度总是非常的独到。我们可以通过具体的例子看看他是如何换了一个角度进行思考，变废为宝的。

很多年以前，美国穿越大西洋底的一根电报电缆因为破损需要更换，一则小消息平静地传播在人们中间。但是一位不起眼的珠宝店老板却没有等闲视之，他几乎十万火急地买下了这根报废的电缆。

没有人知道小老板的意图，他一定是疯了，异样的眼光惊诧地围绕在他周围。

他关起店门，将那根电缆洗净，弄直，然后剪成一小段一小段的金属断，然后装饰起来，作为纪念物出售。大西洋底的电缆纪念物，还有比这个更高价值的纪念品吗？就这样他轻松地发迹了。然后他买下一枚皇后钻石，淡黄色的钻石闪烁着稀世的华彩(人们不禁问：他自己珍藏还是以更高的价位转手？其实那是后话。)，他不慌不忙地筹备了一个首饰展示会，参观者当然都是冲着皇后钻石来的。从此蒂凡尼更是名扬世界。

2.3.6 类比思维

类比思维法就是根据两个对象在一系列属性上相同或相似，由其中一个对象具有某种其他属性，推测另一个对象也具有这种其他属性的思维方法。它具有多种表现形式，我们常用的有直接类比法、间接类比法、形象类比法等。

直接类比法是从自然界或者从已有的发明成果中寻找与发明对象相类似的东西，通过直接类比创造新的事物。直接类比法案例：

(1) 美国有个叫杰福斯的牧童，他的工作是每天把羊群赶进牧场。并监视羊群，不让它们越过牧场的铁丝栏杆到相邻的菜园里吃菜。有一天，小杰福斯因为太困，不知不觉在牧场上睡着了。不知过了多久，他被一阵怒骂声惊醒了，只见老板怒目圆睁大声吼道，你这个没用的东西，菜园被羊群搅得一塌糊涂，你还在这里睡大觉，小杰福斯吓得面如土色，不敢回话。这件事情发生后，聪明的杰福斯就想应对方法，怎样才能使羊群不再越过铁丝栏杆呢？他发现在那片有玫瑰花的地方并没有更牢固的护栏，但羊群却从不过去，因为羊群怕玫瑰花的刺。有了，小杰福斯灵光一闪，高兴地跳了起来，如果在铁丝上加上一些刺就可以挡住羊群了。于是他先将铁丝剪成 5 厘米左右的小段，然后把他们绕在铁丝上当刺。接好之后他在放羊的时候发现羊群企图越过护栏，但多次被刺疼之后，再也不敢越过铁丝栏杆了，小杰福斯成功了。半年后，他申请了这项专利并获批准，后来这种带刺的铁丝栏杆便风行世界。

小杰福斯就是用玫瑰花刺直接类比发明出带刺的铁丝网。

直接类比法，是类比思维中最常见的一种方法，也是一种比较简单的方法，但起到的创造作用确实很大的，在各个领域均有应用。

(2) 鲁班锯子的发明就是运用的直接类比法。

有一次国王命令鲁班在十五天内伐出三百根梁柱，用来修一座大宫殿。于是，鲁班带着徒弟们上山了。他们起早贪黑，挥起斧头，一连砍了十天，一个个累得筋疲力尽，结果只砍了一百来棵大树。

这时砖瓦石料都已备齐，国王选定动工的黄道吉日也快到期了。如果动工时木料准备不齐，是要处死刑的。怎么办呢？晚上，鲁班躺在床上翻来复去地睡不着。他爬起来，深一脚浅一脚地向山上走去。抬头望望，启明星向他眨着眼睛，天快亮了。突然，鲁班觉得手被什么东西划了一下，抬手一看，长满老茧的手划出一道口子，渗出了血珠。他仔细地在周围观察，原来是丝茅草划的。鲁班很惊奇，他摘了一片草叶，发现草叶边缘长着许多锋利的细齿。一转身他又看见一只大蝗虫正张着两个大板牙，很快地吃着草叶。鲁班捉了个蝗虫一看，它的板牙上也有利齿。看看丝茅草的叶子，再看看蝗虫的大板牙，他心里豁然开朗。他用毛竹做了一条竹片，上面刻了很多象丝茅草叶和蝗虫板牙那样的锯齿。用它去拉树，只几下，树皮就破了，再一用力，树干出了一道深沟。可是，时间一长，竹片上的锯齿不是钝了，就是断了。这时，鲁班想起了铁。他跑下山去，请铁匠按照自己做的竹片，打了带锯齿的铁条，用它去拉树真是快极了！这铁条就是锯的祖先。有了它鲁班和徒弟们只用了十三天，就伐了三百根梁柱。

生活中人们通过有意识地进行类比法，从自然界或人工物品中直接寻找与创造对象目的类似的对应物，这样可以激发灵感，创造出新的产品。

间接类比法就是用非同一类产品类比产生创造。在现实生活中，有些创造缺乏可以比较的同类对象，这就可以运用间接类比法。

很多人走路时会不小心踩到香蕉皮上，很容易摔跤滑倒，这是很多人司空见惯的一种现象。在20世纪60年代，一个美国学者却对这一现象产生了浓厚兴趣，他通过显微镜观察发现，香蕉皮是有几百个薄层构成，层与层之间很容易产生滑动。他突然想到，如果能找到与香蕉皮相似的物质，则能作为很好的润滑剂。最后，他发现了二硫化铝与香蕉皮的结构十分类似，经过他多次实验，一种性能优良的润滑剂被创造出来了。

形状类比法往往是由某一种原型的外形结构而类推出与此结构、形象相仿的创造物。

例子：莱特兄弟小时候放羊看到天空自由飞翔的小鸟很是羡慕，就学鸟飞。他们的父亲并没有嘲笑、制止他们，而是充分理解孩子可贵的好奇心和大胆的想法，还同孩子们一起学鸟飞。有一年，爸爸送给兄弟俩一个能在空中飞的玩具作为圣诞礼物。两兄弟看见可以飞的玩具兴奋极了，他们想，如果人也能飞上天就好了。从此这个梦想就扎根在他们心里。

莱特兄弟长大后，开了一家自行车修理店，但他们并没有停止对飞行器的研究。有一天，他们看到德国滑翔机专家李林达尔因滑翔机失事而身亡的消息，这对他们触动很大，莱特兄弟决心研制出能安全地把人带到空中的飞行器。

莱特兄弟一边干活一边研究，一有空闲，他们就观察鸟儿飞翔的样子。他们结合前人的研究，做出了自己的第一架滑翔机。莱特兄弟带着滑翔机来到一处空旷的高地，准备试飞。滑翔机飞了大约一米高，很快就降落了。虽然试飞失败了，但兄弟二人并没有气馁。他们总结失败的原因，觉得滑翔机飞不高也许是动力装置出了问题。后来他们把汽车的发动机装在飞机上，解决了动力问题，但他们不知道怎样使飞机在空中拐弯时保持平稳。于是他们想到：这种现象在鸟儿那里是怎样处理的呢？于是他们仔细观察老鹰的飞行，发现老鹰在转弯时，其羽翼可以弯折，这一下就找到了问题的症结点。他们仿造老鹰的羽翼，制造了后面可以弯折的机翼，这就是现代飞机机翼的原型。

形状类比法不但大量运用于仿生学，在其他领域也发挥重要的作用。比如鸡蛋固化技术。哈尔滨市道里区榆树乡榆树村一位农民，他从鸡蛋想到了奶粉，嘀咕着要把鸡蛋“晒干”，经过反复试验，终于成功了。“晒干后的鸡蛋”不但能制成蛋黄粉、蛋黄饮料和罐头等食品，还能提取黄油，市场前景非常好。

2.3.7 联想思维

联想思维是指通过一个或一类事物联想到相连、相关或可能相连、相关的另一个或另一类事物，从而达到创新目的的方法。例如：茅以升的“射水打桩法”。桥梁专家茅以升在建造钱塘江大桥时因江中泥沙层很厚，打桩时遇到了意想不到的困难。后来他看到邻家的孩子用铁罐浇花，细细的水流居然把花坛泥土冲出了一个深深的窟窿，他茅塞顿开，立刻想到了射水打桩的好办法，解决了工程进展中的难题。

俗语“一叶落知天下秋”“窥一斑而知全豹。”就是用的联想思维。

下面再举个例子，让大家来加深一下印象。

牛黄原是一种比较贵重的中药，它是牛肚子中长的胆结石，很稀有。能不能用人工方法合成呢？有几位年轻的制药工人，想起了人工培育珍珠的方法：把少量的异物塞入河蚌内，在异物的长期刺激下，蚌体内就会慢慢地形成珍珠。于是，他们决定采用这种方法：在牛的胆囊中放进一段异物，一年后，剖开牛胆，果然就得到了牛黄。从此，找到了一种廉价的生产牛黄的方法。(联想思维)

2.3.8　迂回思维

所谓迂回思维，就是在思考问题的时候，避免正面的直接交锋，暂时地离开直线轨道，绕道而行，力在曲折中寻找捷径。“山重水复疑无路，柳暗花明又一村”就是这种思维方式的魅力所在。通过下面的这些案例，也许你会对迂回思维有着更深的认识！静下心来慢慢读一读，再想一想，看看收获如何？

例如：一个领导书房里的大沙发要搬到另一个房间去，因沙发大、门小，勤务员们试过几次都搬不出去。领导问：“怎么没搬出去？”勤务员说：“门太小了搬不出去。”领导在沙发旁左右踱步，时而望望沙发，时而瞥一眼门，思索片刻，慢条斯理地问：“是先摆好沙发后盖房子呢？还是先盖好房子，后搬来沙发呢？”勤务员们听后低下了头。领导出去散步了。后来勤务员们不时变换方式，终于将沙发搬出了门。

2.3.9　发散思维

发散思维是指围绕一个中心问题，进行多方面、多角度、多层次、多途径的思考和联想，以探求问题的答案的思维方式。发散思维又称辐射思维、放射思维、扩散思维。

下面举个例子，让大家来加深一下印象。

很长时期电冰箱市场一直为美国人所垄断，几乎每个家庭都有这种高度成熟的产品。该产品竞争激烈，利润率很低，美国的商人显得束手无策，而日本人却异军突起，发明创造了微型冰箱。人们发现除了可以在办公室使用电冰箱外，还可安装在野营车、娱乐车上。于是，全家人外出旅游，舒适条件全部具备。微型冰箱改变了一些人的生活方式，也改变了它进入市场初期默默无闻的命运。(发散思维)

2.3.10　原点思维

“原点思维”即始终突出所要实现的目标，而不拘泥于某种方法与途径，使目标得到最大限度的实现。战争的“原点思维”是“消灭敌人，保存自己”，思考军事问题，时时刻刻不能背离这一“原点”。

例子：清朝末年，重庆商人刘继陶到川北收购油。没想到油尚未榨出，就已被先到的商人订购一空。正当他无计可施时，一个推销油的小贩启发了他的灵感。他了解到今年桐油大丰收，油需要量大，因为桐油尚未榨出，还没有人注意油篓短缺。他果断将用于购买桐油的钱全部用来订购油篓，垄断了油篓货源，结果获利颇丰。(原点思维)

2.3.11　立体思维

立体思维也称“多元思维”“全方位思维”“整体思维”“空间思维”或“多维型思维”，是指跳出点、线、面的限制，能从上下左右，四面八方去思考问题的思维方式，也就是要“立起来思考”。

例子：现代化大都市随着人口的增加和私人汽车的普及，城市交通越来越拥挤。出路何在呢？为解决地面交通拥挤，各大都市都想尽各种办法，例如地下铁路、地下隧道、双层公共汽车、高架桥车道、立交桥、地下停车场、立体车等等，从而极大地提高了空间的利用率。(立体思维)

2.4 创意思维常用的练习方法

下面罗列很多创意思维的练习方法，方法很简单，需要的时间也可长可短。企业的管理者只要能掌握其中精髓，定能大大激发员工的创意思维，提高公司的竞争力。以下是常用练习方法的简介。

2.4.1 脑力激荡法(Brainstorming)

脑力激荡法是最为人所熟悉的创意思维策略，该方法是由 Osborn 早于 1937 年所倡导，此法强调集体思考的方法。着重互相激发思考，鼓励参加者于指定时间内，构想出大量的意念，并从中引发新颖的构思。脑力激荡法虽然主要以团体方式进行，但也可用于个人思考问题和探索解决方法。该法的基本原理是：只专心提出构想而不加以评价，不局限思考的空间，鼓励想出的主意越多越好。此后的改良式脑力激荡法是指运用脑力激荡法的精神或原则，在团体中激发参加者的创意。

2.4.2 三三两两讨论法

此法可归纳为每两人或三人自由成组，在限时三分钟内，就讨论的主题互相交流意见。三分钟后，再回到团体中作汇报。

2.4.3 六六讨论法(Phillips66 Technique)

六六讨论法是以脑力激荡法作基础的团体式讨论法。该方法是将大团体分为六人一组，只进行六分钟的小组讨论，每人一分钟。然后再回到大团体中分享及做最终的评估。

2.4.4 心智图法(Mind Mapping)

是一种刺激思维及帮助整合思想与信息的思考方法，也可说是一种观念图像化的思考策略。此法主要采用图志式的概念，以线条、图形、符号、颜色、文字、数字等各样方式，将意念和信息以快速的方式摘下来，成为一幅心智图(Mind Map)。结构上具备开放性及系统性的特点，让使用者能自由地激发扩散性思维，发挥联想力，又能有层次地将各类想法组织起来，以刺激大脑做出各方面的反应，从而得以发挥全脑思考的多元化功能。

2.4.5 曼陀罗法

曼陀罗法是一种有助扩散性思维的思考策略，利用九宫格图，将主题写在中央，然后把由主题所引发的各种想法或联想写在其余的八个圈内。

2.4.6 逆向思考法

是可获得创造性构想的一种思考方法，此技法可分为七类，如能充分加以运用，创造性就可加倍提高。

2.4.7 分合法(Synthetics)

Gordon于1961年在《分合法：创造能力的发展(Synthetics：the development of creativity)》一书中指出一套团体问题解决的方法。此法主要是将原不相同亦无关联的元素加以整合，产生新的意念。分合法利用模拟与隐喻的作用，协助思考者分析问题以产生各种不同的观点。

2.4.8 属性列举法(Attribute Listing Technique)

是由Crawford于1954年提倡的一种创意思维策略。此法强调使用者在创造的过程中观察分析事物或问题的特性或属性，然后针对每项特性提出改良或改变的构想。

2.4.9 希望点列法

是一种不断的提出“希望”“怎样才能更好”等等的理想和愿望，进而探求解决问题和改善对策的技法。

2.4.10 优点列举法

这是一种逐一列出事物优点的方法，进而探求解决问题和改善对策。

2.4.11 缺点列举法

是一种不断针对一项事物，检讨此事物的各种缺点及缺漏，并进而求解问题和改善对策的技法。

2.4.12 检核表法(Checklist Method)

检核表法是在考虑某一个问题时，先制成一览表，对每项检核方向逐一进行检查，以避免有所遗漏。此法可用来训练员工思考周密，有助构想出新的意念。

2.4.13 七何检讨法(5W2H检讨法)

是“六何检讨法”的延伸，此法之优点及提示讨论者从不同的层面去思考和解法问题。所谓5W，是指为何(Why)、何事(What)、何人(Who)、何时(When)、何地(Where)；2H指：如何(How)、何价(How Much)。

2.4.14 目录法

比较正统的名称是“强制关联法”，意指在考虑解决某一个问题时，一边翻阅资料的目录，一边强迫性的把在眼前出现的信息和正在思考的主题联系起来，从中得到构想。

2.4.15 创意解难法

美国学者 Barnes(1967)提出“创意解难”(Creative Problem Solving)的教学模式，是发自Osborn 所倡导的脑力激荡法和其他思考策略，此模式重点在于在解决问题的过程中，问题解决者应以有系统、有步骤的方法找出解决问题的方案。

2.5 创新思维的100个案例

创新思维案例1

美国有一间生产牙膏的公司，产品优良，包装精美，深受广大消费者的喜爱，前十年每年的营业增长率为10%~20%，不过业绩进入第11年，第12年及第13年时则停滞下来。董事部对此非常不满，便召开全国经理级高层会议以商讨对策。会议中有一名年轻的经理建议将现有的牙膏开口扩大一毫米，总裁马上采纳了他的建议，并下令更换新的包装，这个决定使该公司第14年的营业额增加了32%。

这个例子的运用就是拐个弯儿，用到了间接的创新思维方法。因为一般我们都是通过投资大量资金做广告或者搞促销活动来提高销售量，但是这样做既劳神费力又费钱。而例子中，就是通过扩大牙膏开口，不知不觉中增大消费者对牙膏的用量，从而间接的达到代价更小效率更高的提高营业额的目的。

创新思维案例2

在日本东京有一家专卖手帕的夫妻老店，由于超级市场的手帕品种多，花色新，他们竞争不过。生意日趋清淡。一天，丈夫坐在小店里，默然地注视着过往行人，忽然灵感飞来，手帕上可以印花、印鸟、印水，为什么不能印上导游图呢？一物二用一定会受游客们的青睐，于是，这对老夫妻立即向厂家定制一批印有东京交通图及有关风景区导游的手帕，并且广为宣传，这个点子果然灵验，销路大开。

这个例子跳出了传统框框——传统的做法是在手帕上印花、印鸟、印水，但是市场竞争激烈，已经没有市场前景可言了。在手帕上印导游图，这样的手帕游客见了，首先是感觉新奇，进而考虑到手帕的实用价值和保存纪念价值，购买力大大很高。

创新思维案例3

——可口可乐

可口可乐由健脑药水到提神饮料的转变，并非按照预定的目的，而是有计划、有步骤地经过不断探索、试制才得以实现的。

在美国，最初上市的可口可乐是一种健脑药，能消除疲乏、振奋精神，作为一种健脑汁，上市后销量一直不大。有一天，一个患头痛的人来到药店内，要求店员当场给他冲配一杯可口可乐。这个店员在冲配时，由于粗心慌张，他没有按规定倒进自来水，而是随手倒入了错拿过来的苏打水。那位头痛病人喝了几口后连声高呼：“妙！妙！妙！这味道太妙了，真是妙不可言”。这让潘伯顿意识到这样的可口可乐将有可能成为一种大受欢迎的饮料。后来，潘伯顿对可口可乐的配方做了一番调整，将它作为一种“芳醇可口、益气提神”的饮料推向了市场，并广为宣传。此后，可口可乐在美国逐渐风行起来。这誉满全球的可口可乐是一次机遇中“歪打正着”的产物。

创新思维案例4

——旱冰鞋的产生

英国有个叫吉姆的小职员，成天坐在办公室里抄写东西，常常累得腰酸背痛，他消除疲劳，最好的办法就是在工作之余去滑冰。冬季很容易就能在室外找个滑冰的地方，而在其他季节，吉姆就没有机会滑冰了。怎样才能在其他季节也能像冬季那样滑冰呢？对滑冰情有独钟的吉姆一直在思考这个问题，想来想去，他想到了脚上穿的鞋和能滑行的轮子，吉姆在脑海里把这两样东西形象组合在一起，想像出了一种能滑行的鞋，经过反复设计和实验，他终于制成了四季都能用的“旱冰鞋”。

本案例用到换个角度想问题的创新思维方法，分别鞋子和轮子的组成部分，根据需要做一定改变后，再将这些抽取出的部分或因素构成具有自己结构、性质功能与特征的独立存在的旱冰鞋。

创新思维案例5

——分苹果的故事

一个人一生中最早受到的教育来自家庭，来自母亲对孩子的早期教育。美国一位有名的心理学家为了研究母亲对人一生的影响，做了一个实验。他在美国选出50位在各自行业获得了卓越的成就的成功人士，同时又选出50位有犯罪记录的人，分别寄信给他们，请他们谈谈母亲对他们的影响。

有两封回信给他的印象最深。一封来自白宫的一位著名人士，一封来自监狱一位服刑的犯人。他们谈的都是小时候母亲给他们分苹果的事情。那位来自监狱的犯人在信中这样写道：小时候，有一天妈妈拿来几个苹果，红红的，大小不同。我一眼就看见中间的那个又大又红的苹果，十分喜欢，非常想要。这时，妈妈把苹果放在桌子上，问我和弟弟：你们想要哪个？我刚想说想要最大、最红的那个，这时弟弟抢先说出我想说的话。妈妈听了，瞪了他一眼，责备他说：“好孩子要学会把好东西让给别人，不能总想着自己”。于是，我灵机一动，改口说“妈妈，我想要那个最小的，把大的留给弟弟吧”。妈妈听了，非常高兴，在我的脸上亲了一下，并把那个又红、又大的苹果奖励给我。我得到了我想要的东西，从此，我学会了说谎。以后，我又学会了打架、抢劫。为了得到想要的东西，我不择手段。直到现在，我被送进了监狱。

另一位来自白宫的著名人士是这样写的。小时候，有一天妈妈拿来几个苹果，红红的，大小各不相同。我和弟弟们都争着要大的，妈妈把那个又大又红的苹果举在手中，对我们说“这个苹果最大最红最好吃，谁都想要得到它。很好，现在，让我们来做个比赛，我把门前的草坪分成三块，你们三个人一人一块负责修建。谁干得最快最好，谁就有权得到它！”我们三人比赛除草。结果我得到了那个最大的苹果。

我非常感谢母亲，她让我明白一个简单的、重要的道理。想要得到最好的，就必须努力争第一。她一直都是这样教育我们，也是这样做的。在我们家里，想要什么好东西，要通过比赛得到。这很公平，你想要什么，想要多少，就必须为此付出多少努力和代价。

创新思维案例 6

——看门的狗

一个牵着一条小狗的男子，怒气冲冲闯进一家犹太商人开的宠物店，对老板说："我买这条狗看门，但昨天晚上，有个小偷溜进我家，偷走我200美元，可这条狗眼睁睁地看着发生的这一切，愣是一声没叫"。这个犹太老板是这样解释的："这条狗以前的主人是千万富翁，因此对于你那区区的200美元，根本没放在眼里。"

这个案例说明因势而变，因地制宜，思维要随着人、事、环境的改变而改变。

创新思维案例 7

——一孔值万金

美国一家制糖公司，每次向南美洲运方糖时，都因方糖受潮而遭受巨大的损失。结果有人考虑，既然方糖用蜡密封还会受潮，不如用小针戳一个小孔使之通风。经实验果然取得意想不到的效果。他申请了专利。据媒体报道，该专利的转让费高达100万美元。

日本一位K先生，听说戳小孔也算发明。于是也用针东戳西戳埋头研究，希望也能戳出个发明来。结果他发现在打火机的火芯盖上钻个小孔，可以使打火机灌一次油后由原来的可以使用10天变成可以用50天。发明终于被他"戳"出来了。

创新思维案例 8

——需要一把剪刀

据说篮球运动刚诞生的时候，篮板上钉的是真正的篮子。每当球投进的时候，就有一个专门的人踩在梯子上，把球拿出来。为此比赛不得不断断续续地进行，缺少激烈紧张的比赛气氛。为了让比赛更顺畅地进行，人们想了很多取球方法，都不太理想。有位发明家甚至制造了一种机器，在下面一拉就把球拿出来，不过这种方法仍没能让篮球比赛紧张起来。

有一天，一位父亲带着儿子来看篮球比赛。小男孩看到大人们一次次不辞劳苦地取球，大惑不解，就问爸爸："为什么不把篮筐的底去掉呢?"一语惊醒梦中人，大人们如梦初醒。于是才有了今天我们看到的篮网样式，去掉篮筐的底儿，就这么简单。然而这个简单的难题却困扰了人们多年，那么多有识之士都没有想到。可见无形的思维定势就像那个结实的篮子禁锢了我们的头脑，使我们的思维就像篮球被囚禁在了篮框里，于是我们盲目地去搬梯子、去制造机器……

生活原本并没有那么复杂。生活中，许多时候我们需要这样一把剪刀，去剪掉那些缠绕我们的"篮筐"。

创新思维案例 9

——揭开天体的层层面纱

长期以来，古希腊天文学家托勒密的"地心体系"的理论统治着人们的头脑。托勒密认为地球居于中央不动，日、月、行星和恒星都环绕地球运行。哥白尼在《天体运行论》中推翻了托勒密的理论，阐明了日心说：太阳是宇宙的中心，地球围绕太阳旋转。

而后布鲁诺接受并发展了哥白尼的日心说，认为宇宙是无限的，太阳系只是无限宇宙中的一个天体系统。伽利略通过望远镜观察天体发现：月球表面凹凸不平，木星有四个卫星，太阳有黑子，银河由无数恒星组成，金星、水星都有盈亏现象等。

不久，开普勒分析布拉赫的观察资料，发现行星沿椭圆轨道运行，并提出行星三大运动定律，为牛顿发现万有引力定律打下了基础……因此可以这样说：科学是不断发现的过程，真理是不断创新的过程。

创新思维案例10

——谁刻的老鼠最像

某国有两个非常杰出的木匠，他俩技艺难分高下，国王突发奇想，让他们三天内雕刻出一只老鼠，谁的更逼真，就中奖谁，谁就被宣布为：他是技术最好的木匠。三天后，两个木匠都交活了。国王请大臣们一起评判，第一位木匠刻的老鼠栩栩如生，连老鼠的胡须都会动。第二位木匠刻的老鼠只有老鼠的神态，别的都粗糙的很，远远没有第一位木匠雕刻的精细。大家一致认为是第一位木匠的作品获胜。

但第二位木匠表示异议，他说："猫对老鼠最有感觉，要决定我们雕刻的是否像老鼠，应该由猫来决定"。国王想想也有道理，就叫人带几只猫上来，没想到的是，猫见了雕刻的老鼠，不约而同地向那只看起来并不像老鼠的"老鼠"扑过去，又是啃又是咬，对旁边的那只栩栩如生的"老鼠"却视而不见。

事实胜于雄辩，国王只好宣布第二位木匠获胜。但国王很纳闷，就问第二位木匠："你是如何让猫以为你刻的是真老鼠呢?""其实很简单，我只不过是用混有鱼骨头的材料雕刻老鼠罢了，猫在乎的不是像与不像老鼠，而是有没有腥味儿"第二位木匠说道。

创新思维案例11

美国宣传奇才哈利十五六岁时，在一家马戏团做童工，负责在马戏场内叫卖小食品。但每次看马戏的人不多，买东西吃的人更少，更别说买饮料了。有一天，哈利的脑瓜里诞生了一个想法，向每个买票的人赠送一包花生，借以吸引观众，老板不同意这个荒唐的想法，哈利用自己微薄的工资做担保，恳求老板让他试一试。于是马戏团演出场地外就多了一个声音：买一张票看马戏，送一包好吃的花生。在哈利不停的叫喊声中，观众比往常多了几倍，观众们进场后，哈利就开始叫卖起饮料，而绝大多数观众在吃完花生后，觉得口干都会买上一杯饮料。就这样一场马戏下来，营业额比以往增加了十几倍。

创新思维案例12

——巧说罗斯福(属于迂回思维)

亚历山大·萨克斯是美国有名的经济学家。罗斯福任总统期间，亚历山大·萨克斯作为总统私人顾问在1939年受爱因斯坦等科学家的委托，企图说服罗斯福重视原子弹研究，以便抢在德国之前制造原子弹。虽然有科学家们的信件和备忘录，但是罗斯福还是冷淡地拒绝了。

为表歉意，罗斯福总统决定邀请萨克斯次日共进早餐。但是，罗斯福在开始时便声明，不能再谈爱因断坦的信。萨克斯却说："我想谈一点历史。英法战争期间，在欧洲大陆上不可一世的拿破仑在海上却战败。这时一位年轻的美国发明家富尔顿来到拿破仑面前，建议把法国战舰上的旗杆撤去风帆，装上蒸汽机，把木板换成钢板。但是，拿破仑却认为，船没有帆就不能航行；木板换成钢板，船就会沉没。他还嘲笑富尔顿简直是想入非非，结果富尔顿被轰了出去。就这样，萨克斯竟然在不知不觉中说服了罗斯福，揭开了美国制造原子弹的序幕。萨克斯是如何办到的呢？既然总统已经声明不说原子弹了，如果还直接提出来，无疑会引起双方的不愉快。但是，萨克斯自然没有忘记自己的目的，所以他所谓的谈历史也不过是个幌子。最关键的是，谈完历史之后，该如何来个真正的“画龙点睛”。

创新思维案例 13

——送你两分又如何(属于迂回思维)

某次的欧洲男子篮球比赛，保加利亚和捷克斯洛伐克两队之间正在进行半决赛。因为两个篮球队旗鼓相当，所以这场半决赛异常激烈。在比赛结束的倒数第 8 秒钟时，保加利亚队领先了两分，而且还是保加利亚队底线开球。看似保加利亚队已经稳操胜券，但是事实并非如此。因为保加利亚队的其他场次小分不如捷克队，所以这场比赛必须净胜捷克斯洛伐克 5 分才能出现。可是要在短短 8 秒钟内打进 3 分球，谈何容易？于是足智多谋的教练果断地要求了暂停，然后对着两位队员如此这般做了布置。令人惊奇的是，那 8 秒钟里保加利亚队却送给了捷克斯洛伐克队 2 分！

然而，最后赢得决赛权的还是保加利亚队。你知道为什么吗？

教练熟悉比赛规则，求胜之心也不会少于队员。按理来说，保加利亚队是不会傻傻送分给对方的，可见其中必定大有乾坤。既然 8 秒钟得 3 分不容易，那么，有没有别的办法可以延长比赛时间？所以教练用送分的方法最终赢得了比赛。

创新思维案例 14

——烧不烧油画(属于迂回思维)

俄国十月革命胜利后，赤卫军占领了冬宫。当时，冬宫的墙上挂着很多沙皇、皇后和大公们的油画，一看就知道这些油画价值不菲。但是，群情激奋的赤卫军很想烧掉那些油画。

这时在场的列宁没有阻止，而是很理解赤卫军的心情，他说：“你们说得对，这些油画该烧。这些人过去吃你们的肉，喝你们的血，却想把自己的形象传给后代，用这些油画为自己树碑立传。你们想把这些油画烧掉是完全有理由的”。赤卫军很高兴列宁也如此赞成，就要动手了。可是列宁却接着说：“我们现在不忙烧，反正这些东西已经在我们手里了，什么时候烧掉它都可以，也许开了大会当众烧，比现在烧更有意义”。

赤卫军一听更高兴了，不再动手。过了一会儿，待众人都平静下来了，列宁问赤卫军那些油画画得好不好，知道出自谁的手吗？众人回答说好，并且确切说了很多名画家。结果列宁的一个问题就让赤卫军放弃了烧油画的念头。你知道列宁说了一句什么话吗？

当群情激奋的时候，直接阻止已经行不通。苏维埃政权是第一个无产阶级政权，更讲究的是以理服人，而非以力服人、以权压人。所以精明的列宁肯定得先平定大家的情绪，然后再用一种委婉的方式让赤卫军看到油画的价值。

创新思维案例 15

——荀息巧谏晋王(属于迂回思维)

春秋时，晋灵公为建造豪华的九层高台不惜劳师动众、劳民伤财。他怕臣子们阻止，便下旨：“谁敢劝阻，格杀勿论！”

当时有个大臣叫荀息，很为国家担忧，于是求见晋灵公。当时晋灵公认为荀息抗旨而前来劝阻，于是搭上箭并拉开弓，等他劝阻时，想一箭射杀荀息。不料荀息拜见晋灵公时，却是一副轻松愉快的样子。荀息说：“大王，我是来表演一个小技艺，让您开心的。”晋灵公问："什么小技艺?"荀息回答："我能把12个棋子堆起来，上面再加几个鸡蛋。"晋灵公一听便来了劲，忙甩去弓箭，命侍从拿来棋子和鸡蛋。只见荀息认真地堆起棋子。然后，再把鸡蛋一个个地加上去。一旁观看的人，非常担心鸡蛋掉下来，个个紧张得屏住呼吸，眼睛瞪得比铜铃还大。晋灵公更是惊慌而急促地大叫起来："危险！危险!"

可是，此时的荀息却慢条斯理地说还有更危险的。接着，荀息便沉痛地说出另一番话。最后，竟令晋灵公当场下令停止建筑高台。你知道荀息是怎样办到的吗?

如果荀息开门见山直接进谏的话，不言而喻其后果不堪设想。这种时候更不可正面而直接地走直线。当问题到了极端尖锐时，人们就该考虑另一种思维方式来求得成功了。因为解决问题的办法，不只有直线，还有曲线。曲折、绕道而行，同样可以前进。

创新思维案例16

——但丁跟小鱼说话(属于迂回思维)

有一次但丁应邀出席了威尼斯执政官举行的宴会。但丁发现，听差捧给意大利各城邦使节的煎鱼都肥肥大大的，而自己面前却是小得不能再小的鱼。然而但丁没说什么，不过也没有动筷子。他用手拿起小鱼到自己的耳边，似乎在听什么，然后又逐一放回盘子里。

执政官看了，好奇地问他在做什么。但丁大声地说："几年前，我的一位朋友去世，行的是海葬，不知道他的遗体是否已埋入海底，我就挨个问这些小鱼，看它们知不知道情况"。结果当执政官问小鱼说了什么的时候，但丁的回答让众人听了哈哈大笑。之后执政官让听差捧来了一条最大的鱼。

你觉得但丁是怎么回答执政官的呢?

对于这种等级差别的对待，如果但丁直接表示抗议，就有失涵养；如果照样吃了，又似乎显得但丁太懦弱。争论有失大体，认同又咽不下这口气，那就试试，也许曲径通幽处会让你增添别样风采。

创新思维案例17

——齐白石会客(属于发散思维)

一天有三个学生上门求教，只见门上写了个"心"字。其中一位学生转身就走。另两位学生却上前敲门，被齐家人劝回。次日他们三人又来求教，发现门上换了个"木"字，头一天先走的学生立刻上前叩门，白石老人笑盈盈的开门迎客。这是什么道理呢？第一次门上写的实际是个"闷"字，说明齐老情绪不好，不会客；第二次门上实际上写的是个"闲"字，说明齐老清闲无事，可以见客。

创新思维案例18

——属于转换思维

只要你在平常的生活中看事情能换一个角度思考，往往就能变废为宝。

法国化学家巴斯德在研究如何治疗鸡霍乱病时，将培养的霍乱病菌注入鸡体内，鸡很快就死去了。当时为了研究，人们就得培养出霍乱病菌苗，自然注意力都集中在这上面。可有一次，巴斯德在给鸡注射霍乱菌苗后，鸡并未死。经检查发现，这次菌苗是过期失效的，毒性大大下降了，同时还产生了抗菌效应。

这一现象引起了巴斯德的兴趣，立即把思考点和研究方向转向这上面，结果发现了减弱病原体免疫法原理，就这样思维焦点的变换，导致发现了极其有价值的新领域。

例子：一家德国造纸厂一次因为某技师在造纸工序中忘记了放糨糊，结果出现了大量的废品。这种废品纸根本不能用来写字。墨水一沾上纸，就糊了一大片，这位技师非常紧张，做好了被解雇的思想准备。可他的一位朋友听说此事后，帮他出了主意，经过研究，他们的思路转向到这种纸的吸水性上。由于思考点的调整，启发了他们利用这种纸的吸水性可作为吸墨水纸用，由此开发了纸的一个新品种，并申请了专利，为这家造纸厂带来了高额利润。

可见，变换思维点，可以变害为利，走出困境。

创新思维案例 19

——属于转换思维

从前国外有一位叫滨里的人很爱打高尔夫球。他经常在家里和楼道上练习打高尔夫球。为了取得和在草坪上打球一样的效果，他买来地毯铺在水泥地上，球在上面滚动，果然和在草坪上一样。可是用地毯练球价格太贵了，怎么办呢？有一天，他突然反转了一下思路，想到：毛本来是在地毯上的，若毛在高尔夫球上会怎么样？经过试验证明，这种带毛的高尔夫球在水泥地上及木板地上滚动，就和在草坪上滚动一样，就这样有毛的高尔夫球发明了。

滨里为练习打高尔夫球寻找到了一条简易、经济的途径。

创新思维案例 20

——属于减法思维

计算机是当今高科技的象征。西方世界首先开发出计算机、微电脑，创造了惊人的社会效益与经济效益。作为发展中国家的我国，在这方面落后了人家一大截，只能奋起直追。但也有思维独到的人反其道而行之，不做加法而做减法，力图在简化中寻找出路。他们的劳动有了重要的突破，取得了令人欣喜的成果——将计算机中的光驱与解码部分分离出来，成了千家万户都喜欢的 VCD；将计算机中的文字录入编辑和游戏功能取出来，就成了学习机。VCD 与学习机的问世，造就了一个消费热点，也造就了一大批产业。比尔·盖茨因此盛赞中国企业家独具慧眼，开发出一个利润丰厚的 VCD 与学习机市场，首次领导了世界高新产品的潮流。

创新思维案例 21

——属于减法思维

减法思维在节约成本方面有着较为成功的应用。或许有人要说节约是永恒的话题，算不上创造性思维。其实不然，有些事物本是明摆着的，可人们就是视而不见，熟视无睹，听之任之，未能进入视野；而思维敏感的人，注意到了它，并认真思考了，就找到了解决问题的办法。

下面举个例子，美国一名铁路工程师办事很认真，凡事喜欢动脑筋。有一次，他在铁轨上行走，发现每一颗螺丝钉都有一截露在外面。为什么必须有多余的这一节呢？不留这一节行不行？他问过许多人，人们都说不出个所以然。经过试验，他发现这一节完全没有存在的必要。于是他决定改造这种螺丝钉。同事们都笑话他小题大做，说历来都这样做的，谁也没说个“不”字，何必标新立异，多操闲心。这位工程师不为所动，坚持做自己的。结果每个螺丝钉节约 50 克钢铁，每公里铁轨有螺丝钉 3000 个，每公里铁轨节约 150 公斤钢铁；他所在的公司拥有铁路 1.8 万公里，总共有 5400 万个螺丝钉，总计节约了 2700 吨钢铁。事实令同事们信服了。

创新思维案例 22

——派克笔的由来(属于减法思维)

在减法思维下，如果要研究的对象是一块“难啃的骨头”，那么不要紧，将其一部分一部分进行研究，分开而“食”就行了。

派克先生原来是一个销售自来水笔的小店铺店主。他每天凝视着那些待售的笔发呆，想制造出质量更好的笔，但是他无从下手。

终于有一天，他豁然开朗，把这一问题分成若干部分进行思考：从笔的成分构成、原料组成、造型、功能等多个方面分开分析，并对现有笔的长短处进行综合分析。如从笔的构成方面分析，就可将之分为笔杆、笔尖、笔帽等部分，这几个部分又可以进一步细化。如笔帽从造型方面分析，就有旋拧式、插入式、流线型等。

最后他对笔进行了改进。其发明的流线型、插入式的笔帽结构获得了专利。

这就是世界著名的派克自来水笔的由来。派克笔的成功给了我们很大的启示：和我们许多人一样，派克先生在开始进行研究时，也是一筹莫展，不知从何处入手。但是他运用减法思维，将笔的各种要素进行分解研究，这样就很清晰地找到了下手的着力点，终于取得了非凡的创新成就。

创新思维案例 23

——1+1>2 的奥秘之一(属于加法思维)

加法思维，是将本来不在一起的事物组合在一起，产生创造性的思维方法。通过加法思维，常常会产生 1+1>2 的神奇效果。下面我们来看一个例子。

日本的普拉公司是一家专营文具用品的小企业，生意一直很冷淡。1984 年，公司里一位叫玉村浩美的新职员发现，顾客来店里购买文具，总是一次要买三四种；而在中小学生的书包内，也总是乱乱的放着笔、铅笔、小刀、橡皮等用品。玉村浩美于是想到，既然如此为什么不把各种文具组合起来一起出售呢？她把这项创意告诉公司老板。于是普拉公司精心设计了一只盒子，把五六种常用的文具摆进去。结果这种“组合式文具”大受欢迎，不但中小学生喜欢，连机关和企业办公室人员，以及工程技术人员也纷纷前来购买，尽管这套组合文具的价格比原来单件文具价格的总和高出好几倍，但依然十分畅销。这套组合文具在一年内就卖了 300 多万盒，获得了意想不到的利润。

以上的案例是较典型的加法思维，它的表现形式有扩展和叠加，并产生了奇妙的效果，就像画龙点睛故事当中那个“点睛”之笔一样，虽然就加了那么一小点，原有的价值一下就倍增了。这种 1+1 的结果远远大于 2，我们或许可以用这种方式来表达它的功用：“100+1＝1001”，这个“1“就是我们需要添加的那一点东西。

创新思维案例 24

——1+1>2 的奥秘之二(属于加法思维)

还有一种加法思维是在原有的主体事物中增添新的含义。主体的基本特性不变，但由于新含义使其性能更加丰富了。

腊月里的北京，着实寒冷。某电影院门口，一对老夫妇守着几筐苹果叫卖着。或许因为冷，大家多是匆匆而过，生意十分冷清。不久一位教授模样的中年人看见这一情形，上前和老夫妇商量了几句，然后走到附近商店买来一些彩带，并与老夫妇一起，将一大一小每两个苹果扎在一起，高声叫卖道：“情侣苹果，两元一对!”年轻的情侣们觉得新鲜，买者猛增，不大一会，苹果就卖完了。

创新思维案例 25

——1+1>2 的奥秘之三(属于加法思维)

日本某公司为了促销它的巧克力，想出了个绝招。它们在 1984 年的情人节推出了“情话巧克力”——在心形巧克力上写上“你的存在，使我的人生更加有意义、我爱你”之类的情话，结果产品一上市大受情侣们的欢迎，那年的销售额上涨了两倍。

在这里主体不管是苹果还是巧克力，由于加上“情侣”或“情话”这一附加意义，当然效果就大不样了。

创新思维案例 26

——1+1>2 的奥秘之四(属于加法思维)

将两种或两种以上不同领域的技术思想进行组合，或者将不同的物质产品进行组合的方法也称为加法思维。和主体附加不同，它不是丰满或增强主体的特性，而是直接产生一个新的事物。

1903 年，莱特兄弟发明了第一架飞机之后，各国纷纷研制各种型号的飞机。飞机也被广泛应用于军事领域。有人提出是否可以将飞机和军舰结合起来，使它能发挥更大的威力呢?

于是海军专家设计了两种方案：一是给飞机装上浮桶，使飞机能在海面上起飞和降落；二是将大型军舰改装，设置飞行甲板，使飞机在甲板上起飞和降落。

1910 年，法国实行第一种方案成功，随后美国一架挂有两个气囊的飞机从改装的轻型巡洋舰上起飞成功，“航空母舰”诞生了。

飞机和军舰本来是两种完全不同的东西，组合在一起的“航空母舰”既不是飞机，也不是普通舰艇，但兼有他们各自的特性，同时它的战斗力比飞机与普通舰艇战斗力的和还要大很多。

由此我们可以看出，加法思维并非对事物的简单合并，而是具有创造性的组合。在加法思维中，事物表现出了更深层的含义和价值，巧妙地运用加法思维，将会得到意想不到的创意。

创新思维案例 27

——1+1>2 的奥秘之五(属于加法思维)

阿拉伯人多信奉伊斯兰教。虔诚的伊斯兰教徒每天都要向圣城麦加方向跪拜。有时难免会因为一时辨不清圣城方向而犯愁。有一个地毯商人发现了这个问题，就在地毯上加了一个指南针，帮助伊斯兰教徒解决了方向问题。于是这种带指南针的地毯顿时热销。

创新思维案例 28

——1+1>2 的奥秘之六(属于加法思维)

著名喜剧大师卓别林，编了一出新作品《独裁者》，内容是嘲笑希特勒的。此剧上演之后引起了纳粹德国的不满，他们以剧名冒用他人作品为由，企图阻挠这个喜剧继续上演。

卓别林不愧为一个大师，他巧妙在原剧名之前加一个“大”字，剧名更加抢眼球：《大独裁者》。于是剧作引起了更大的轰动。

请您再回味一下以上“加法思维”的案例，他们主人公的思维方式有什么共同点呢？不难发现，它们似乎都是多加了一点东西，我们称之为加法思维。试试看1+1能否大于2，这就是加法思维。怎么让1+1>2，这就是加法思维的精髓。

创新思维案例29

——1+1>2的奥秘之七(属于加法思维)

有这样一个故事：在我国香港市场上，中国、泰国、澳大利亚的大米声誉都不错。中国大米香、泰国大米嫩、澳大利亚的大米软。三者各有特色，各具优势。但奇怪的是三者的销路都平平，不温不火。或许是特色太突出而难以吊人胃口吧！米商很发愁，思考如何改变这种状况。

一天，米商突发奇想，将三种米混合起来如何？他在自家试吃，味道好极了。他如法炮制，自己“加工”出“三合米”，谁知得到了广泛的认同，获得一片好评。人们说这种米去掉三种大米过量的特色，又兼有三种大米共同的优点。道理十分简单，却耐人寻味。它的神奇之处在于共生共存，取长补短，三优相加，长更长；三短相接，短变长；三者杂处，长处互见，短处互补。

由此我们想到鸡尾酒，想到酱醋辣的三味合一的调味品，想到农业上的复合肥，想到医药上的复方药，想想让思维的视角不断地扩大，让联想思维在你脑中自由地驰骋，让我们的思维经常做“1+1>2的算术题”，有一天你也许会猛然发现你也能成功。

创新思维案例30

——1+1>2的奥秘之八(属于加法思维)

当年商界对于当当能不能只做书店有非常大的争议。有一种说法认为“只做书店肯定不行”。当当也这么认为，然后就去做百货了。原来卖书还有盈利，一做百货就开始亏了，2016年9月退市。当当聚焦书店是没有问题的，但不能只靠低价卖书，竞争对手很容易赶超。实际上卖书、卖文化产品挣钱的还是挺多的。当当可以做网上阅读、电子书之类的，比如微信读书就做得非常好，因为构建了网络效应，不仅是一本书的价格问题，用户的学习、讨论等圈子，还有爱学习之人的社交彰显价值都建立在这里了。所以当当缺少的是在焦点上做加法的创造力。

创新思维案例31

——属于加减思维

中国四大发明之一——活字印刷术的诞生就是加减思维法运用的一个实例。

在中国，最初字是刻在竹简上，称为“简牍”，后来蔡伦造纸是一大进步。到唐代初年，雕版印刷术又被发明了，但局限性仍然很大。

宋太祖时要印一部《大藏经》，光雕版就花了20多年的时间，雕成的13万多块版子放满了几个大房间。再者雕版中有了错字很难更改。另外雕版很费材料，如果印过的书不再复印的话，一大堆雕版就成了废物，而要印新的书就得重刻雕版。

起初毕昇也在使用传统的整版印刷，但当他看到一块块精心雕刻的木板印完书后就丢弃了，觉得十分可惜。他想：这些字如果能拆下来，不就可以重复使用了吗？经过反复思考后，他选择用便宜的胶泥，将每个字分别刻成印章，然后按照文章的意思排列。随后他又改进了制版技术。为了提高效率，他采用两块铁板，一块版印刷另一块版排字，二者交替使用，书印得很快。

毕昇的发明主要有两点突破：一是字与字的分离；二是采用两个版，一个版印刷，一个版排字，时间上也就分离了。这样改变了原来印刷技术所缺乏的灵活性。

开始就先强调“分”，到每一次印刷时根据具体需要进行相应的“合”。这样一来，就彻底改变了原来那种死板的印刷术，使印刷技术进入了一个全新的时期。

创新思维案例 32

——属于加减思维之二

加减思维在产业中也有普遍的适用性。在分分合合的加加减减中体现了商人非凡的智慧和卓越的办事能力。

日本有个商人开了一家药店，取名为“创意药局”。一起步他就拿出奇招：将当时售价为 200 日元的常用膏药以 80 日元卖出，由于价格比别人低了许多，所以生意十分兴旺。有些顾客宁可多跑路，也要到他的药局来购药。膏药的畅销使这位商人亏的越来越多，但也使药局很快有了知名度。3 个月过后药局开始赢利了，且利润越来越大。为什么呢？因为前来购药的顾客单纯买膏药的不多，许多人会顺便买一些其他药品，而这些药品是有利可图的。靠着贱卖膏药多招顾客，靠着顺带售药赢得利润，所赢大大超过所亏，不仅有盈余，还深得顾客信任，拥有良好口碑。

有加有减，时加时减，此加彼减；目标不变，策略灵活，这就是商家的精明之处。

创新思维案例 33

——属于加减思维之三

四川一家饭店在当地兴起吃蛇肉时，果断地以 30% 的幅度压下价格，招揽大批食客，带动其他菜肴的销售，从而发了大财。这家饭店与日本药局的做法可以说是异曲同工。妙就妙在二者都是局部用减法，而全局得到的却是加法效果。局部减法有广告功能，更有待人以诚的强大心理作用。

这就是加减思维的魅力。通过对事物进行加减、排列组合，使工作变得更便捷、效率更高。

创新思维案例 34

——属于加减思维之四

日本的森冈书店在实体书店一片荒凉的情况下，开业半年就实现了盈利，而且它聚焦到什么程度呢？一周只卖一本书。不过相信你认为它绝对不会就在书架上摆着一本书，然后什么也不做。这样的聚焦是无用且可笑的。

没错，它做的加法比减法还要多：根据每一本书，构建一个相关主题；策划一系列相关的展览、活动、对话……所以出版商和作家都自己找上门来寻求与书店合作。因为这对他们来说是一个极为匹配的渠道。

创新思维案例 35

——雕爷牛腩(互联网思维之一)

在(移动)互联网、大数据、云计算等科技不断发展的背景下，市场、用户、产品、企业价值链乃至整个商业生态都发生了新的改变，在这迅速变化的时代，我们应该重新审视，深入了解互联网发展下的新营销。

一个毫无餐饮行业经验的人开了一家餐馆，只有12道菜，花了500万元买断香港食神戴龙牛腩配方；每双筷子都是定制、全新的，吃完饭还可以带回家。老板每天花大量时间盯着针对菜品和服务不满的声音，开业前烧掉1000万元搞了半年试营业，期间邀请各路明星、达官贵人、微博大号们免费试吃……仅仅用两个月时间就实现了所在商场餐厅评价的第一名，VC投资6000万，估值4亿元人民币，这家餐厅是雕爷牛腩餐厅，它的成功用到了互联网思维。

创新思维案例36

——三只松鼠(互联网思维之二)

三只松鼠是一个淘宝品牌，2012年6月在天猫上线，65天后成为中国网络坚果销售第一名；2012年“双十一”创造了日销售766万元的奇迹，名列中国电商食品类第一名；2013年1月单月销售额超过2200万元；三只松鼠用一年多时间，累计销售过亿，并再次获得IDG公司600万美元投资。

三只松鼠带有品牌卡通形象的包裹、开箱器、快递大哥寄语、坚果包装袋、封口夹、垃圾袋、传递品牌理念的微杂志、卡通钥匙链，还有湿巾。这是品牌深入了解互联网发展下的新营销，属于互联网思维。

创新思维案例37

——互联网思维之三

这是一家创业仅三年的企业，2011年销售额5亿元；2012年销售额达到126亿元；2013上半年销售额达到132.7亿元，预计全年销售额可能突破300亿元。在新一轮融资中，估值达100亿美元，位列国内互联网公司第四名。这家企业是小米。雷军说参与感是小米成功的最大秘密。

总结：以上创新案例35—案例37向我们展示三个企业分属于不同的行业，但又惊人地相似，我们都称之为互联网品牌。它们背后的互联网思维到底是什么呢？

(1) 用户思维

互联网思维是重要的用户思维。用户思维是指在各个环节中都要“以用户为中心”去考虑问题。作为厂商必须从整个价值链的各个环节建立起“以用户为中心”的企业文化，只有深度理解用户才能生存。没有认同就没有合同。

法则1：得“草根”者得天下

成功的互联网产品多抓住了“草根一族”的需求。这是一个人人自称“草根”，而骨子里认为自己是“高富帅”和“白富美”的时代。通过形象及文化代入，将用户形象带入到产品中，让产品和用户产生交集，当你的产品不能让用户成为产品的一部分，不能和他们连接在一起时，你的产品必然是失败的。QQ、百度、淘宝、微信、YY、小米，无一不是携“草根”以成霸业。

法则2：兜售参与感

一种情况是按需定制，厂商提供满足用户个性化需求的产品即可，如海尔的定制化冰箱；另一种情况是在用户的参与中去优化产品，如淘品牌“七格格”，每次的新品上市，都会把设计的款式放到其管理的粉丝群里，让粉丝投票。由于粉丝决定最终的潮流趋势，自然粉丝也会为这些产品买单。

让用户参与品牌传播，便是粉丝经济。我们的品牌需要的是粉丝，而不只是用户，因为用户远没有粉丝那么忠诚。粉丝是最优质的目标消费者，一旦注入感情因素，有缺陷的产品也会被接受。未来没有粉丝的品牌都会消亡。

电影《小时代》豆瓣评分不到 5 分，但这个电影观影人群的平均年龄只有 22 岁，这些粉丝正是郭敬明的“富矿”。正因为有大量的粉丝“护法”，《小时代 1》《小时代 2》才创造出累计超过 7 亿的票房神话。

法则 3：体验至上

好的用户体验应该从细节开始并贯穿于每一个细节，能够让用户有所感知，这种感知要超出用户预期给用户带来惊喜。并贯穿品牌与消费者沟通的整个链条，说白了就是让消费者一直爽。微信新版本对公众账号的折叠处理，就是很典型的“用户体验至上“的选择。

用户思维体系涵盖了最经典的品牌营销的 Who－What－How 模型，Who 指目标消费者——“属丝”；What 指消费者需求——兜售参与感；How 指怎样实现——全程用户体验至上。

(2) 简约思维

互联网时代信息爆炸，用户的耐心越来越不足，所以必须在短时间内抓住他!

法则 4：专注，少即是多

苹果就是典型的例子，1997 年苹果接近破产，乔帮主回归，砍掉了 70%产品线，重点开发 4 款产品。使得苹果扭亏为盈，起死回生。即使到了苹果 5S，i phone 也只有 5 款品牌定位。专注给消费者一个选择你的理由，一个就足够。

曾经很火的一个网络鲜花品牌 Morosely，它的品牌定位是高端人群，买花者需要与收花者身份证号绑定，并且每人只能定一次，意味着“一生只爱一人”。2013 年 2 月上线，8 月份做到了月销售额近 1000 万元。

大道至简，越简单的东西越容易传播，越难做。专注才有力量，专注才能做到极致。尤其在创业初期做到专注，就有可能生存下去。

法则 5：简约即是美

在产品设计方面，要做减法。外观要简洁，内在操作流程要简化。Google 首页永远都是清爽的界面，苹果的外观、特斯拉汽车的外观，都是这样的设计。

(3) 极致思维

什么叫极致？极致就是把命都搭上。极致思维就是把产品、服务和用户体验做到极致，超越用户预期。

法则 6：打造让用户尖叫的产品

尖叫意味把产品做到极致。用极致思维打造极致产品。方法论有三条：第一，“需求要抓得准”(痛点，痒点或兴奋点要抓得准)；第二，“自己要尽力”(做到自己能力的极限)；第三，“管理要盯得紧”(得产品经理得天下)。一切产业皆媒体，在这个社会化媒体时代，好产品自然会形成好口碑。

法则 7：服务即营销

阿芙精油是知名的淘宝品牌，有两个小细节可以看出其对服务体验的极致追求：1)客服24小时轮流上班，使用 Think pad 小红帽笔记本工作，因为使用这种电脑切换窗口更加便捷，可以让消费者少等几秒钟。2)设有“CSO”(即首席惊喜官)，每天在用户留言中寻找潜在的推销员或专家，找到之后会给对方邮寄包裹，为这个可能的“意见领袖”制造惊喜。

(4) 迭代思维

“敏捷开发”是互联网产品开发的典型方法论。是一种以人为核心、迭代、循序渐进的开发方法，允许有不足，不断新试错，在持续迭代中完善产品。这里面有两个点，一个“微”，一个“快”。

法则 8：小处着眼，微创新

“微”要从细微的用户需求入手，贴近用户心理，在用户参与和反馈中逐步改进。“可能你觉得是一个不起眼的点，但是用户可能觉得很重要”。比如 360 安全卫士当年只是一个安全防护产品，后来也成了新兴的互联网巨头。

法则 9：精益创业，快速更新

“天下武功，唯快不破”，只有快速地对消费者需求做出反应，产品才更容易贴近消费者。Gauzy 游戏公司每周对游戏进行数次更新，就连雕爷牛腩的菜单也是每月更新。

这里的迭代思维，对传统企业而言，更侧重在迭代的意识，意味着我们必须要及时乃至实时关注消费者需求，把握消费者需求的变化。

(5) 流量思维

“目光集之处，金必将追随”，流量大，意味着挣钱多，流量的价值不必多言。

法则 10：免费是为了更好地收费

互联网产品大多用免费策略极力争取用户、锁定用户。当年 360 安全卫士免费入侵杀毒市场，一时间天翻地覆。回头再看看卡巴斯基、瑞星等杀毒软件，估计今天没有几台电脑还会装着它们了。

“免费是昂贵的”，不是所有的企业都能用免费策略，这个也得因产品、资源、时机而定。

法则 11：坚持到质变的“临界点”

任何一个互联网产品只要用户活跃数量达到一定程度，就会开始产生质变，从而带来商机或价值。QQ 若没有当年的坚持不可能有今天的企业帝国。经济时代先把流量做上去，才有机会思考后面的问题，否则连生存的机会都没有。

(6) 社会化思维

社会化商业的核心是网，公司面对的客户以网的形式存在，这将改变企业生产、销售、营销等个整个形态。

法则 12：利用好社会化媒体

有一个做智能手表的品牌，3 个人通过 10 条微信，近 100 个微信群转发，11 小时预订售出 18698 只智能手表，赚 900 多万元。

这就是微信朋友圈社会化营销的魅力。有一点要记住，口碑营销不是自说自话，一定要站在用户的角度、以用户的方式和用户沟通。

法则 13：众包

众包实际上是源于对企业创新模式的反思。“众包”这一概念是由美国《连线》杂志的记者杰夫·豪(Jeff Howe)在 2006 年 6 月提出的。他对众包(Crowd-sourcing)的定义是：“一个公司或机构把过去由员工执行的工作任务，以自由自愿的形式外包给非特定的(而且通常是大型的)大众网络的做法。

众包模式其实就是把传统上由企业内部员工承担的工作，通过互联网以自由自愿的形式转交给企业外部的大众群体来完成的一种组织模式。在这一过程中，企业只需要为贡献者支付少量报酬，而有时这种贡献甚至完全免费。2005 年先后出现的 Web2.0 与威客(Whitey)理念，以及近 10 年来大量的用户生成内容(UGC)网站蓬勃发展，都可以理解为众包模式的具体表现。2001 年创立的 Incentive 网站已经成为化学生物领域的重要研发供求网络平台。该公司引入“创新中心”的模式，把公司外部的创新比例从原来的 15%提高到 50%，研发能力提高了 60%。小米手机在研发中让用户深度参与，实际上也是一种众包模式。目前众包模式已经对美国的一些产业产生了颠覆性的影响：一个跨国公司耗费几十亿美元也无法解决的研发难题，被一个外行人在两周的时间内圆满完成；过去要数百美元一张的专业水准图片，只要一美元就可以买到。

众包，从创新设计领域切入，悄然颠覆传统产业结构。

(7) 大数据思维

大数据思维是指对大数据的认识，对企业资产、关系等要素的理解。

法则 14：小企业也要有大数据

用户在网络上一般会产生信息、行为、关系三个层面的数据。这些数据的沉淀有助于企业进行预测与决策。一切皆可被数据化企业必须构建自己的大数据平台，小企业也要有大数据。

法则 15：你的用户是每个人

在互联网和大数据时代企业的营销策略应该针对个性化用户做精准营销。

银泰网上线后，打通了线下实体店和线上的会员账号，在百货和购物中心设有免费的 Wi-Fi。当一位已注册账号的客人进入实体店后，他的手机连接上 Wi-Fi，他与银泰的所有互动记录会一一在后台呈现，银泰就能据此判断消费者的购物喜好。这样做的最终目的是实现商品和库存的可视化，并达到与用户之间的沟通。

(8) 平台思维

互联网的平台思维就是开放、共享、共赢。平台模式有可能成就产业巨头。全球 100 家企业里有 60 家企业的主要收入来自平台商业模式，包括苹果、谷歌等。

法则 16：打造多方共赢的生态圈

平台模式的精髓在于打造一个多主体共赢互利的生态圈。将来的平台之争，一定是生态圈之间的竞争。百度、阿里、腾讯三大互联网巨头围绕搜索、电商、社交各自构筑了强大的产业生态，对后来者——例如 360，其实是很难撼动这个生态圈的。

法则 17：善用现有平台

当你不具备构建生态型平台实力时，就要思考怎样利用现有的平台。

法则 18：让企业成为员工的平台

互联网巨头的组织变革，都是看如何打造内部“平台型组织”。包括阿里巴巴 25 个事业的分拆、腾讯 6 大事业群的调整，都在发挥内部的组织平台化作用。海尔将 8 万多人分为 2000 个自主经营体，让员工成为真正的“创业者”，让每个人成为自己的 CEO。内部平台化就是要变成自组织，而不是他组织。他组织是你听命于别人，自组织是自己来创新。

(9) 跨界思维

随着互联网和新科技的发展，很多产业的边界变得模糊，互联网企业的触角已无孔不入，比如零售、图书、金融、电信、娱乐、交通、媒体等等。

法则 19：挟“用户”以令诸侯

这些互联网企业，为什么能够参与乃至赢得跨界竞争呢？答案就是：用户。他们一方面掌握用户数据，另一方面又具备用户思维，自然能够挟“用户”以令诸侯。阿里巴巴、腾讯相继申办银行，小米做手机、做电视都是这样的道理。

未来十年是中国商业领域大规模打劫的时代，一旦用户的生活方式发生根本性的变化，来不及变革的企业必定遭遇劫数！

最后法则：用互联网思维大胆颠覆式创新。

一个真正牛逼的人一定是一个跨界的人，能够同时在科技和人文的交汇点上找到自己的坐标。一个真正厉害的企业一定是手握用户和数据资源，并敢于跨界创新的组织。李彦宏指出：“互联网产业最大的机会在于发挥自身的网络优势、技术优势、管理优势等，去提升、改造线下的传统产业，改变原有的产业发展节奏、建立起新的游戏规则。

以上便是互联网思维。今天看一个企业有没有潜力，就看它离互联网有多远。能够真正用互联网思维重构的企业才可能真正赢得未来。

创新思维案例 38

——自动摘收番茄

20 世初农业机械化在发达国家就已经实现了。然而能自动摘收番茄的机器始终是可望而不可及的。主要是因为番茄的皮太柔嫩，任何机械都可能抓得过紧而将番茄夹碎。那么怎样才能实现自动摘收番茄呢？解决这个问题有两种不同的思维方式。

第一种方式是致力于研究控制机器的抓力，使其既能抓住番茄，又不会将番茄夹碎。但是始终未能成功。第二种方式则是采用了一种从问题的源头去解决的办法。即研究如何才能培育出韧性十足、能够承受机器夹摘力的番茄，沿此思路人们成功研制出一种硬皮番茄。

创新思维案例 39

——解决圆珠笔漏油问题

圆珠笔是一种使用很方便的书写工具。它是 1938 年匈牙利人拜罗发明的，拜罗圆珠笔专利采用的是活塞式笔芯。由于有油墨经常外漏的缺点，曾风行一时的拜罗笔在 20 世纪 40 年代几乎被消费者所抛弃。

解决这一问题过程中有两种不同的思维方式。第一种方式是从分析圆珠笔漏油的原因入手去寻找解决办法——增加圆珠的耐磨性来解决，如用耐磨性能好的宝石和不锈钢材料制造圆珠。此方式的结果并不令人满意。第二种方式是从控制油量方面寻找解决的办法。

出平日里舍不得吃的东西款待他们。“老人们杀鸡土鸭、鸡蛋、炖土猪肉，这些都是在长沙城里根本吃不到的东西，何微心中一动，农村有这么好的东西干嘛要离开?”何微想到利用国家提倡的立体养殖方式，回家发展林下经济，既可以开发家乡的低产荒山，还能回报家乡，带动当地就业，重聚老家的“人气”和“财气。

市民选鸡他来养

作为一名90后何微和同龄人一样，喜欢挂、泡论坛、刷微博，随着微信的兴起，他又疯狂地迷恋上玩微信。而下定决心通过卖土鸡创业的他，便想通过他最熟悉的方式进行推广。“我是一个淘宝达人，那段日子玩淘宝非常频繁。”何微说他的营销方式是“直接发农场里土鸡们的图片”，让潜在客户们自己辨别，并没有特别刻意去推广。后来何微发现微信比淘宝推广成效更好，便逐渐转战微信。因为微信可以一对一营销，方便客户与我交流下单。

眼看市场上用饲料加粮食喂养出来的“仿土鸡”越来越多，这个行业也面临着诚信的考验。为了让这些网络消费者们买得放心，他还设立了基地网站并结合24小时监控视频、二维码可溯源系统，让消费者用手机扫一扫就可以直观了解基地生产实景以及养殖的全过程。通过网络营销和客户间的口口相传，何微的生意越做越大，土鸡也开始供不应求。他开始广泛发动当地群众，以合作社基地模式为主，吸收周边农户共同参与进来，统一进行技术指导管理，统一收购和销售，抱团做大做强。

如今何微在老家创建的基地放养区域占地1000多亩，鸡舍占地近1500多平方米，土鸡存栏量12000羽。他还在长沙等地设立了销售团队，将产品做进各大社区直接面对消费者，以连锁销售点的方式固定消费群体，并创立自己独有的土鸡品牌。

创新思维案例46

——休学创业点燃“全息”之梦(互联网+新时代创新创业故事)

彩色蝴蝶欲舞状、蓝色水母伸缩游动、超级马里奥笑眼相视……随着长条状的LED屏幕加速旋转，一个个鲜活的立体图像引得在场观众“哇”声不断。

“全息3D智能炫屏，看似普通的LED亮带上有512个灯珠，每个灯珠都是不同的芯片、不同的程序。”东南大学信息科学与工程学院2010级学生周全，作为该项目负责人，带着观众一同走近这一炫酷神器——当LED亮带在50转/秒的高速旋转下，通过解码软件，即可将图像转化成灯带可播放的视频。

据周全介绍这种炫屏是利用人类“视觉暂留”而产生的完整画面。视觉暂留又被称为“余晖效应”，指的是人眼在观察景物时，光信号传入大脑神经需经一段短暂时间，光作用结束后，视觉形象并不会立即消失，而这种残留的视觉称为“后像”，视觉的这一现象则被称为“视觉暂留”。正是利用这一“视觉暂留”效应，加之算法应用与现代技术手段，手持屏幕便可将2D图像转变为裸眼3D影像，可代替易拉宝，也可用于现有2D的任何屏幕，地铁、机场乃至小店铺，“全息3D智能炫屏”还可广泛用于广告、会展等宣传和展示。

周全以长江音乐节为例，全息3D智能炫屏比普通带字的灯牌要轻，且能直接连接充电宝，特别引人注目，目前已成为粉丝演唱会应援行走的“招牌”。

此外，周全还在筹谋让该项产品能更接地气。

一般来讲在逛街过程中，遇到一些不熟悉的店铺，还是很注意别人是如何评价的，而很多年轻人大多会用大众点评查看评价。“但像我们这种‘直男’，就不会特意跑去看大众点评。”自诩“我们这种直男”的周全，琢磨着要将线上的大众点评搬至更加直观的现实生活中。

“如果只是提供给店家一个产品，则会受限于产品保质期问题。但如果能通过设备，和店家的每个顾客建立一个纽带，或是为商家的个性化做出一些改革，那就是产品更深层次的作用了。”周全观察着世界的变化，于变化中寻求创新。

现在用户需求更讲求互动体验，抓住这一点，周全想象着“路过一家店铺，就可直接在炫屏上看到顾客留言、弹幕、店铺评价等信息，是不是很有画面感”？

为了让这块“可移动的分布式物联网传媒显示设备”还可以更炫酷，项目团队专门开发可直接与显示屏对接的APP，并在APP上为商家提供各式各样最新潮、最热门的内容模板，如傅园慧表情包，或是商家根据他们的素材模板，可自行做出适合自己的宣传画面。(初创组：“互联网+”信息技术服务)

创新思维案例47

——红糖馒头：小产品大市场

馒头是我们日常生活中最常见不过的主食，可谁又能想到就是这看似不起眼的主食却蕴藏着无限商机？在云南，罗三长红糖馒头自2015年首家店开业以来，累计共销售红糖馒头7800万个，单日最高销量60万个，门店共计136家。

在9月17日上午举行的金奖项目四强争夺赛上，当大屏幕显示出“罗小馒：云南最火的罗三长红糖馒头”项目的评委打分结果——732分、43个投资意向时，现场响起了一片掌声和欢呼声。

在获得金奖的30多个项目中，以高科技为主打，云南大学滇池学院大四学生罗三长的项目可谓一股“清流”。

“我坚信小产品也有大市场。跟传统的小作坊、夫妻店完全不同，我们更强调互联网产品思维和追求极致的工匠精神，专注生产好吃、营养、放心的新中式系列面食。”说起自己的项目优势，罗三长充满自信。

别看馒头个头小，里面却大有讲究。罗三长红糖馒头选自钙、铁、叶酸含量是普通红糖数倍的云南特级无沙红糖以及口感更为筋道特精面粉。200余次的配比改良，500多批次的工艺实验，不断地推倒重来，罗三长红糖馒头终于实现了松软香甜的独家味觉。

单品爆红后，一个“南馒入侵”的规划图在罗三长心里逐渐清晰起来。“红糖馒头要想走向全国，就必须围绕品牌、销售、产品、管理”进行全面战略升级。”罗三长说。

如今，红糖馒头推出了以罗三长本人为原型的全新品牌标识罗小馒，打造了“LOGO馒”的系列人物动画、漫画、微信表情等系列形象，统一升级了所有门店、包装物料的视觉标识；与此同时，罗三长尝试开发新品种，推出针对女性、儿童等人群的细分产品。

本届大赛评委、梧桐高创资本CEO蒋楠见证了罗小馒从校赛一路走来。在蒋楠看来，餐饮是个万亿级的传统产业，但随着中国消费水平的升级，有品牌思维、互联网思维的餐饮企业会有更广阔的市场。

“罗三长的馒头不仅有独家工艺，还有逐步走向成熟的品牌包装运营。他打造的呆萌有趣的品牌人物形象能迎合90后甚至00后群体的喜好。更值得一提的是，他的品牌是有故事、有温度的，展现了新时代的大学生自立自强的精神，从而更能打动消费者。”蒋楠说。

(就业型创业组:“互联网+”商务服务)

创新思维案例 48

——三昧动漫的国风文化

第三届中国“互联网+”大学生创新创业大赛四强争夺赛上，吉林动画学院互联网+国风漫画创作源计划项目创始人路现娜从容不迫地说道:“很多人听了我的创业项目，第一句都会问‘为什么选择国风漫画’?”

因为21世纪可谓是动漫产业最具创意的朝阳时代，然而中国虽然有着世界上增长最快的动漫消费市场，市场总额已达3000亿元。但数据显示，日、美动漫产品市场份额超过90%，国产动漫产值则不到300亿元，市场占比不足10%。对于喜爱动漫的路现娜来说，是感到痛心的，“而这不足10%的份额里，还到处充斥着美日风格，真正的‘国风动漫’凤毛麟角。”

捕捉到动漫产业发展动向和国家政策支持后，路现娜开始了她的创业计划，要擎起互联网时代下国风漫画文化的大旗。

大三时期，路现娜了解到，在学校打造的“创意硅谷、创业硅谷”，可为具有创业理念、创业能力和创业热情的学生以及经得起推敲打磨、具备市场转化能力的创业项目提供各项支持。于是，路现娜借助学校之力，使“三昧动漫”公司在3年时间内发展成为一流的国风漫画团队。

“目前，共有专业创作者90余人，外围人才梯队100多人;以每年500~1000部的速度不断充实剧本题材库，高达20T的各类素材库;完备的数字制作体系，自主研发国风画笔50套，纹理插件120套。”介绍到这里，路现娜抑制不住心中的小兴奋，“尤其是与美国安德鲁麦克米尔报业联合出版公司合作了《山海经》《三十六计》两部作品，并受邀参与了安纳海姆国际动漫展。”

“不能说国人画的漫画就叫国风漫画，国风漫画要原汁原味，从精神内核到表现形式再到故事内容，都应该有中国文化传承”。谈到公司取名为“三昧动漫”，路现娜认为，真火煅烧才能去除杂质，里面的金子方能显现。

有人担心，传统文化与商业会冲突，但路现娜似乎并不担心。

“我们的团队有着先进的、效率极高的制作模式和广泛的宣发销售渠道。”路现娜对他们的团队能力充满信心。如此自信，并不等于自大。在路现娜看来，读者的品位千万不要低估，更不能忽视读者的情怀。“有此情怀的同道人越来越多，就意味着随着中国的日益强大，国人对中国文化的认同感和自信心也会越来越强。”三昧动漫的崭露头角，势必燃起国风漫画的星星之火，也终将使我国传统文化于世界舞台大放光彩。(初创组:“互联网+”文化创意服务)

创新思维案例 49

——一张“纸”片挑战国际权威

信用卡大小，摸起来软软的、滑滑的，一张其貌不扬的“纸”，却引得无数手机巨头竞相下单，让日本同行闻之胆寒。

学名为“吸波导磁片”，这张由高分子树脂和特种柔性软磁金属复合物制成的柔软如“纸”的新材料，90%的成分却是金属。

第三届中国“互联网+”大学生创新创业大赛，南京大学“分子精准调控的吸波导磁材料及工业解决方案”项目以670分，荣获总决赛季军。

门禁卡、公交卡和手机放在一起，可能会失效。但在手机和门禁卡、公交卡之间放一张“吸波导磁片”，可轻松解决这种尴尬。王鹏介绍，“吸波导磁片”可以为电磁识别信号提供有效通路，防止信号与手机中的锂电池作用而失去识别作用；其还可有效导通磁场，抑制电子器件表面行波、爬行波和导波，吸收镜面电磁波，防止有效射频信号的涡流屏蔽。

应用于非接触式移动支付、门禁管理、票证管理等功能，王鹏团队生产的“吸波导磁片”第三代产品又轻又软，与目前很多带有近距离无线通信技术（NFC）功能的手机更为匹配。

说到更“炫酷”的用处，王鹏拿出一台可无线充电的手机及充电盘开始介绍：“充电线圈经常会受到金属干扰而无法充电，只要加入高磁导率的吸波导磁材料，就可有效地为磁感应线提供一条低阻抗通路，隔绝周边金属物体对能量传输的影响，确保无线充电功能的正常使用。”

当前，在新材料研究方面日本可谓走在世界最前沿，其发明的“铁氧体”材料既笨重，成本也高。“他们的技术指标不如我们的产品。目前，我们已能与国际巨头美国3M公司、日本TTK公司等比拼，价格还有很大优势。”王鹏介绍说。

“有自主建设的材料研发实验室和自主研发团队，能实现材料从研发设计到生产应用的无缝对接。”项目合伙人王悦介绍，目前南京先磁新材料科技有限公司的产品已被熊猫电子、国家电网、苹果无线充电供应链等大客户认可并签订供货合同，拥有了一定订单规模，预计明年每个月都能达到百万元级别营收。

虽然产品一出生就是国际先进水平，但南京先磁新材料科技有限公司却与王鹏创业团队成员一样很年轻。

2016年3月成立，首期投资400万元，团队成员多为南京大学学生。

“我们都对化学和材料有着一种执念。”更是早在高中时期就自学完成了几乎全部化学专业的本科课程；王鹏也放弃了大型跨国公司、世界500强等企业提供的优质工作机会，执着于化学和材料领域的创业。

公司成立之初一切捉襟见肘。“制作产品材料，尤其要将实验室成功的成果进行生产，无疑是一项挑战。”王鹏依然记着团队自己动手设计机械，并在定制厂商处生产拼装，“机械前期很不稳定，不能连续生产，大家一度很失落。后来换用强度更高的高分子材料，并辅以特殊配方设计，才最终解决了这个问题”。

第一台设备问题得以解决，产能问题不期而至。后来与一家在德国上市的中国企业德诚树脂合作，利用他们的设备进行改造，第2系列、第3系列和第4系列产品相继涌现，并跻身国际先进，甚至行业领先。

为什么对新材料领域如此执着？

“主要还是因为它是一种高科技产品。”这一回答，在别人看来，或许是科技含量和利润率成正比，科技含量越高，利润率就越高。但在王鹏看来，高科技产品研制更富挑战性，意义更重大。

“就像用在手机无线充电产品上的吸波导磁产品，可能一平方米就要一千元。然而实际上的物料成本却是很低的。”对于王鹏而言，始终希望能用知识制作材料，用知识对工业发展作出贡献。

或许正是这样的信念，王鹏带领团队还开发出更为强大的一款新材料，就像导磁片材让 NFC 技术进入手机成为可能一样，他们的新材料可以让 4G 等远场信号同样转变为近场，实现近场通信。而这项技术将来应用于公共交通领域，可能会使公交卡成为历史。(初创组：“互联网+”制造业)

创新思维案例 50

——“我为人人，人人为我”的大数据思维

“我为人人，人人为我”是大数据思维的一种体现。城市智能交通管理是该思想的一个明显例证。从传统的由控制中心集中控制到人人参与智能控制，可以实时提供详细的交通信息，真正实现了“共建共享”。这一实例很好地阐释了大数据时代“我为人人，人人为我”的全新理念和思维。每个使用导航软件的智能手机用户，一方面共享自己的实时位置信息给导航软件公司(比如百度地图)，使得导航软件公司可以从大量用户那里获得实时的交通路况大数据；另一方面，每个用户又在享受导航软件公司提供的基于交通大数据的实时导航服务。

创新思维案例 51

——相关而非因果的大数据思维

传统数据分析的目的有两方面，一方面是解释事物背后的发展机理，另一方面是预测未来可能发生的事件，都反映了一种“因果关系”。但是，在大数据时代，因果关系不再那么重要，转而追求“相关性”。在无法确定事物背后的因果关系时，通过对数据的分析、挖掘，为我们展示存在于事物内部或事物之间的相关性，提供分析、处理问题的新方法。对数据分析、挖掘的结果，为我们提供了事物的信息，消除了不确定性，获得了数据之间的相关性，事物背后的因果关系，可以简单地理解为是一种强相关性。因此，在某种程度上，相关性可以反映因果关系，可以帮助预测未来可能发生的事件，这就是大数据思维的核心。

从因果关系到相关性，这个过程并不是抽象的，而是已经有了一整套的方法，能够让人们从数据中寻找相关性，最后去解决各种各样的难题。

创新思维案例 52

——以数据为中心的大数据思维

从事语音识别、机器翻译、图像识别的学者分为两派，一派采用传统的人工智能方法解决问题，简单来讲就是模仿人，而另一派采用数据驱动法。以前，由于数据量有限，采用人工智能方法的学派占据上风。进入大数据时代后，由于数据存储和网络技术高速发展，人们获得和可用的数据量急剧增加，在某些应用领域，数据驱动方法的优势越来越明显，最终将完成从量变到质变的飞跃。

全世界各个领域的数据不断向外扩展，出现了数据在各领域间的交叉，各个维度的数据从点和线渐渐连成了网，或者说，数据之间的关联性极大地增强。因此，随着大数据技术的普遍应用，使得“以数据为中心”的思考和解决问题的方式，越来越显现出明显的优势。

创新思维案例 53

——全样而非抽样的大数据思维

过去，由于数据采集、数据存储和处理能力的限制，在科学分析中，通常采用抽样的方法。但是，抽样分析方法有优点也有缺点，抽样保证了在客观条件达不到的情况下，可能得出一个相对靠谱的结论，让研究有的放矢。然而，抽样分析的结果具有不稳定性，可能会得出某些错误的结论。

现在，已经进入了大数据时代，大数据技术的核心就是处理海量数据。因此，有了大数据技术的支持，科学分析完全可以直接针对全集数据而不是抽样数据，并且可以在短时间内得到分析结果，速度之快，超乎我们的想象。

创新思维案例54

——是无人机更是空中机器人

“让行业无人机更易飞”，这不仅是易飞无人机的优势，更是西安电子科技大学张文博团队在无人机领域的奋斗目标。

提到“无人机”，很多人首先想到的可能就是玩具、航模或是航拍工具。体积小、飞行速度快、机动灵活、操作简单、价格相对低廉，这些优点让众多航拍或航模爱好者成为这类消费级无人机的忠实拥趸。

除了用于娱乐、拍摄的消费级无人机，还有一些无人机要完成电力线巡检、林业监测等特殊任务，这便是行业级无人机。由于完成的任务特殊，对无人机的作业半径、作业效率等都有较高要求，而目前市场上的行业无人机产品存在机型不理想、智能化水平不高两大痛点。

“我们主要是为客户提供定制化的行业无人机硬件、软件、服务一揽子解决方案。针对目前市场上行业无人机存在的痛点，我们自主研发了一款倾转机翼式垂直起降无人机，并在其上搭建了基于嵌入式GPU和深度学习的机载人工智能系统”。张文博——西安电子科技大学电子工程学院2010级博士、校企联合培养博士后、昆山鲲鹏易飞无人机科技有限公司总经理——提到的正是他们团队设计研发的易飞无人机。

此款无人机最大的优势在于其结合了固定翼无人机续航时间长、作业半径大和多旋翼无人机起降灵活、可在空中悬停的优点。起飞时，机翼垂直于地面，由4个螺旋桨提供上升动力；当飞至一定高度后，两对机翼进行90°倾转，切换至固定翼巡航姿态，此时飞行速度可达140公里/小时；若在作业过程中发现异常点或需要降落时，机翼反向倾转90度，重新切换至垂直飞行模式，可实现空中悬停或垂直降落。这样创新性的设计，使其只需10平方米左右的场地即可平稳起降。

除了硬件方面“强强联合”，易飞无人机的“驾驶员”也十分聪明。该无人机在嵌入式GPU的基础上搭建了一套机载深度学习框架，配备了先进的人工智能系统，能够实现车辆或人员目标的检测与跟踪，甚至可以及时发现人群聚集、奔跑、跌倒等异常情况。

负责项目机载人工智能系统研发的吴鑫说：“我们的目标就是要实现‘傻瓜式’操作，将行业无人机打造成一款真正的空中机器人。”

面对无人机产业领域的强大竞争，张文博显得信心十足：“我们的飞控系统、机械结构、地面站系统、4G图传模块都是自主研发的，具有较高的技术壁垒，所以我们不怕友商和我们竞争。而且我们的无人机具有高度自动化的优势，对飞手和起降场地的要求都特别低。”他指着电脑上的一幅卫星地图解释道：“这就是我们的地面站，有点儿像机场的塔台，通过它可以控制飞机完成起飞、巡航作业、返航降落等整个流程。”相比固定翼无人机需要手工抛飞的危险或发射架弹射的繁琐，易飞无人机能够让会按快门的你轻松成为一名合格的飞手。

“你可以把我们这款无人机当作是空中机器人或者空中智能信息处理平台。”张文博说。易飞无人机作为行业无人机，其需要完成的多是具有鲜明行业特色的特殊任务，因此，公司把安防、电力、林业等政府部门和相关企业定为目标客户，目前已与不少公司建立了合作关系。

对于企业未来的发展，张文博也有很多设想：“产品方面，我们未来可能会涉及无人机多传感器智能信息处理平台、无人机调度中心、大数据分析系统等。技术方面，可能会根据各类行业任务，配置各种传感器组合方案，并开发与之匹配的机载智能信息处理系统等。”(初创组：“互联网+”制造业)

创新思维案例 55

——“终极发动机”领跑世界

“申请发明专利 135 项(含国际发明专利 6 项)，获得授权 62 项。”

“近 11 年在中国申请的内燃机燃烧发明专利统计排名国内第一，世界第九。”

“首次在世界范围内实现柴油机与汽油机的统一。”

一系列数字事实，为大连理工大学“终极发动机”项目着实增加了重磅分数，一举夺得第三届中国“互联网+”大学生创新创业大赛总决赛金奖。

“日益严峻的能源环境问题及越来越严格的排放法规，传统发动机技术在现有燃烧模式下，可优化的空间是有限的。”

大连理工大学博士研究生田华清醒认识到，未来相当长时期内，内燃机作为汽车和船舶领域主流动力机械的地位是不可动摇的，市场前景非常广阔。

组建终极发动机项目团队，是田华针对当前这一现状，结合国家“节能减排”政策号召，旨在依靠自身技术力量，结合传统柴油机与汽油机各自优点，提出新型射流控制压缩着火燃烧方式，实现柴油机与汽油机的统一，发动机二冲程与四冲程模式的灵活切换的目的。

“致力内燃机事业发展，争取早日实现自主产品的国际领先地位，秉承工匠精神，让中国内燃机之火燎原五洲。”田华始终不敢淡忘团队一致的信念，“在大赛的舞台上，让所有观众听到我们的声音。未来在国际的舞台上，要让世界看见我们的足迹。”

“以某 2. 1LV6 的多模式发动机为例，变冲程技术实现动力性提高 90%，CO_2 排放减少 30%。且随着法规明确要求重载卡车、大型客车必须加装辅助制动技术，多模式运行及全可变气门驱动系统的开发势在必行。”田华专业的介绍，极大地博得了现场评委和观众的认可。

着火相位控制，一直是发动机研发的技术难点。经过多年技术积累与创新，终极发动机团队研发出一系列新型高性能、低排放发动机技术，包括 JCCI 技术、多模式运行技术和高扰动喷射技术。

“射流控制预混合压缩着火(JCCI)技术是项目的核心技术之一，它将柴油机与汽油机优点合二为一。”团队核心成员、大连理工大学博士研究生礼博对此如数家珍：与传统柴油机相比热效率提高 9%，NO_x 降低 90%，PM 排放降低 90%，CO_2 排放降低 15%；与传统汽油机相比，热效率提高19%，87降低80%，CO_2 排放降低30%。

一连串数字与专业用语精准匹配，一气呵成，引得现场鼓掌称赞。

目前团队自主研发的高扰动喷射系统技术已处于成熟应用阶段，并已应用于中国第一汽车集团公司、日本五十铃公司等国内外多家单位的发动机产品。

“让中国智造领跑世界”，是隆武强一直追求的梦想，项目的成功运行也是对他多年研究奉献的最好回馈。(创意组：“互联网+”制造业)

创新思维案例56

——氧的发现

物体为什么会燃烧？18世纪时权威理论的回答是“燃素说”，认为能燃烧的物体内含有一种名叫“燃素”的特殊物质。

1774年英国有位叫普列斯特列的科学家，他在给氧化汞加热时，发现从中分解出的纯粹气体可以促使物体燃烧。这是一种什么东西呢？普列斯特列习惯地从“燃素说”的常识出发，就将它命名为“失燃素的空气”。

同年10月，普列斯特列带着他的实验到法国游历，受到化学家拉瓦锡的接待。当拉瓦锡得知普列斯特列的实验后，他立即重做一遍得到了那种新的气体，并第一个命名为氧，再通过思考研究建立了燃烧的氧化理论。这是化学史上的一次革命。为此，我们除了对拉瓦锡敢于从“常识”头上迈过一步的勇敢精神表示钦佩外，对普列斯特列被“常识”像梦魇一样拉着，感到叹惜。

创新思维案例57

——马化腾

马化腾从深圳大学毕业后就进入润迅公司做软件工程师，这段经历使马化腾明确了软件开发的意义在于实用而不是写作者的自娱自乐。后来，他联合几个在深圳电信、网络界有多年创业经验的人开始创业，打造腾讯公司。

随着用户的增长，运营QQ所需的投入越来越大，马化腾四处筹钱，在国内的银行及投资商中屡屡碰壁后，马化腾凭着6个版本、20多页的商业计划拿到了国外220万美元的风险投资，从此，QQ帝国雄踞互联网。马化腾还善于捕捉市场信息，勇于创新。

一个偶然的机会他发现韩国网络公司有一种给虚拟形象穿衣服的服务很受韩国网民欢迎，他立即联合服装服饰、手机、饰品公司共同开发了风靡“QQ族”的QQ秀，为腾讯带来了惊人的利润。同时鉴于网络游戏风靡世界的形势，马化腾投资运营了《穿越火线》等网络游戏，并取得了巨大的成功。

创新思维案例58

——齐白石画画

我国著名画家齐白石，曾荣获世界和平奖。然而面对已经取得的成功，他并不满足，而是不断汲取历代画家的长处，不断改进自己作品的风格。他60岁以后的画，明显不同于60岁以前。70岁以后画风又变了一次。

80岁以后，他的画风再度变化。齐白石一生，曾五易画风。正因为白石老人在成功后，仍然马不停蹄地改变、创新，所以他晚年的作品比早期的作品更完美成熟，也形成了自己独特的流派与风格。

创新思维案例 59

——爱因斯坦

1900 年，著名教授普朗克和儿子在自己的花园里散步。他神情沮丧，很遗憾地对儿子说："孩子，十分遗憾，今天有个发现。它和牛顿的发现同样重要。"

他提出了量子力学假设及普朗克公式。他沮丧这一发现破坏了他一直崇拜并虔诚地信奉为权威的牛顿的完美理论。他终于宣布取消自己的假设。人类本应因权威而受益，却不料竟因权威而受害，由此使物理学理论停滞了几十年。

25 岁的爱因斯坦敢于冲破权威圣圈，大胆突进，赞赏普朗克假设并向纵深引申，提出了光量子理论，奠定了量子力学的基础。随后又锐意破坏了牛顿的绝对时间和空间的理论，创立了震惊世界的相对论，一举成名，成了一个更伟大的新权威。

创新思维案例 60

——郑板桥

郑板桥是清代书画家、文学家，"扬州八怪"之一。他自幼爱好书法，立志掌握古今书法大家的要旨。他开始时只是反复临摹名家字帖，进步不大，深感苦恼。据说有次练书法入了神，竟在妻子的背上画来画去。妻子问他这是干什么，他说是在练字。

他妻子嗔怪道："人各有一体，你体是你体；人体是人体，你老在别人的体上纠缠什么?"郑板桥听后，猛然醒悟到：书法贵在独创，自成一体，老是临摹别人的碑帖，怎么行呢！从此以后，他力求创新，摸索着把画竹的技巧渗在书法艺术中，终于形成了自己独特的风格——板桥体。

创新思维案例 61

——牛顿晚年趋于保守，不能创新

牛顿是世界上最伟大的科学家之一，他对科学的贡献是史无前例的。牛顿的一生有许多伟大的发现：力学三定律、万有引力、光学环、光微粒说、冷却定律以及微积分。然而到了晚年，他的研究陷入了亚里士多德的柏拉图学说的范围而不能自拔。他花了十年的时间来研究上帝的存在，结果毫无所得。由此看来，即使是一个伟大的学者，一旦落入陈旧的范畴，固定的思维，就谈不上有丝毫的成就。

创新思维案例 62

——去和尚庙推销梳子

创造市场有四个营销员接受任务，到庙里找和尚推销梳子。第一个营销员空手而回，说到了庙里，和尚说没头发不需要梳子，所以一把都没销掉。第二个营销员回来了，销了十多把。他介绍经验说，我告诉和尚，头皮要经常梳，不仅止痒，还可以活络血脉，有益健康。念经念累了，梳梳头，头脑清。这样就销掉部分梳子。第三个营销员回来，销了百十把。他说，我到庙里跟老和尚讲，您看这些香客多虔诚呀，在庙里烧香磕头，可是磕了几个头起来后头发就乱了，香灰也落在他们头上。您在每个庙堂的前面放一些梳子，他们烧香磕完头后可以梳梳头，会感到这个庙关心香客，下次还会再来。这一来就卖掉了百十把。第四个营销员回来说他销掉好几千把，而且还有订货。他说，我到庙里跟老和尚说，庙里经常接受人家的捐赠，得有回报给人家，买梳子送给他们是最便宜的礼品。您在梳子上写上庙的名字，再写上三个字"积善梳"，说可以保佑对方，这样梳子作为礼品储备在那儿，来了就送，保证庙里香火更旺。这一下就销掉好几千把梳子。这个例子告诉我们，市场是可以创造的。老是想着和尚要什么梳子呀”，工作就没法做了。

创新思维案例 63

——打 1 折

估计大家都喜欢去买打折的商品，因为感觉能便宜很多。其实打折是很多商家的一种变相的赚钱方式。一般都是打 7、8 折很常见，5 折就很少见了。但是，今天要说的这个却是打 1 折！大家是不是很好奇呢？我们一起来看看吧！

据悉日本东京有个银座绅士西装店。这里就是首创“打 1 折”销售的商店，曾经轰动了东京。当时销售的商品是“日本 GOOD”。他们是这么实行的。首先定出打折销售的时间，第一天打 9 折，第二天打 8 折，第三天第四天打 7 折，第五天第六天打 6 折，第七天第八天打 5 折，第九天第十天打 4 折，第十一天第十二天打 3 折，第十三天第十四天打 2 折，最后两天打 1 折。看起来好像最后两天买东西是最优惠的，是吗？那我们看下面——

商家的预测是：由于是让人吃惊的销售策略，所以，前期的舆论宣传效果会很好。抱着猎奇的心态，顾客们将蜂拥而至。当然，顾客可以在这打折销售期间随意选定购物的日子，如果你想要以最便宜的价钱购买，那么你在最后两天去买就行了，但是，你想买的东西不一定会留到最后那两天。实际情况是：第一天前来的客人并不多，如果前来也只是看看，一会儿就走了。从第三天就开始一群一群的光临，第五天打 6 折时客人就像洪水般涌来开始抢购，以后就连日客人爆满，当然等不到打 1 折，商品就全部卖完了。

那么，商家究竟赔本了没有？你想，顾客纷纷急于购买自己喜欢的商品，就会引起抢购的连锁反应。商家运用独特的创意，把自己的商品打 5、6 折时就已经全部推销出去。“打 1 折”只是一种心理战术而已，商家怎么能亏本呢？

见过打折促销的，却是没见过如此“打 1 折”的神奇策略的，我们在佩服商家聪明生意经的同时，也感受到网络营销的强大奇迹！

创新思维案例 64

——成功青睐好创意 1

每个人都渴望成功，有很多人每时每刻都在为寻找成功的捷径而绞尽脑汁，并付出了艰辛的努力。但是我们又不得不承认在现实生活中，成功却往往属于少数人而多数人则与成功无缘。究其原因固然很多，但有无好的创意则是成功与否的分水岭。

日本有一个家庭妇女，只不过在废弃的旧罐头里放些土，并撒下花籽，拌上复合肥料，使那些爱花而又较懒的外行每天在上面浇点水，日后便可尝到摆弄花草的乐趣。她的这项盆栽花卉简单便宜，产品销路特别好。

创新思维案例 65

——成功青睐好创意 2

西铁城品牌成立于 1912 年，一直以来都是生产手表等计时产品。在这些年里，它也像其他品牌一样搞过很多的宣传，包括赞助体育赛事，包括请明星代言，而在前几年它更是请了我们都非常熟悉的吴彦祖和徐静蕾来代言。但我觉得这些都算不上精彩的宣传营销。它真正厉害的是 1956 年的一次，1963 年一次和 1986 年的一次。

1956 年，西铁城手表进军澳大利亚市场，在当地的报纸、电视、广播里投入了大量的广告，花费巨大，却效果甚微。原因在于大家对手表的要求都是做工精细好看，走时准确和经久耐用，而这几点别的品牌也都知道，也都以这几点为宣传点，所以没有给人留下什么特别的印象。后来他们想出来了一招，他们在报纸上大做广告，广告内容是某天某个时候在某个地方，将从飞机上扔下去一些西铁城手表，谁捡到就归谁。这一下就吸引了人们的眼睛，大家都在谈论，从飞机上扔下来的手表还不摔个粉碎吗？还能用吗？于是人传人，人传人，大家都知道了这个品牌，而且都很期待看到那天的结果。而到了活动当天，在活动地点聚集了非常非常多的人来看热闹，这时候真的就飞来了一架直升机，直升机悬停在七八层楼的高度，一些手表就这样直接给扔了出来。当人们争抢着捡到时，惊奇的发现，这些手表除了一些划伤外居然都运行正常。这一下，西铁城就变成了一个非常响亮的品牌，非常快速的得到了澳大利亚市场的认可。

1963 年，西铁城又在各种媒体上大做广告，邀请各家媒体全程报道，它们把一些西铁城手表放进玻璃瓶，然后在各路媒体见证下，扔进了大海，根据推算洋流的走向，预计能漂流到美国。这一策划案当时非常的轰动。1966 年，在美国东海岸还真有人捡到了这些漂流瓶，发现里面的手表都在正常的工作。这又引起了澳大利亚和美国媒体的大幅报道。

1986 年，西铁城又故伎重演，不过这次它们推广的是自己的防水系列手表。他们还是邀请了各路媒体，又在众多媒体的见证下，把一些防水手表不加任何防护，直接沉到深海里，过了一年后，再在大家的见证下捞出来，发现虽然表带破烂，表壳上都已经被腐蚀，但手表却依然运行正常。

点评：

1）如果自己产品有别于其他的产品，那么就抓住这个特别的地方去大力宣传。

2）如果自己产品跟别人的产品没有啥特别的地方，那么就找出来一点，强调它，重点介绍它，以区别于别家产品。“农夫山泉有点甜”，想想那个品牌的矿泉水有没有一点点甜呢？但农夫山泉强调了这点，人人就都记住了它。

创新思维案例 66
——成功青睐好创意 3

英国一位 70 岁老人在电视上看到，主持人展开地图介绍地球，他觉得这样很不方便又不直观。于是他便着手发明地球仪。有些眉目时就打广告，不久订单便雪片似的从世界各地飞来。一年内营业额高达 1400 万英镑。

创新思维案例 67
——成功青睐好创意 4

我国有家橘子罐头厂的技术人员在逛市场时发现鱼头比鱼身贵，鸡爪比鸡肉贵。他由此想到厂里每年都要遗弃大量的橘子皮是否可以废物利用，创造新的价值呢？于是他广泛收集资料，了解到橘子皮中含有丰富的维生素，有理气消滞和帮助消化的功效。他经过几个月的技术攻关，研发出了珍珠陈皮罐头，每瓶卖到三十多元，是橘子罐头价格的 10 余倍。

通过这些事例，我们可以看到，不管我们处在怎样一个环境中，不论一个人有怎样的学历背景，怎样的社会地位以及多大年龄，这些都无必然联系。人们只要有好创意，抓住创新思维这根神奇的绳，那么成功之日就离你不远了。

创新思维案例 68

——鹤鸣鞋店的广告

解放前，南京有家鹤鸣鞋店，牌子虽老却无人问津。老板发现许多商社和名牌店都登广告推销商品。他也想做广告宣传一下。

但怎样的广告才有效果呢？店老板来回走动寻思着。这时账房先生过来献计说商业竞争与打仗一样，只要你舍得花钱在市里大的报社登三天广告。第一天只登个大号，下面写一行小字："欲知情，请见明日本报栏"。第二天照旧。等到第三天，广告上写"三人行必有我师，三人行必有我鞋，鹤鸣皮鞋"。"老板一听，觉得此计可行，依计行事，广告登出来果然吸引了广大读者。鹤鸣鞋店顿时家喻户晓，生意红火。这则特别的商业广告，令鹤鸣鞋店在京沪鞋帽业鹤立鸡群。

启示：虽然广告人们接触得多，但有没有想过广告怎样做才能更吸引人呢？账房先生可谓独具匠心，精心策划，广告虽然做得简单，但标新立异，冲破传统观，因而取得了极大的成功。我们所处的时代，科技发展日新月异，经济发展突飞猛进，新生事物层出不穷。我们要跟上时代潮流，就要有超前意识。

创新思维案例 69

——逆向思维 1

某时装店的经理不小心将一条高档毛呢裙子烧了一个洞，令裙子身价一落千丈。如果用织补法补救只是蒙混过关，欺骗顾客。这位经理突发奇想，干脆在烧的小洞周围又挖了许多小洞，并加以修饰，并且将其命名为"凤尾裙"。一下子"凤尾裙"销路顿开，该时装店也出了名。(逆向思维)

创新思维案例 70

——逆向思维 2

有个小孩到一口大水缸边上玩，一不小心掉到缸里。大水缸的水很深，眼看孩子快要没顶了。别的孩子们一见出了事吓得边哭边喊，跑到外面向大人求救。司马光却急中生智，从地上捡起一块大石头，使劲向水缸砸去。"砰"水缸破了，缸里的水流了出来，被淹在水里的小孩也得救了。(逆向思维)

创新思维案例 71

——"限客进"销售法

意大利的菲尔·劳伦斯开办了一家七岁儿童商店，经营的商品全是七岁左右儿童吃穿看玩的用品。商店规定，进店的顾客必须是七岁的儿童，大人进店必须有七岁儿童做伴，否则谢绝入内，即使是当地官员也不例外。

商店的这一招不仅没有减少生意，反而有效地吸引了顾客。一些带着七岁儿童的家长进门，想看看里面到底"卖的什么药"，而一些身带其他年龄孩子的家长也谎称孩子只有七岁，进店选购商品，致使菲尔的生意越做越红火。

后来，菲尔又开设了20多家类似的商店，如新婚青年商店、老年人商店、孕妇商店、妇女商店等等。妇女商店，谢绝男顾客入内，因而使不少过路女性很感兴趣，少不得进店看一看。孕妇可以进妇女商店，但一般无孕妇女不得进孕妇商店。眼镜商店只接待戴眼镜的顾客，其他人只得望门兴叹。

左撇子商店只提供各种左撇子专用商品，但绝不反对人们冒充左撇子进店。所有这些限顾客的做法，反而都起到了促进的销售的效果。

创新思维案例72

——立体思维之一

有位老师给学生出了道看似简单的测试题：在一块土地上种植四棵树，要求每两棵树之间的距离都相等。学生们在纸上画了一个又一个图形，有正方形、梯形、菱形、平行四边形等。大家感到百思不得其解的是，什么四边形都不行。这时老师给大家点破“天机”。把其中一棵树种在山顶上！因为这样一来只要让其余三棵树与山顶上的那棵树构成正四面体(等边锥体)，就能够符合题意要求。这位聪明的几何学老师讲解四面体(等边锥体)时，巧借“种树”启发学生的空间想象能力，激发他们的立体思维，使学生加深对四面体空间特征的理解。这种新思维非常巧妙，效果也很好。引导学生掌握这一创新思维的关键是必须突破平面思维的定势，才能找到解决问题的答案。

用立体思维进行创新，关键是要善于突破点、线、面的框框限制，从垂直、侧向等多方向地拓展。

创新思维案例73

——立体思维之二

英国工程师查尔斯·德莱帕设计的泰晤士河扇形防洪水闸，就是一项非常新颖奇特的创举。在新型防洪水闸设计制造之前，涨潮的海水常常会沿泰晤士河逆流而上，形成海水倒灌之势，特别是当遇到大潮或恶劣天气时，潮水甚至漫过防洪堤冲入伦敦市内，严重威胁着城市的安全。为了消除海潮倒灌的隐患，需要在泰晤士下游建造一座防洪闸。这座防洪闸的设计要求很高，既要保证平时船只能够顺利通航，又要保证海水涨潮时能够抵御海潮倒灌。按照传统设计方法，闸门必须设计得特别高大，才能抵抗海潮倒灌，但其缺点是造价昂贵且施工困难。为解决这一难题，工程师查尔斯·德莱帕大胆提出一种全新的设计思想，变方为圆，即把闸门设计成扇形，其妙用是：平时这座半圆形闸门平躺水底，河上的船舶能够自由通航，不受影响；海水涨湖时，用操作装置转动半圆形闸门，旋转90度，让闸门立起来，闸门的高度顿时比原来高出许多，巧妙地抵抗住下游海水倒灌，德莱帕这一新颖别致的扇形创新思维的成功设计，巧妙地解决通航、防洪两不误的难题，收到了一箭双雕的功效。

创新思维案例74

——立体思维之三

日本有一家观光饭店，他们在对旅游业做了一系列的市场调查之后发现，许多喜欢到郊外蓝天碧水和山野之间旅游的旅客，除了希望能欣赏到大自然的秀美风光，流泉飞瀑、鸟语花香之外，还希望能痛痛快快地把身体浸泡在温泉中，以消除工作中激烈竞争所导致的工作疲劳。在轻松自在的温泉浴中暂时忘却竞争的纷扰和烦恼。根据这一需要，该饭店主管充分利用饭店所在地理位置，别出心裁设计出一套特色鲜明、与众不同的温泉浴。他想普通的温泉浴到处都有，没有什么新鲜与稀奇之处。于是他打破常规，大胆而别致地构思了一套空中温泉浴池。这种空中温泉浴池，形如一个个装满温泉水的空中缆车，安装在该饭店旁边山峰上200米高的电缆上，上下不停地在空中来回穿梭着。面对这一空中奇景，旅客进到空中温泉浴池后，悠悠然舒舒服地泡在其中，仿佛置身于飘然欲仙的梦境，一切烦恼都抛到九霄云外。好奇的旅客个个跃跃欲试，非要去尝试一下。空中温泉浴引来了大批游客，饭店每天要接待想洗空中温泉浴的旅客竟达上千人。每逢周末、假日，更是门庭若市，盛况空前。饭店的生意空前兴旺。

空中温泉浴这一奇招启示我们，奇迹孕育于平凡，学会创新思维贵在勇于突破。善于观察和思考，善于突破传统、打破常规，才有一鸣惊人的创新奇迹。

创新思维案例 75

——立体思维之四

电视技术发展历史虽然不长，但在创新竞争的浪潮中，先进的电视技术使得电视日新月异地向前发展着。从电子管电视机到晶体管电视机，再到集成电路电视机；从黑白电视机到彩色电视，再到微型电视、超电视、数码电视、等离子电视，电视技术的发展为人们开辟出一个美不胜收的创新天地。20 世纪 60 年代，人们制造出激光水下电视，用来检查水下工程建筑，对海港、航道、码头建筑、大坝、水、桥墩等进行长期检查，以代替潜水员的水下工作。这一创新思维为潜水员带来了福音。为了突破黑夜这一禁区，在肉眼看不见的地方，人们利用红外技术成功制造出“红外电视使人们可以看清黑夜里的物体活动情况。在医疗、军事等许多领域，红外电视大显身手。在医学上，红外电视可以用来检查人们体内的病灶；在军事上红外电视可以搜索夜幕下的敌情，成为黑夜里忠心耿耿地替人们值班的“哨兵”。

在创新思维和创新竞争的推动下，人们对电视技术新中求新、精益求精，不断创造出新的纪录。如手表电视：在一只手表壳内装一台微型电视机，屏幕仅 2.8 厘米×1.7 厘米，不久手表电视又从黑白发展到彩色。继“红外电视”和微型电视之后，科学家运用永无止境的创新思维，又成功发明了“炮弹电视台”。这种电视台装在炮弹里，可以发射到 20 公里以外的地方，当弹头到达目标上空后，弹头内的弹射火药起爆，打开弹头外壳，这时外形如同一只箱子的小型电视台从弹壳中弹出，箱子系在降落伞上，从空中旋转下降。与此同时，电视摄像机的镜头自动打开，拍摄四周的物体活动情况。它所拍摄到的图像通过无线电发射机传送到接收中心，并提供清晰的图像。这种遥感电视机技术可用于危险地域的地质勘探、地震观测、火山现场领域等。上述实例启示我们，勇敢突破各种限制、禁区和条条框框，才能让创新思维结出更丰硕的果实。

创新思维案例 76

——立体思维之五

世界著名物理学家赫兹，他最大的贡献是验证了电磁波的存在，为人类利用电磁波进行通信服务开拓了广阔的前景。但赫兹在验证电磁波存在后，并没有继续进行深入的研究探索，他发现电磁波和光波一样，具有反射和折射的特性，就草率地得出个荒唐而错误的结论，认为要实现远距离的电波服务，必须在天上悬挂一面大镜子。1894 年，意大利物理学家马可尼想建立从欧洲到美洲跨越大西洋的无线电通信，赫兹认为，这是不可能的。理由是天上没有反射电磁波的镜子，除非“做面像大西洋一样大的镜子”挂在天上，才能把欧洲发出的电波反射到美洲。马可尼没有被赫兹的结论吓倒，他经过长达 7 年的探索和努力，终于发现了“天镜”——即整个地球的大气层中的电离层，它能完成对电磁波的反射作用，根本不需要安装什么镜子。

1901 年马可尼利用大气层中的电离层，成功地使无线电波穿越大西洋，并获得诺贝尔奖。赫兹之所以得出要“做一面像大西洋一样大的镜子”的错误结论，是因为他的思维被一般的反射现象所约束，思维空间限定在地面，认为只有镜子才能反射电波，而没有对高空大气层进行更深入的探索和研究，不知道大自然提供了绝妙的反射镜。马可尼的创新思维之所以成功，是因为他敢于突破传统思维的限制，把创新思维的目光伸向高空中的大气层，发现了电离层的反射作用，利用这一反射作用最终使电磁波成功地跨越大西洋，实现了电磁波的远距离传输这一划时代的创新突破。

创新思维案例 77

——立体思维之六

提起雷达人们都会想到地面上一个个旋转的雷达天线，向空中搜索目标。那么能不能制造一种透视地下物体的雷达呢？科学家们把创新思维的目光从地面扩展到地下。通过研究和探索科学家们成功制造出地下透视雷达。其关键部件是由传感器、控制器、图像记录和磁带器组成，能在微电脑指挥下自动进行“观察”。工作原理与探测天上飞机的雷达十分相似。它的天线形如长柄环状仪器，能向地下深处发射一种持续时间为 1 毫微秒的脉冲电波，当电波碰到地下物体时，会被反射回来，然后反射信号为天线所接收，再经放大处理，最后在雷达屏幕上直观显示出地下物体的图像。

地下透视雷达在许多领域大有用武之地，它可以找到藏在地下的石油、煤炭、矿物资源，可以用来寻找海底矿物、沉船等。英国一家打捞公司用这种地下透视雷达找到了一艘 19 世纪沉没于泰晤士河、被沉积几十米厚的泥沙覆盖的沉船。地下透视雷达还可用于考古，查找水库大坝内部的裂缝，寻找山崩或雪崩后被埋的幸存者，了解地下管道或电缆位置走向等等。由此可见，学会全方位地拓展我们的创新思维空间，必能取得更新的发明创造。

创新思维案例 78

——除法策略

除法策略以三种不同方式来应用：

一是功能型除法，挑出产品或服务中的某项功能，改变其位置，比如航空公司为减少机场办票环节的拥堵及资源投入，允许乘客网上选座并自助打印登机牌；

二是物理型除法，将产品按随机原则分解成若干部分；

三是保留型除法，将产品按原样缩小，U 盘的诞生就是典型例子。

创新思维案例 79

——换轨思维之一

换轨思维是一种非常有效的创新工具，当某路径无法抵达目标时，及时脱轨便成为突破的关键。

古埃及金字塔是人间最伟大的建筑作品。当年石匠在处理那些引进石材时，发现一些石头坚硬得无法穿凿，刚开始他们尝试着用铁楔在坚石上砍劈，然而这些努力都白费。在这种情形下有人就觉得，唯一的办法就是换轨思维，硬的不行就来软的。它们将铁楔改换成木楔，将一块木楔嵌入石缝后，再用水来湿润这些木块。在木块无声的张力下，坚硬的花岗石终于裂开了。

思维也是这样，当有形的作为和巨大的声势都不能有成效时，心灵深处的另一种微小声音却能带来奇妙的改变，那往往是力量的开始。用通俗的话说，换轨思维是脑筋灵活的表现，它的本质是思维热点的扩散或转移。

创新思维案例80

——错时上下班制度(换轨思维之二)

思维的换轨通常是最低成本的投入，有时仅仅稍作偏移，结局就大相径庭。

据《温州都市报》2002年4月7日报道，温州正在推行错时上下班制度，基本缓解了市区上下班高峰堵车的矛盾。相当于花20亿元打通老城区的主要道口和交叉口。这种“向管理要道路”的办法，得到了专家肯定，并且收到了明显的成效。据了解，温州市大力发展交通，道路设施日趋完善，人均道路面积从1993年的4.7平方米，增加到2001年的115平方米，不到10年时间增加了2.5倍。然而道路建设依然跟不上交通发展的需求，市区有40万人在同时间上下班，约占当天流的1/6，这就势必引起交通堵塞。为解决这一矛盾，温州市有关部门经过大量的科学调查，聘请清华大学专家对市区交通管理进行规划，2002年3月4日在全省率先推出错时上下班制度。该制度实施后解决了市区交通堵塞的瓶颈，受到普遍好评。

创新思维案例81

——换轨思维之三

因为长年风化，纽约当局对美国自由女神像进行了一次大型翻新修整。工程结束后，现场留下了200吨左右的废料，于是当局便公开招标，请承包商处理并拉走垃圾。众多的承包商因为此项工程无利可图，无心竞标。

然而一位名叫斯塔克的商人却偏要买下此标。这让其他承包商大为不解，大家都想：这家伙的脑子是不是进水了？但最终结果却让他们大为震惊。因为斯塔克不但出色地移走了垃圾，而且从中还赚了大笔的钱。原来斯塔克并不只是将垃圾移走埋掉，而是对其进行了分类，做成不同的纪念品，然后卖给游客，从中获利。比如：他将废铜重新熔掉，再铸成“自由女神像翻新纪念币”。将废铅、废铝改制成纪念尺等等。这样一来，看似价值不大的近200吨的废料垃圾，却成为一件件价格不菲的纪念品，斯塔克因此赢得不少利润。

创新思维案例82

——保健按摩器(换轨思维之四)

贝瑟林和托尼是老同学，托尼是筑路工。一天一群筑路工正在曼哈顿第八大街“开膛破肚”，又是埋电缆又是铺下水道。托尼也忙得不可开交，他手持凿岩机，整个身子都跟着机器抖起来。

这时贝瑟林正好路过，驻足片刻，托尼朝贝瑟林大声喊道：“看我的手臂！”贝瑟林把手放在他的右手臂上，觉得自己的手也跟着动了。

“怎么样，试试?”托尼说。

贝瑟林就接过托尼递过来的凿岩机，他使出浑身气力，用两条胳膊压住机器，随着银色的方形钢凿钻进沥青路面，贝瑟林的整个身子立即动了起来。

背部感觉如何？托尼得意地问。手持式凿岩机的震颤按摩着贝瑟林的脊椎骨，这种感受真比享受价格昂贵的正规按摩还要舒服。不同的是，是自己而不是靠别人动手，就能达到按摩的效果。就这样他俩发现了手持式凿岩机的潜能：保健按摩器。

几个衣着工整的过路人见状，驻足好奇地：“你们在干什么?”贝瑟林张嘴就来：这个运动能消除背部的疼痛。其中一个人问：“能让我试试吗?”贝瑟林半开玩笑地说：10美元！没想到那人毫不犹豫地出了钱。托尼又取来一把手持式凿岩机，第二人也出了10美元。那第三个人，早脱下上装，急切地等候在一边。

这种健身运动比起头扎彩带，身穿紧身服，关节套上保护套，在铺着地毯的健身房内，摆弄运动器械简单多了。在阳光灿烂的大街上，托尼的顾客们个个汗流浃背，额角上滚动着晶莹的汗珠，然而他们脸上却充满快乐。

一种新型保健按摩器的创意设想就这样产生了。

创新思维案例 83

——换轨思维之五

有个日本人一天夜里做了个“金钱梦”。梦见自己睡在万元一张的大堆钞票上，轻飘飘的，真舒服，要是经常这么躺着多好呀！正当沉浸在无比喜悦之中，霍地他却醒了，空欢喜一场啊！沮丧之余他忽然灵机一动，心想：如果在床单上印上成堆成堆的万元大钞，肯定会受到人们的欢迎。

于是他把这想法告诉给一个朋友，那朋友说：“现在床单上流行印各种图案花样，钞票图案还没印过，把这个主意卖给生产床单的厂家，肯定行!”结果一试果然备受赞赏，那人因此得了几十万日元的报酬。

创新思维案例 84

——换轨思维之六

南京有一位画家从事绘画艺术有20年。在一次事故中，他的右手严重受伤，无法执笔作画。

痛苦之余这位画家用左手绘画，经过一段时间练习之后，他惊喜地发现，由于手的易位使他认识到并打破了许多不必要的条条框框，这些框框原先存在于画家的意识中或潜意识中。结果他现在用左手绘画，大胆奔放，笔笔到位，妙趣横生，整个画面显得既厚重又率真自然。这效果正是画家用右手作画十余年、苦苦探索，求之不得的境界。朋友们都开玩笑地说：你真是因祸得福啊！

创新思维案例 85

——换轨思维之七

具备了换轨思维，可以使人从容面对人生困境。

有一个不幸的青年人，他的妻子在分娩时难产，母子双亡，只剩下他孤零零一人。他受不了这个沉重的打击，翻箱倒柜后，找出条绳子想自杀，结果被人们及时发现，才没有成酿成悲剧。

村里一位老者得知他的情况后，便前去劝告他。老者将他带到一棵树旁，树上挂着半截绳子。老者指着绳子说：曾经，有一个和你一样的年轻人，因为想不开，用这条绳子结束了自己的生命。

他们又来到一口井旁，井沿上也搭着条绳子。老者又对那人说：以前有一个人打水时，不小心掉进了井里。他拽着这根绳子才爬了上来。这绳子救了他的命。老人又说：这就是一根绳子的两种用途。青年人恍然大悟，不再寻死，重新振作起来。

创新思维案例 86

——换轨思维之八

换轨思维是一种有心而为之的行动。这个世界是有心人的世界，只要有心，处处都有成功路。

费涅克是一位美国商人，在一次休假旅游中，小瀑布的水声激发了他的灵感，后来他就时常带上立体声录音机，专门到一些人烟稀少的地方游逛录下许多小溪、小瀑布、小河流水、鸟鸣等声音，然后回到城里复制出录音带，高价出售，生意十分兴隆，其中水声最畅销。

创新思维案例 87

——换轨思维之九

美国有位制瓶工人，偶然看见女友穿着一条膝盖上面部分比较窄的裙子，这种裙子会让女孩的腰部线条，显得非常优美，穿起来要比裙子更漂亮。这位工人由此联想到玻璃瓶子，设计出别具一格的“可口可乐瓶”。它的优点是人握住它没有滑落感，同时看上去，好像瓶内装的饮料要比实际的分量多一些。因此他从可口可乐公司那里得到了600 万美元的专利转让费。

创新思维案例 88

——换轨思维之十

比斯特正聚精会神地读报，突然鼻梁上的眼镜被他那调皮的儿子打落在地。比斯正要发作，可那淘气的孩子拾起碎镜片贴在眼前，就兴奋地大叫起来：“好玩，真好玩!”

比斯特拿过镜片，意然看到了地上爬行的蚂蚁。这偶然发现使他认识到了碎镜片脱离镜架还能看见东西，由此领悟出把它装在眼球上的创造。就这样他开始了隐形眼镜的研究。

1946 年世界上第一副隐形眼镜出现。由当时联邦德国的设计师赫尔曼韦·尔克研制成功。

创新思维案例 89

——肥皂(换轨思维之十一)

古埃及国王胡夫举行盛大国宴。厨师们正忙得团团转的时候，一名小厨师不慎将一盆刚刚炼好的羊油翻在灶台边，他吓得不行，连忙用手把那混有羊油的炭灰一把一把地捧起，扔到外边去。完事后他赶紧洗手，这时他发现，手上竟出现滑溜溜、黏糊糊的东西，而且洗后的手特别干净。

小厨师发现这个秘密后，便悄悄地把扔掉的羊油炭灰捡回来，供大家使用，从此大伙儿的手都洗得又白又净。

国王胡夫听说这个秘密后，就开始查问究竟。小厨师只得如实道出原委，国王试过那玩意儿后，也赞不绝口。很快这个东西便流传到埃及全国，一直传到古罗马。后来有人就在这个基础上，研制出了如今的肥皂。

创新思维案例 90

——换轨思维之十二

法国有位童装设计师，他注意到这样的情况，随着时间的推移儿童的身体长得很快，一件衣服穿个半年就小了，但是衣服本身并没破，扔掉挺可惜的。于是，这位设计师就根据儿童的发育速度，设计出一种能够伸长、能加大的衣服，其主要部位的尺寸都能调节。产品一面世，就深受家长们的欢迎。

创新思维案例 91

——换轨思维之十三

有一次美国艾士隆公司董事长布希耐因公司陷入困境十分苦恼，心烦意乱之际，他到郊外散心。途中他看到几个孩子兴致勃勃地聚在路边玩耍，就好奇地靠上前看热闹。一瞧，他们玩的却是一只又脏又丑的昆虫，可这些孩子，个个都迷到了爱不释手的地步。见此布希耐意识到，在一些儿童心目中，丑陋的玩物更可爱。于是他灵机一动，就让手下研制出一套"丑陋玩具"。玩具一生产出来就迅速上市，果然一炮打响，而且还引发出"丑陋玩具"的热潮。

创新思维案例 92

——换轨思维之十四

美国人研制出一种折叠结构的汽油桶，它用结实而轻盈的纤维和经过变形处理的弹性材料制成。加压后装汽油，重量只有普通汽油桶重量的40%，空桶折叠起来，体积只有装汽油时的5%，携带很方便。

创新思维案例 93

——换轨思维之十五

50 多年前鲜奶都是用玻璃瓶装的。这种包装既笨重又易破碎，而且还不卫生。有一天瑞典人劳希在看妻子烧菜，他见妻子将碎肉装进肠衣里自制香肠。劳希就想，把饮料装进密封的纸盒不也可以吗?

1952 年他成立一家公司，就推出纸包装产品，为容易腐坏的饮品创建了成本低和无菌的包装系统。10 年间公司发展极为迅速，业务扩展到净化水、纸张印刷等领域。1965 年劳希家族将所有副业卖掉，父子 3 人专心拓展纸包装饮品业务。

创新思维案例 94

——换轨思维之十六

换轨思维需要有执着精神。

有一位发明家，他所研制的高强度胶水，生产出来后黏性很低。他不以为失败，沿着"黏性低"的思路造出了不干胶。

创新思维案例 95

——微波炉(换轨思维之十七)

20 世纪 40 年代的一天，美国一位雷达工程师在做实验的过程中发现装在口袋里的巧克力溶化了，面对这一奇怪现象他感到不可思议。起先，他还以为是自己体温所致，后来经检查发现，巧克力的溶化原来是雷达装置上的磁控管在起作用。他从中得到启发，利用微波来加热食品或其他物质。

1947 年美国吉声公司开始着手研究这一课题，就在这一年，世界上第一台以"雷达波炉"为商品名称的微波炉诞生了。

创新思维案例 96

——换轨思维之十八

换轨思维还需要奇思妙想。

人们都知道奶嘴和水中呼吸装置的用途，前者是婴儿吃奶用的，后者是潜水员呼吸用的。俄罗斯大学有位学者对婴儿奶嘴和水中呼吸装置的吸嘴进行元素置换，创造出防止打呼噜器具。经过元素置换，奶嘴防止打呼噜的潜能得到开发。睡觉前把这个东西放入口中让它支撑住上腭，于是便可以安安稳稳地睡觉了，而且不会有不适的感觉。

你可以选择一个适合自己口腔尺寸的“奶嘴”。它的好处是在睡觉时你仍可以呼吸，用嘴呼吸是所有爱打呼噜人的特点，改变呼吸习惯对于他们太困难了。经过 7~10 天，被“奶嘴”顶住的上腭就习惯了自己的正确位置，那时你便可以不再用它了。

创新思维案例 97

——效率思维

兰姆布林是美国一家计算机公司的总裁。冬季的一天他在会议室召开会议，突然供暖系统出了故障，室温很低，大家都赶紧发言想早点离开。结果在 10 分钟内解决了问题。谁知兰姆布林却把这个题与另一个问题——怎样提高工作效率联系起来，他以此为创造原型，找到了一种提高自己高级职员工作效率的好办法：当部门负责人必须做出重要决定时，他会请他们到一间大小为 63 平方米的特殊冷气室里开会，那里的气温在零度以下。这些负责人穿着普通衣服坐在冰室里，可想而知，谁也不会把时间浪费在说废话上，解决一些重要问题仅需 10~15 分钟。从此在经理楼层中出现了一间冰冷的办公室，同时公司利润增长了 3 倍。

创新思维案例 98

——裁缝思维

从前在法国巴黎有一位年轻的画家，整天闭门作画，只因没有名气，日子过得十分拮据。一天他在一条小巷的沟渠里发现一双被人扔的破旧高跟鞋。接着，他做出一个令人诧异的举动，一把把破旧的鞋子揣在怀里回了家。

一进屋他就迫不及待地对那鞋子做了一番加工，在上面画出人脸的模样。他决定变残破为艺术，将破旧的鞋子加工成各种脸谱。从此他以此为业，几年之间就把数以千计的各种旧鞋变成了各式各样的艺术品，有讽刺笑的、有针砭时弊的、有政客、有修女、也有顽皮儿童…功夫不负有心人，这些颇具特色的艺术品，引起人们的关注，曾多次在巴黎、纽约、东京、伦敦、苏黎世等地展销。每件作品的售价，也涨至 3000 美元以上。因此他被人称为“鞋脸奇才”，他的每一件旧鞋脸谱作品，都独树一帜，而且各有自己的“灵魂”。

创新思维案例 99

——效率思维之一

1972 年 3 月，韩国经济巨人郑周永的蔚山造船厂正式开工。但面临一个难题：两艘大油轮的交货时间非常紧张。

如果按照常规先把船厂建好，再开工造船，按期交货是不可能的。郑周永就果断做出令世界同行们瞠目结舌的决定：建厂与造船同时开工！他提出了“快，更快”的建设口号，两项建设日夜不停地进行，蔚山造船厂的船坞挖掘作业超过了由日本“根岛”保持的日挖

5000 立方米的世界新纪录。

经过 27 个月马不停蹄的艰苦奋战，蔚山造船厂与两艘油轮同时完工，这又是一项世界最短施工期的记录。而建厂与造船同时进行也是世界造船史上一个先例。

创新思维案例 100

——效率思维之二

土豆是德国人喜爱的食品。在德国农村土豆是最主要的农作物，一到收获季节，农民就进入最繁忙的状态，他们不仅要把土豆从地里收回来，还要把它们运送到附近的城里去卖。原先农民们有一个习惯，就是把收获的土豆，按个头分为大、中、小三类，然后再到城里去卖，这样比大小土豆混在一起卖能多赚很多钱。但是要把堆成小山一样的土豆分拣开来，却不是一件容易的事，要花费大量劳动力，也影响土豆及时上市。后来人们发现一件奇怪的事：汉斯家从来没有人分拣土豆，他们总是把土豆直接装进麻袋，运到城里去卖，而且价钱卖得也不错。这是怎么回事呢？

原来汉斯在向城里送土豆时没让汽车走平坦的路，而是走了一条颠簸不平的路。这样经过 10 英里的颠簸，小的土豆就自然落到麻袋的最底部，大的留在了上面。卖时仍然大小分开，一样能卖个好价钱。聪明的汉斯不仅节省了劳力，还赢得了宝贵的时间，他的土豆总比别人早一些上市，自然他的钱也比别人赚得多。

思考与练习

SIKAOYULIANXI

1. 在学习思考中，你是否也会受思维三大障碍的影响？如何改善这种现象？

2. 谈谈你知道的生活中运用创新知识的应用。

3. 在创新思维案例 16 中，但丁运用迂回思维回答执政官，既不失涵养，又得到了想要的大鱼。发挥你的创新思维，猜猜但丁是如何回答执政官的。

第3章 TRIZ创新方法

3.1 TRIZ 的起源与历程

3.1.1 TRIZ 的起源

TRIZ 源于“发明问题解决理论”的俄文单词的首字母缩写，按照国际标准 ISO/R9-1968E 的规定，把俄文转换成拉丁字母以后，就成为 TRIZ。因此，TRIZ 只是一个特殊缩略语，既不是俄文，也不是英文，其实际含义就是“发明问题解决理论”。

“发明问题解决理论”有两个基本含义，表面意思是强调解决实际问题，特别是发明问题；隐含的意思是由解决发明问题而最终实现(技术和管理)创新，因为解决问题就是要实现发明的实用化，这符合创新的基本定义。

1946 年，苏联军方技术人员、发明家根里奇·阿奇舒勒(Genrich S. Altshuller)和他的同事们，在研究了来自于世界各国的上百万个专利的基础上，提出了一套体系相对完整的“发明问题解决理论”，为 TRIZ 的问世和发展奠定了基础。

3.1.2 TRIZ 的发展历程

1946 年，年仅 20 岁的阿奇舒勒成为苏联里海舰队专利部的一名专利审查员，也就是从这个时候开始，他有机会接触并对大量的专利进行分析研究。在研究中阿奇舒勒发现，发明是有一定规律的，掌握了这种规律有助于做出更多、更高级别的发明。从此，阿奇舒勒共花费了将近五十年的时间，揭示出隐藏在专利背后的规律，构建了 TRIZ 的理论基础，创立并完善了 TRIZ。

在阿奇舒勒看来，人们在解决发明问题的过程中所遵循的科学原理和技术进化法则是一种客观存在。大量发明所面临的基本问题是相同的，其所需要解决的矛盾从本质上说也是相同的。同样的技术创新原理和相应的解决问题的方案，会在后来的一次次发明中被反复应用，只是被使用的技术领域不同而已。因此，将那些已有的只是进行整理和重组，形成一套系统化的理论，就可以用来指导后来者的发明和创造。正是基于这一思想，阿奇舒勒与苏联的科学家们一起，对数以百万计的专利文献和自然科学进行了研究、整理和归纳，最终建立起了一整套系统化的、实用的、解决发明问题的理论方法体系，这就是 TRIZ 的来源(图 3-1)。

在冷战期间，TRIZ 的内容并不为西方国家所掌握。直至前苏联解体后，在 20 世纪 90 年代初期、中期，随着部分 TRIZ 研究人员移居到欧美等西方国家，TRIZ 才系统地传到西方并引起了学术界和企业界的关注。特别是在TRIZ传入美国后，在密歇根州等地成立了TRIZ研究咨询机构，继续对TRIZ进行深入的研究，使TRIZ得到了更加广泛的应用和发展。

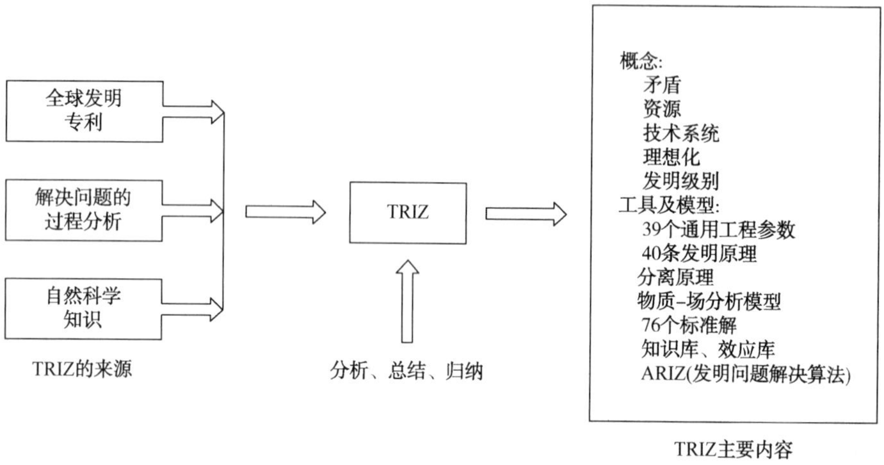

图3-1　TRIZ的来源与内容

在我国学术界，少数研究专利的科技工作者和学者在20世纪80年代中期就已经初步接触TRIZ，并对其做了一定的资料翻译和技术跟踪。在20世纪90年代中后期，国内部分高校开始研究和跟踪TRIZ，并在本科生、研究生课程中介绍TRIZ，在一定范围内开展了持续的研究和应用工作。进入21世纪，TRIZ开始从学术界走向企业界。如今，作为一个比较实用的创新方法学，TRIZ在我国已经逐步得到企业界和科技界的青睐，也得到了国家领导人的高度重视。自2007年开始，科学技术部和部分地方政府的科技厅已经展开了对TRIZ的大范围的推广与普及活动，这标志着中国人将为TRIZ的新发展做出重要的、具有里程碑意义的贡献。

2008年，科技部、发展改革委、教育部、中国科协联合发布了《关于加强创新方法工作的若干意见》，明确了创新方法工作的指导思想、工作思路、重点任务及其保障措施等。到2013年，全国已分6批共28个省(区、市)开展了一TRIZ理论体系为主的创新方法的推广应用工作。

TRIZ的发展历程，可用表示技术系统发展进化过程的“S曲线”来表示，如图3-2所示。图中左下方一条S曲线所代表的是从1946年到世纪之交的半个多世纪的一个阶段，这是经典TRIZ从产生、发展、直到成熟的时期。这个阶段，从1946年阿奇舒勒开始研究隐藏在发明背后的规律，直至1956年第一篇TRIZ论文发表，是TRIZ的诞生期。从此时起，再到1985年发明问题解决算法新版本的发布，标志着TRIZ体系的完善，是TRIZ的发展期。这一时期中，TRIZ开始从专家们的研究阶段，走向普及和应用阶段。20世纪80年代末到90年代末，是TRIZ发展的成熟期。在这一时期，苏联开发出第一个TRIZ软件。1989年，俄罗斯TRIZ协会即后来的国际TRIZ协会成立。1993年，TRIZ正式进入美国。1999年，美国阿奇舒勒TRIZ研究院和欧洲TRIZ协会相继成立。至此，TRIZ已经走向世界。

伴随着TRIZ在欧美亚的大规模研究、探索与应用的兴起，TRIZ的发展进入了如图3-2

右上方所示的第二条 S 曲线。在这一新的进化过程中，世界各地的 TRIZ 研究人员广泛吸收产品研发与技术创新的最新成果，试图建立基于 TRIZ 的技术创新理论体系。

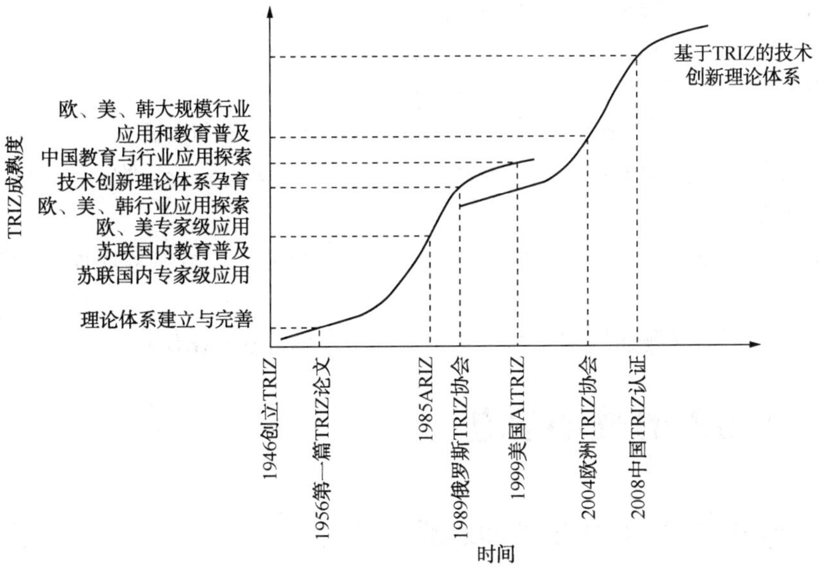

图 3-2　TRIZ 的发展历程

3.2　TRIZ 的理论体系结构

随着 TRIZ 的不断发展和完善，TRIZ 不仅增加了很多新发现的规律和方法，还从其他学科和领域中引入了很多新的内容，从而极大地丰富和完善了 TRIZ 的理论体系。

TRIZ 的理论体系可以表示为如图 3-3 所示的形式。

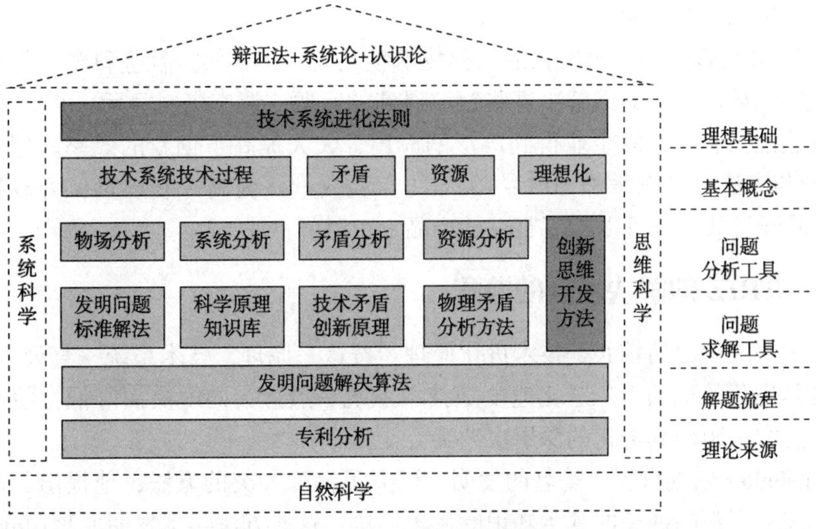

图 3-3　TRIZ 的理论体系结构

从上图中可以看出：

(1) TRIZ 的理论基础是自然科学、系统科学和思维科学。

(2) TRIZ 的哲学范畴是辩证法和认识论。

(3) TRIZ 来源于对海量专利的分析和总结。

(4) TRIZ 的理论核心是技术系统进化法则。

(5) TRIZ 的基本概念-进化、理想度、系统、功能、矛盾和资源。

(6) TRIZ 的创新问题分析工具包括根本原因分析、功能分析、物-场分析、资源分析和创新思维方法。

(7) TRIZ 的创新问题求解工具包括发明原理、分离方法、科学效应库、标准解系统和创新思维方法。

(8) TRIZ 的创新问题通用求解算法是发明问题求解算法(ARIZ)。

3.3 TRIZ 的核心思想

3.3.1 现代 TRIZ 理论的核心思想

阿奇舒勒发现：技术系统进化过程不是随机的，而是有客观规律可以遵循，这种规律在不同领域反复出现。TRIZ 的核心思想是：

(1) 在解决发明问题的实践中，人们遇到的各种矛盾以及相应的解决方案总是重复出现。

(2) 用来彻底而不是折中的解决技术矛盾的创新原理与方法的数量并不多，一般科技人员都可以学习、掌握。

(3) 解决本领域技术问题的最有效的原理与方法往往来自其他领域的科学知识。

由于 TRIZ 的来源是对高水平发明专利的分析，因此，人们通常认为，TRIZ 更适用于解决技术领域里的发明问题。

目前，TRIZ 已逐渐由原来擅长的工程技术领域向自然科学、社会科学、管理科学、生物科学等多个领域渗透，尝试解决这些领域遇到的问题。调查资料显示，TRIZ 已在欧美国家和亚洲发达国家和地区的企业得到广泛的应用，大大提高了创新的效率。据统计，应用 TRIZ 的理论与方法，可以增加 80%~100%的专利数量并提高专利质量；可以提高 60%~70%的新产品开发效率；可以缩短 50%的产品上市时间。

3.3.2 TRIZ 的解决问题的流程

发明问题解决理论的核心是技术进化原理。按这一原理，技术系统一直处于进化之中，解决冲突是其进化的推动力。进化速度随技术系统一般冲突的解决而降低，使其产生突变的唯一方法是解决阻碍其进化的深层次冲突。

G. S. Altshuller 依据世界上著名的发明，研究了消除冲突的方法，他提出了消除冲突的发明原理，建立了消除冲突的基于知识的逻辑方法，这些方法包括发明原理(Inventive Principles)、发明问题解决算法(ARIZ，Algorithm for Inventive Problem Solving)及标准解(TRIZ

Standard Techniques）。

在利用 TRIZ 解决问题的过程中，设计者首先将待设计的产品表达成为 TRIZ 问题，然后利用 TRIZ 中的工具，如发明原理、标准解等，求出该 TRIZ 问题的普适解或称模拟解（Analogous solution）；最后设计者再把该解转化为领域的解或特解。见图 3-4。

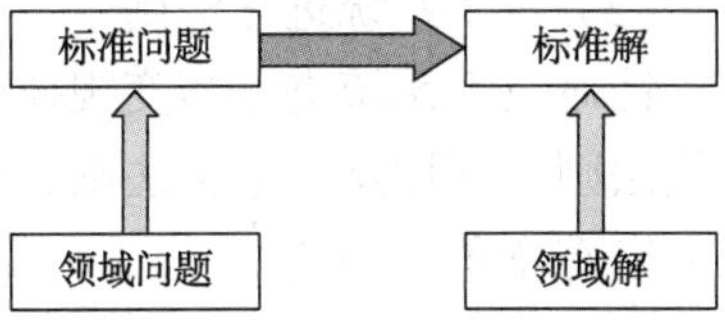

图 3-4　TRIZ 解决问题的过程

3.4　TRIZ 的基本哲理

TRIZ 理论的基本哲理包括以下 6 条：

（1）所有的工程系统服从相同的发展规则。这一规则可以用来研究创造发明问题的有效解，也可用来评价与预测如何求解一个工程系统（包括新产品与新服务系统）的解决方案。

（2）像社会系统一样，工程系统可以通过解决冲突（Conflicts）而得到发展。

（3）任何一个发明或创新的问题都可以表示为需求和不能（或不再能）满足这些需求的原型系统之间的冲突。所以，“求解发明问题”与“寻找发明问题的解决方案”就意味着在利用折中与调和不能被采纳时对冲突的求解。

（4）为探索冲突问题的解决方案，有必要利用专业工程师尚不知道或不熟悉的物理或其他科学与工程的知识。技术功能和可能实现该功能的物理学、化学、生物学等效应对应的分类知识库可以成为探索冲突问题解的指针。

（5）存在评价每项发明创造的可靠判据。这些判据是：

① 该项发明创造是否是建立在大量专利信息基础上的？基于偶然发现的少数事例的发明项目不是严肃的研究成果。事实证明，一项重大或重要的发明项目通常是建立在不少于 1 万到 2 万项专利（或知产权/版权）研究的基础上。

② 发明人或研究者是否考虑过发明问题的级别？大量低水平的发明不如一项或少量高水平的发明。因为，低水平的发明只能在简单的情况下运用。

③ 该项发明是否是从大量高水平的试验中提炼出来的结论或建议？

（6）在大多数情况下，理论的寿命与机器的发展规律是一致的。因而，“试凑”法很难产生两种或两种以上的系统解。

3.5　TRIZ 的主要内容

创新从最通俗的意义上讲就是创造性地发现问题和创造性地解决问题的过程，TRIZ 理论的强大作用正在于它为人们创造性地发现问题和解决问题提供了系统的理论和方法工具。

现代 TRIZ 理论体系主要包括以下几个方面的内容：

（1）创新思维方法与问题分析方法

TRIZ 理论中提供了如何系统分析问题的科学方法，如多屏幕法等；而对于复杂问题的分析，则包含了科学的问题分析建模方法——物-场分析法，它可以帮助快速确认核心问题，发现根本矛盾所在。

(2) 技术系统进化法则

针对技术系统进化演变规律，在大量专利分析的基础上 TRIZ 理论总结提炼出八个基本进化法则。利用这些进化法则，可以分析确认当前产品的技术状态，并预测未来发展趋势，开发富有竞争力的新产品。

(3) 技术矛盾解决原理

不同的发明创造往往遵循共同的规律。TRIZ 理论将这些共同的规律归纳成 40 个创新原理，针对具体的技术矛盾，可以基于这些创新原理、结合工程实际寻求具体的解决方案。

(4) 创新问题标准解法

针对具体问题的物-场模型的不同特征，分别对应有标准的模型处理方法，包括模型的修整、转换、物质与场的添加等等。

(5) 发明问题解决算法 ARIZ

主要针对问题情境复杂，矛盾及其相关部件不明确的技术系统。它是一个对初始问题进行一系列变形及再定义等非计算性的逻辑过程，实现对问题的逐步深入分析，问题转化，直至问题的解决。

(6) 基于物理、化学、几何学等工程学原理而构建的知识库

基于物理、化学、几何学等领域的数百万项发明专利的分析结果而构建的知识库可以为技术创新提供丰富的方案来源。

3.5.1 TRIZ 理论的创新设计问题解决工具

阿利赫舒列尔和他的 TRIZ 研究机构 50 多年来提出了 TRIZ 系列的多种工具，如冲突矩阵、76 标准解答、ARIZ、AFD、物质—场分析、ISQ、DE、8 种演化类型、科学效应、40 个创新原理，39 个工程技术特性，物理学、化学、几何学等工程学原理知识库等，常用的有基于宏观的矛盾矩阵法(冲突矩阵法)和基于微观的物场变换法。事实上 TRIZ 针对输入输出的关系(效应)、冲突和技术进化都有比较完善的理论。这些工具为创新理论软件化提供了基础，从而为 TRIZ 的实际应用提供了条件。

3.5.2 产品进化理论

TRIZ 中的产品进化理论将产品进化过程分为 4 个阶段：婴儿期、成长期、成熟期、退出期。处于前两个阶段的产品，企业应加大投入，尽快使其进入成熟期，以便企业获得最大效益；处于成熟期的产品，企业应对其替代技术进行研究，使产品取得新的替代技术，以应对未来的市场竞争；处于退出期的产品，企业利润急剧下降，应尽快淘汰。这些可以为企业产品规划提供具体的、科学的支持。

产品进化理论还研究产品进化模式、进化定律与进化路线。应用模式、定律与路线，设计者可较快地确定创新设计的原始构思，使设计取得突破。

3.5.3 冲突解决原理

原理是获得冲突解所应遵循的一般规律。TRIZ 主要研究技术冲突和物理冲突。技术冲突是指传统设计中所说的折中，即由于系统本身某一部分的影响，所需要的状态不能达到。

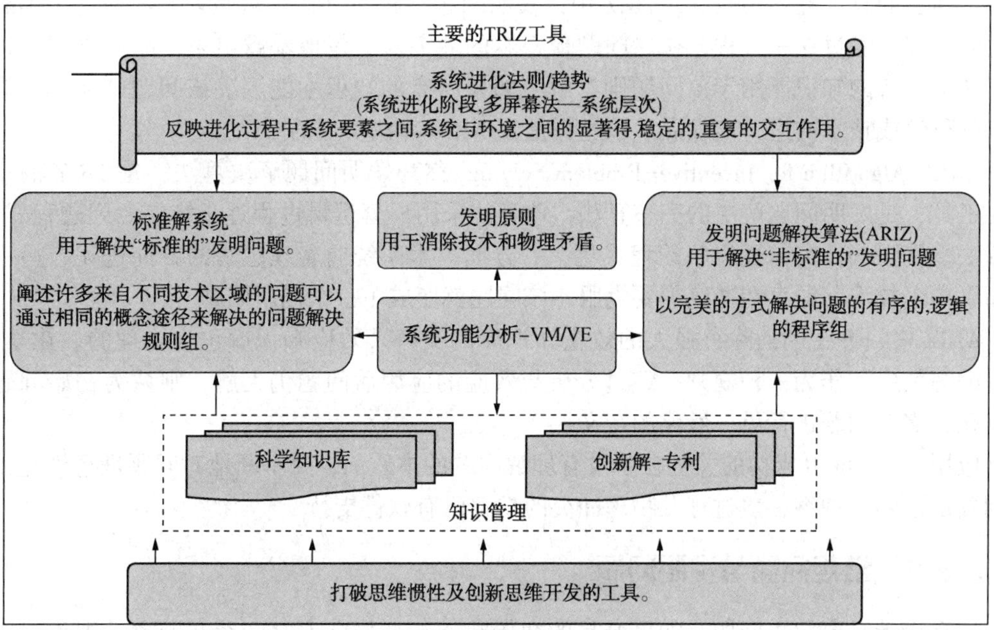

图 3-5 主要的 TRIZ 工具

物理冲突指一个物体有相反的需求。TRIZ 引导设计者挑选能解决特定冲突的原理，其前提是要按标准工程参数确定冲突。有 39 条标准冲突和 40 条原理可供应用。

3.5.4 物质—场分析标准解

Altshuller 对发明问题解决理论的贡献之一是提出了功能的物质—场(Substance-field)描述方法与模型。其原理为，所有的功能都可分解为两种物质及一种场，即一种功能由两种物质及一种场的三元件组成。产品是功能的一种实现，因此，可用物质—场分析产品的功能，这种分析方法是 TRIZ 的工具之一。

依据该模型，Altshuller 等提出了 76 种标准解，并分为如下 5 类：

(1) 不改变或仅少量改变已有系统：13 种标准解；

(2) 改变已有系统：23 种标准解；

(3) 系统传递：6 种标准解；

(4) 检查与测量：17 种标准解；

(5) 简化与改善策略：17 种标准解。

由已有系统的特定问题，将标准解变为特定解即为新概念。

3.5.5 效应

效应指应用本领域特别是其他领域的有关定律解决设计中的问题。如采用数学、化学、生物、电子等领域中的原理解决机械设计中的创新问题。

3.5.6 ARIZ：发明问题解决算法

TRIZ 认为，一个问题解决的困难程度取决于对该问题的描述或程式化方法，描述得越清楚，问题的解就越容易找到。TRIZ 中，发明问题求解的过程是对问题不断描述、不断程式化的过程。经过这一过程，初始问题最根本的冲突被清楚地暴露出来，能否求解已很清楚，如果已有的知识能用于该问题则有解，如果已有的知识不能解决该问题则无解，需等待自然科学或技术的进一步发展。该过程是靠 ARIZ 算法实现的。

ARIZ(Algorithm for Inventive-Problem Solving)称为发明问题解决算法，是 TRIZ 的一种主要工具，是发明问题解决的完整算法，该算法采用一套逻辑过程逐步将初始问题程式化。该算法特别强调冲突与理想解的程式化，一方面技术系统向着理想解的方向进化，另一方面如果一个技术问题存在冲突需要克服，该问题就变成了一个创新问题。

ARIZ 中，冲突的消除有强大的效应知识库的支持。效应知识库包含物理的、化学的、几何的等效应。作为一种规则，经过分析与效应的应用后问题仍无解，则认为初始问题定义有误，需对问题进行更一般化的定义。

应用 ARIZ 取得成功的关键在于没有理解问题的本质前，要不断地对问题进行细化，一直到确定了物理冲突，该过程及物理冲突的求解已有软件支持。

3.5.7 常规问题与发明问题

产品设计是要解决问题。如果产品的初始状态与理想状态之间存在距离，则称之为问题，设计过程是解决问题的过程，是使产品由初始状态通过单步或多步变换实现或接近理想状态的过程。如果实现变换的所有步骤都已知，则称为“常规问题”(Routine problem)，如果至少有一步未知，则称为“发明问题”(Inventive problem)。解决常规问题的设计是常规设计，解决发明问题的设计是创新设计。

3.6 TRIZ 发明的五个等级

TRIZ 通过分析专利发现，各国家不同的发明专利内部蕴含的科学知识、技术水平都有很大的区别和差异。以往，在没有分清这些发明专利的具体内容时，很难区分出不同发明专利的知识含量、技术水平、应用范围、重要性和对人类的贡献大小等问题。因此，把发明专利依据其对科学的贡献、技术的应用范围及为社会带来的经济效益等情况划分一定的等级加以区别，以便更好地推广应用。TRIZ 理论将发明专利或发明创造分为以下 5 个等级。

第 1 级：多数为参数优化类的小型发明，一般为通常的设计或对已有系统的简单改进。这一类发明并不需要任何相邻领域的专门技术或知识，问题的解决主要凭借设计人员自身掌握的知识和经验，不需要创新，只是知识和经验的应用。例如，为更好地保温，将塑钢窗加厚(图 3-6)；用承载量更大的重型卡车替代轻型卡车，以实现运输成本的降低(图 3-7)。该类发明创造或发明专利占所有发明创造或发明专利总数的 32%。

第 2 级：通过解决一个技术矛盾对已有系统进行少量改进。这一类问题的解决主要采用行业内已有的理论、知识和经验。解决这类问题的传统方法是折中法。例如在焊接装置上增加的一个灭火器(图 3-8)、斧头的空心手柄(图 3-9)等。该类发明创造或发明专利占所有发明创造或发明专利总数的 45%。

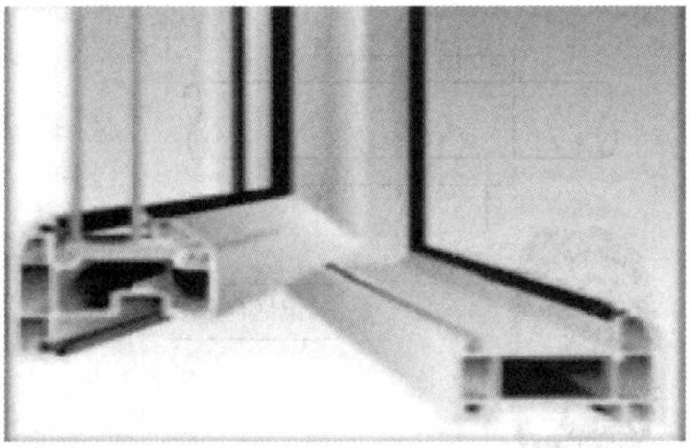

图 3-6 加厚的塑钢窗

图 3-7 重型卡车

图 3-8 焊接装置上增加一个灭火器

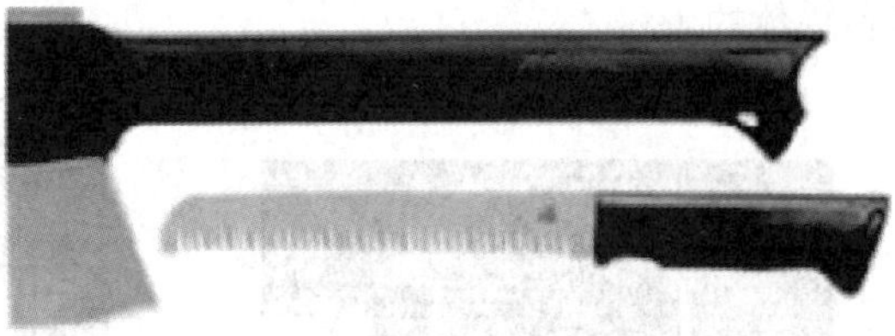

图 3-9 拥有空心手柄的斧头

第 3 级：对已有系统的根本性进行改进。这一类问题的解决主要采用本行业以外的已有方法和知识，设计过程中要解决矛盾。例如，汽车上用自动传动系统代替机械传动系统(图 3-10)；计算机使用鼠标(图 3-11)；电钻上安装离合器等。该类发明创造或发明专利占所有发明创造或发明专利总数的 18%。

图 3-10 汽车 8 挡自动变速箱

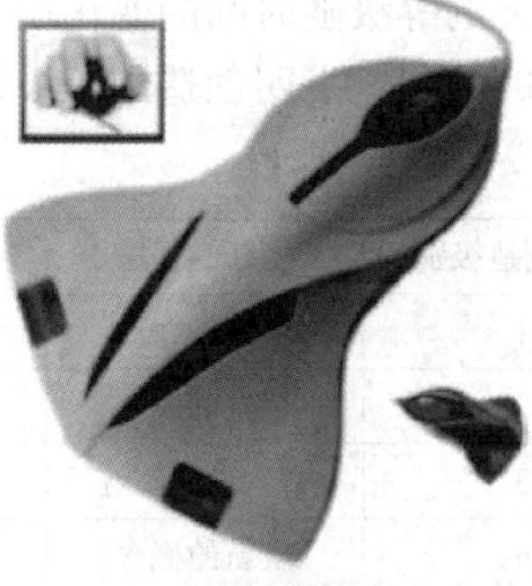

图 3-11 战斗机型鼠标

第 4 级：采用全新的原理完成对已有系统基本功能的创新。这一类问题的解决主要是从科学的角度而不是从工程的角度出发，充分控制和利用科学知识、科学原理实现新的发明创造。如第一台内燃机的出现(图 3-12)、集成电路的发明、充气轮胎、记忆合金管接头(图 3-13)。该类发明创造或发明专利占所有发明创造或发明专利总数的 4%。

图 3-12　内燃机

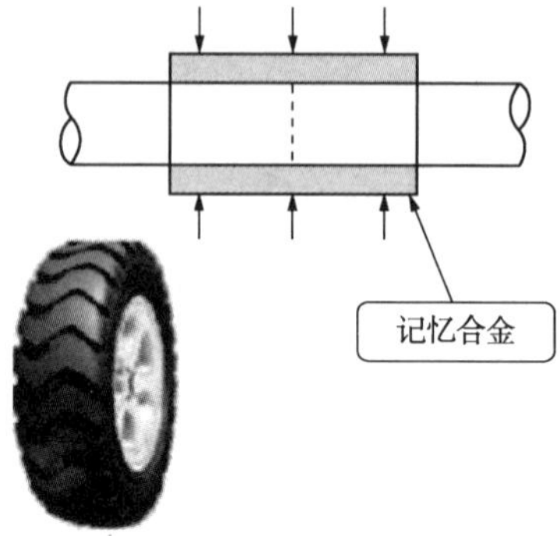

图 3-13　充气轮胎和记忆合金管接头

第 5 级：罕见的科学原理导致一种新系统的发明、发现。这一类问题的解决主要是依据自然规律的新发现或科学的新发现。如计算机、形状记忆合金(图 3-14)、蒸汽机(图 3-15)、激光、灯泡(图 3-16)的首次发明。该类发明创造或发明专利占所有发明创造或发明专利总数的 1%。

图 3-14　绽放中的镍钛记忆合金“花瓣”

图 3-15　瓦特蒸汽机

图 3-16　爱迪生灯泡

实际上，发明创造的级别越高，获得该发明专利时所需的知识就越多，这些知识所处的领域就越宽，搜索有用知识的时间就越长。同时，随着社会的发展、科技水平的提高，发明创造的等级随时间的变化而不断降低，最初的最高级别的发明创造逐渐成为人们熟悉和了解的知识。发明创造的等级划分及知识领域见表 3-1。

表 3-1　发明等级

发明创造级别	创新的程序	问题复杂程度	比例	知识来源	参考解的数量
1	明确的解	无矛盾问题	32%	个人的知识	10
2	少量的改进	标准问题	45%	公司内的知识	100
3	根本性的改进	非标准问题	18%	行业内的知识	1000
4	全新的概念	极端问题	4%	行业以外的知识	10000
5	发现	独一无二的问题	<1%	所有的知识	100000

由表 3-1 可以有如下发现。

(1) 95%的发明专利利用了行业内的知识；

(2) 只有少于 5%的发明专利利用了行业外的及整个社会的知识。

因此如果企业遇到技术矛盾或问题，可以先在行业内寻找答案；若不可能，再向行业外拓展，寻找解决方法。若想实现创新，尤其是重大的发明创造，就要充分挖掘和利用行业外的知识。

平时人们遇到的绝大多数发明都属于第1、2和3级。虽然高等级发明对于推动技术文明进步具有重大意义，但这一级的发明数量相当稀少。而较低等级的发明则起到不断完善技术的作用。

对于第1级发明，阿奇舒勒认为不算是创新。而对于第5级发明，他认为如果一个人在旧的系统还没有完全失去发展希望时就选择一个完全新的技术系统，则成功之路和被社会接受的道路是艰难和漫长的。因此发明几种在原来基础上的改进系统是更好的策略。他建议将这两个等级排除在外，TRIZ理论工具对于其他3个等级的发明作用更大。一般来说，等级2、3称为“革新(Innovative)”，等级4称为“创新(Inventive)”。

3.7 TRIZ的40个发明原理

TRIZ认为考虑问题不仅要考虑当前系统的过去和未来，还要考虑当前系统子系统和超系统的过去和未来，从九个层面来考虑问题，寻找解决问题的办法。但是由于系统中各子系统不均衡的演变导致了系统冲突。系统冲突是TRIZ的另一个核心概念，指隐藏在问题背后的固有矛盾。如果要改进系统的某一部分属性，必然引起其他的某些属性恶化，就好像天平一样，一端翘起，另一端必然下沉。在产品的结构设计中，结构的重量与强度构成了一对冲突。减轻结构的重量就必然削弱结构的强度；反之，增加结构的强度则必须增加结构的重量。对于冲突问题，通常的解决方案是采用折中的方法，而TRIZ则强调运用创造性的思维把冲突彻底消除。阿尔特苏列尔对大量的发明专利研究发现，尽管它们所属技术领域不同，处理的问题千差万别，但是隐含的系统冲突数量是有限的。他整理归纳出引起系统冲突和矛盾的39个重要参数(见表3-2)。

表3-2 39个参数

1. 移动物体的重量	14. 强度	27. 可靠性
2. 不移动物体的重量	15. 移动物体的持久性	28. 测量的精确性
3. 移动物体的长度	16. 不移动物体的持久性	29. 制造精确性
4. 不移动物体的长度	17. 温度	30. 影响物体的有害因素
5. 移动物体的面积	18. 亮度	31. 有害的副作用
6. 不移动物体的面积	19. 移动物体所耗能量	32. 可制造性
7. 移动物体的体积	20. 不移动物体所耗能量	33. 使用方便性
8. 不移动物体的体积	21. 功率	34. 可维修性
9. 速度	22. 能量损耗	35. 适应性
10. 力量	23. 物质损耗	36. 装置复杂性
11. 压力	24. 信息丢失	37. 控制复杂性
12. 形状	25. 时间消耗	38. 自动化水平
13. 物体稳定性	26. 物质量	39. 生产率

阿尔特苏列尔从几百万个专利中进行筛选，来寻找发明性问题以及它们是如何解决的，从具有发明性的专利中提炼出了解决冲突或矛盾的40条发明原理(见表3-3)，利用这些发明原理来寻找解决问题的可能方案。

表3-3 40个发明原理

1. 分割	11. 预先铺垫	21. 采取迅速的行动	31. 采用多孔材料
2. 局部质量	12. 灼势	22. 变害为益	32. 改变颜色
3. 抽取	13. 倒置	23. 反馈	33. 同类性
4. 非对称	14. 球形化	24. 中介	34. 抛弃和回收部件
5. 结合	15. 动态性	25. 自我服务	35. 物体的物理和化学状态转变
6. 通用性	16. 采取部分的或过分的行动	26. 拷贝	36. 相位变换
7. 成套	17. 改变移动方向	27. 用低廉的、短寿命的代替昂贵的、耐用的	37. 热胀
8. 平衡	18. 机械振动	28. 机械系统的替代	38. 使用强氧化剂
9. 优先考虑反作用	19. 采取周期的行动	29. 用空气的或水利的结构	39. 不敏感的环境
10. 优先的行动	20. 有效行动的持续性	30. 采用柔性的薄膜	40. 复合材料

1—分割

分割原理体现在3个方面：

(1) 将物体分割为独立部分。这个原理产生的发明例如：

用个人计算机代替大型计算机；用卡车加拖车的方式代替大卡车；用烽火传递信息(分割信息传递距离)；在大项目中应用工作分解结构等等。

电脑分割为CPU、显卡、声卡等，可分别独立制作，插接组合成PC使用；鼠标/键盘与电脑的分离——无线鼠标/键盘；

电视控制部件的分割——遥控器的产生；电视机的分割——电视盒，可以接收解码电视节目；

独立分割的立交桥制作方法，将不同端分别制作再连接；火车车厢之间是单独的个体，可调整车厢的数量；

分割笔芯和笔——自动铅笔；圆珠笔的笔芯与笔套是两个可分的部分，笔芯可以换；

手机将显示时间部分进行分割—双屏翻盖手机，外部小屏显示时间；耳机与耳机线的分割——无线耳机；

(2) 使物体成为可组合的(易于拆卸和组装)。这个原理产生的发明例如：

组合式家具；橡胶软管可利用快速拆卸接头连接成所需要的长度，等等。

刮胡刀的刀片与手柄可分离；可更换刀片的美工刀；可更换不同钻头的电钻；抽油烟机油盒的可拆卸；可更换镜片的望远镜。

(3) 增加物体被分割的程度。这个原理产生的发明例如：

用软的百叶窗代替整幅大窗帘；中央空调出气口，被格栅分割成面向不同方向；

电子线路板(PCB)表面贴装技术(SMT)中所使用的锡膏，主要成分是粉末状的焊锡，用这种焊锡替代传统焊接用的焊锡丝和焊锡条，从而大大地提升了焊接的透彻程度；

存储食物制冷箱体的分割—冰箱包括冷冻室、冷藏室，再分割成保鲜室；

多个块状竹制块(麻将块)的凉席替代竹条式凉席；

将相机镜头部分分为多个套管连接实现伸缩镜头的结构。自行车、摩托车等的链条是一环一环相接的，每环都是可以取下来的。

TRIZ 故事 1——通红的玻璃板

在玻璃批量生产线上，对玻璃先进行加热然后再进行加工，加工完成后的玻璃仍处于通红状态，需要将其输送到指定位置直至冷却下来。

现在的问题是，因为玻璃还处于高温，呈现柔软的状态，在滚轴传输线的输送过程中会因为重力下垂而造成变形，导致玻璃表面凹凸不平，后续需要大量的打磨工作来进行修正。

年轻的工程师提出将传输线上的滚轴直径做到尽量小，以减少玻璃悬空的面积，提高玻璃的平度。

“我们可以将滚轴直径像火柴棍一样细，”年轻的工程师说，“组成一个传输线”。

“那么，每米长度内将有大约500个滚轴，安装时需要像做珠宝首饰一样细致。”老工程师说，“想一想这个传输线的造价。”

“我认为我们不能再考虑滚轴传输线，”一位工程师说，“最好用新的方法来替代它。”

“有什么好办法呢?”年轻的工程师说道。

……

突然，TRIZ 先生出现了。

“让我们来研究一下这个问题，”他说，“从方法上来选择。”

随后，一个基于分割原理的解决方案展示了出来：

突破常规思维的限制，将滚轴直径无限缩小，小到头发丝、1/100 毫米、1/1000 毫米、1/10000 毫米……一直分割下去，会是什么呢？物质呈现分子、原子状态。

解决方案是：用熔化的锡来代替滚轴。传输线是一个长长的、盛满熔化锡的槽子。由于锡的熔点低而沸点高，正适合通红的玻璃板的冷却温度区间，熔化锡在重力作用下，会呈现出一个绝对平面，可以很好地满足此工序的要求。

而基于这个解决方案，又出现了很多的专利，比如给锡通电可以与磁铁一起作用，来完成对玻璃的成型加工。

2—抽取/分离

原理体现在两个方面：

(1) 将物体中“负面”的部分或特性抽取/分离出来。

由于压缩机用于压缩空气，所以将嘈杂的压缩机放在室外。无噪音中央真空吸尘系统：美国 DuoVac 中央真空吸尘器系统的马达被抽离且安装在室外，因此吸尘器噪音不会传至室内。

计算机 CPU 的水冷散热器，将散热部分设置在计算机机箱外。

分体手机，辐射大的与网络通信的部分抽取出，单独设置模块。

子弹发射后，将无用的弹壳丢弃，仅发送弹头。多级火箭，冲出大气后将燃烧完的部分解体分离丢弃。

高建筑物易遭雷击，设置高于建筑物的避雷针，将雷电抽取出引入地下。

(2) 从物体中抽取必要的部分或仅有用的特性。

用狗叫声，作为报警器的报警声，而不用养一条真正的狗。在机场播放猛禽叫声驱赶鸟类(将叫声抽取出来)。

用光纤分离主光源，增加照明点；

将蟑螂、蚊子等天敌所发出的声音低频抽取出来，制作的播放低频的电子驱虫装置。

风洞测试仪(抽取出物体在空气中快速通过的相对风速，而不是让物体真正快速通过测试)。

红外体温测试仪(抽取人体体温特征测试)。

TRIZ 故事 2——三个火枪手

大仲马在小说《三个火枪手》中，描述了普托斯是如何在裁缝店定制新装的。

普托斯不允许裁缝接触他的身体，裁缝无法量体，僵持之中，剧作家莫里哀来到了裁缝店。

莫里哀将普托斯带到镜子前，然后让裁缝对着镜子里的普托斯进行测量，一个两难的问题得到了解决。

这里，莫里哀使用的就是抽取原理，将普托斯影像抽取出来，有效地化解了普托斯和裁缝之间的矛盾。

3—局部质量

原理体现在 3 个方面：

(1) 将物体或外部环境的同类结构转换成异类结构。比如：采用温度、密度或压力的梯度，而不用恒定的温度、密度或压力。

(2) 使物体的不同部分实现不同的功能。比如：带橡皮擦的铅笔，带起钉器的榔头；多功能的工具，不同部分可作为普通钳子、剥线钳、普通螺丝刀、十字螺丝刀和指甲修剪工具等使用。

(3) 使物体的每一部分处于最有利于其运行的条件下。比如：快餐饭盒中设置不同的间隔区来分别存放热、冷食物和汤。

TRIZ 故事 3——巨大的过滤器

一家工厂获得了一个大订单，产品是一个圆柱形过滤器，圆柱的直径 1 米，长度 2 米，轴向均匀分布直径为 0.5 毫米的密密麻麻的很多过滤通孔。

工程师们看到图纸后都惊呆了，每个过滤器要加工出成千上万个轴向小孔。

“我们该如何来加工这么多的小孔呢?”总工程师问大家，“用钻床来钻吗?”

“显然，钻这么长的小孔是不可能实现的，也许可以用高温铁针来扎出这些孔，”一位年轻的工程师毫无把握地说道。

所有的工程师都陷入了沉默。

这似乎是一个无法解决的难题。

……

突然，TRIZ 先生出现了。

“我们既不需要钻床，也不需要铁针，这件事应该这样来考虑……”

随后，一个基于局部质量原理的解决方案展示了出来：

将过滤器的功能进行分解，其主要构成元素是过滤孔和基体，有用功能的元素是过滤孔，即过滤孔是有用的局部质量。每个过滤孔不就是一条管子吗！

哦，答案找到了。拿一些细管，并捆扎起来，就形成了过滤器。这种过滤器的组装制造和拆离都可以非常方便的完成。

用细圆棒做原料，然后捆扎起来，而圆棒之间的空隙就形成了过滤孔，也可以实现过滤器的功能。

4—非对称

原理体现在两个方面：

(1) 用非对称形式代替对称形式比如：非对称容器或者对称容器中的非对称搅拌叶片可以提高混合的效果(如水泥搅拌车等)；模具设计中，对称位置的定位销设计成不同直径，以防安装或使用中出错。

(2) 如果对象已经是非对称，增加其非对称的程度。比如：将圆形的垫片改成椭圆形甚至特别的形状来提高密封程度。

TRIZ 故事 4——聪明的气罐

很多家庭在使用罐装液化石油气，但让他们烦恼的是，不知道气罐里的气体何时将耗完，所以不能及时更换燃气。

一家燃气公司的工程师们试图解决这个问题。前提是方法简单易行，并能准确预报何时罐中燃气将耗完。

“测量压力?”一位工程师说。

“不行，这不管用，只要罐中还有少量燃气，其压力的变化不明显，而且，压力表的成本较高。”另一位工程师即刻反对。

“如果称重量呢?”又一位工程师说。

“这也不行。每次都要拆出气罐来称重量，对于用户来说太麻烦了，况且容易引发安全问题。”再一位工程师反对道。

看来，在不增加成本和复杂性的基础上要获得气罐的信息是一个似乎不能解决的难题。

……

突然，TRIZ 先生出现了。

“我知道答案。”他说，“这个气罐应该会很有礼貌地报告自己的情况。”

随后，一个基于非对称原理的解决方案展示了出来：

煤气罐的传统结构设计中，气罐的底面一般是完整的圆形。现在，要改变这种习惯性的对称结构，采用非对称的结构。

新的设计是：煤气罐的底面做成部分斜面。这样，当有液体燃气充当气罐底部重物时，气罐保持直立，一旦液态燃气消耗完毕时，底部失去压重物，煤气罐会在重力作用下歪向一边。相当于提醒用户：“煤气将尽，请速更换。”

5—合并

原理体现在两个方面：

(1) 合并空间上的同类或相邻的物体或操作。比如：网络中的个人计算机；并行处理计算机中的多个微处理器；合并2部电梯来提升一个宽大的物体(拆掉连接处的隔板)。

(2) 合并时间上的同类或相邻的物体或操作。比如：把百叶窗中的窄条连起来；同时分析多项血液指标的医疗诊断仪器；现代冷热水龙头，调温通过转动完成，将过去的2个龙头合并为一个龙头。

TRIZ故事5——玻璃磨角

一个工厂接到一个大订单，需要生产大量椭圆形的玻璃板。

首先，工人们将玻璃板切成长方形，然后将4角磨成弧形从而形成椭圆形。然而，在磨削工序中，出现了大量的破碎现象，因为薄玻璃受力时很容易断裂。

“我们应该将玻璃板做得厚一点。”一位工人对主管说。

“不行，”主管说，“客户的订单上要求的就是这种厚度的产品。”

这似乎是一个难以解决的难题。

……

突然，TRIZ先生出现了。

“我们的玻璃应该既厚又薄，”他说，“玻璃在磨削的工序中应该是厚的，而加工完成后应该是薄的。”

随后，一个基于合并原理的解决方案展示了出来：

将多层玻璃叠放在一起从而形成一叠玻璃，而且事先在每层玻璃面上洒一层水，以保证堆叠后的玻璃可以形成相当强的粘贴力。

一叠玻璃的强度会远大于单层玻璃的强度，在磨削加工中就可以承受较大的磨削力，从而改善了玻璃的可加工性。

当磨削加工完成后，再分开每层玻璃，水分会自行挥发掉，从而获得了所需要的产品。

6—普遍性

原理：使得物体或物体的一部分实现多种功能，以代替其他部分的功能。比如：内部装有牙膏的牙刷柄；将汽车上的小孩安全座位转变成小孩推车；小组领导人充当记录员和计时员。

TRIZ故事6——一物二用

渥伦哥尔船长(阿奇舒勒笔下的一位主人公，阿奇舒勒经常使用科幻小说的形式，进行TRIZ相关知识的讲解和传播。)经常应用一物二用来产生发明。

比如船上的压舱物，常规的是用水或沙子。但渥伦哥尔船长却使用土作为压舱物。在土中种上可以生长的棕榈树，棕榈树又用来作为船的桅杆。

这就是普遍性原理的应用。

7—嵌套

原理体现在两个方面：

(1) 将第1个物体嵌入第2个物体，然后将这2个物体一起嵌入第3个物体……比如：(一组)量杯(匙)；俄罗斯玩偶娃娃(俄罗斯套娃)。

(2) 让物体穿过另一物体的空腔。比如：伸展天线、伸缩变焦镜头。

TRIZ 故事 7——火星车

一个科幻故事里描述了一次火星探险。宇宙飞船降落在一个石头山谷，宇航员乘坐一辆火星车开始火星之旅。这个特型火星车有巨大的轮胎，当行驶到陡坡时，很容易在石头的颠簸下翻车。怎么办?

这个问题刊登在一本杂志上，收到了大量的读者来信，提供解决办法:

在火星车的下面悬挂重物，降低整车的重心，增加稳定性;

将轮胎的气放出一半，轮胎下陷，增加稳定性;

在火星车的两边分别多安装一只轮胎;

让宇航员探出身体来保持车子的平衡;

……

上面的各种建议，确实能改善火星车的稳定性，但明显都带来另一些问题，比如：降低了火星车的运动性能，降低了车速，让火星车变得更复杂，增加宇航员的危险性等。

由于以上正反两方面问题的存在，有一位读者干脆建议：“什么办法都没有了，让宇航员走路吧!”

这个问题似乎是一个难以解决的问题。

……

突然，TRIZ 先生出现了。

“将重物放得非常低以接近火星的地面，以降低车子的重心而且在火星车里面。”他说。

随后，一个基于嵌套原理的解决方案展示了出来:

在火星车的轮胎里放置球形重物，这些重物可以滚动，总处在轮胎的最下面，以最低的重心来保持火星车的稳定。

8—配重

原理体现在两个方面:

(1) 将一个物体与另一能产生提升力的物体组合，来补偿其重量。比如：在一捆原木中加入泡沫材料，使之更好地漂浮；用气球悬挂广告条幅。

(2) 通过与环境(利用气体、液态的动力或浮力等)的相互作用实现物体重量的补偿。比如：飞机机翼的形状可以减小机翼上面的密度，增加机翼下面空气的密度，从而产生升力；水翼可使船只整个或部分浮出水面，减小阻力。

TRIZ 故事 8——飞机紧急降落之后

一架巨型运输机在起飞后出现了故障，紧急迫降在距离飞机场 200 公里外的空地上。经过检查，发现飞机机体上出现了许多裂缝和损坏，必须将飞机运送往工厂进行维修。

这架运输机非常重，如何运送成为问题。

专家们聚在一起，商讨如何将这个庞然大物运走。

“地上没有跑道，只有将飞机用吊车吊起来运走。”一位年轻的工程师说。

“年轻人，”一位专家沮丧地说，“哪里有这么大的吊车？而且我们也没那么大的车子将飞机运走!”

问题处于僵持之中而不能解决。

突然，TRIZ 先生出现了。

“我们确实需要将飞机吊起，”他说，“而且用车子运走。”

于是，一个基于配重原理的解决方案产生了。

将气袋固定在飞机翅膀下，然后充气，气袋所产生的浮力可以抬起飞机，然后将平板拖车开到飞机下面，拖走飞机。

9—预先反作用

原理体现在两个方面：

（1）预先施加反作用。比如：在溶液中加入缓冲剂来防止高 pH 值带来的危害。

（2）如果物体将处于受拉伸工作状态，则预先施加压力。比如：在浇注混凝土之前对钢筋进行预压处理。

TRIZ 故事 9——让暴风雨来得更猛烈些吧

在靠近岸边约 5 公里的海上，一只挖泥船正在为航道进行清理工作，挖出的混着海水的泥巴通过一条管道被抽送到岸上，为保证管道浮在水面，管道上捆绑着一长溜的浮桶。

“天气预报说一场暴风雨即将来临!”船长说，“我们要立即停止工作，将管道拆开并带回岸上。暴风雨过后再带回来安装。大家行动要快，必须在暴风雨来临之前完成。”

“没有别的办法，”船员们说，“如果暴风雨将管道破坏，情况会更糟，赶快拆卸。”

……

突然，TRIZ 先生出现了。

“不用拆卸管道，”他说，“不管什么样的暴风雨，我们都可以继续工作。”

于是，一个基于预先反作用原理的解决方案产生了。

管道不必浮于水面，而是沉入海水中。暴风雨的影响被消除了。

10—预先作用

原理体现在两个方面：

（1）事先完成部分或全部的动作或功能。比如：不干胶纸；卷状食品保鲜袋，事先在 2 个保鲜袋间切口，但保留部分相连，使用时可以轻易拉断相连部分等等。

（2）在方便的位置预先安置物体，使其在第一时间发挥作用，避免时间的浪费。比如：停车位的咪表；柔性制造单元等等。

TRIZ 故事 10——请你做侦探

一家粮油公司购买的食用油，用油罐车来运装，每罐可装 3000 升。但老板发现每次卸出的油都短缺 30 升，经过核准流量仪，检查封条和所有可能漏油部位后，没有找到短缺的原因。

没办法，请来了老侦探调查这个问题，老侦探进行了暗地跟踪，发现油罐车在运送途中没有停过车，但依然短缺了 30 升，连老侦探也百思不得其解。

……

突然，TRIZ 先生出现了。

“我们只要思考一下，”他说，“就知道是司机偷了油。”

接着，他解释了这个基于预先作用原理的问题答案。

原理司机事先在油罐内挂了一个桶，当油罐中注满食用油时，桶中就盛满了食用油。但是卸油后，桶中的油却保存了下来。司机随后伺机取出这一桶油。

司机真是聪明啊！

11—预先应急措施

原理：针对物体相对较低的可靠性，预先准备好相应的应急措施。比如：降落伞、消防设施；俄沙皇害怕敌人投毒害他，就每天服用少量的毒药培养抗毒性。后来他想服毒自杀，居然没有成功。

TRIZ 故事 11——危险的冰柱

北方的冬天，房子上的排水槽和排水管里会形成坚硬的冰柱，有的长达数米。当春天来到的时候，排水管受到太阳的照射，吸收的热量会首先融化冰柱的外表。当融化到一定程度时，冰柱会在重力的作用下从排水管中滑落，撞破排水管的弯头，有时，冰柱碎块会从排水管中飞出，扎伤经过的行人。

如何消除这个问题？成为人们面临的一道难题。

……

突然，TRIZ 先生出现了。

“这个问题需要我们预先做些应急的事情。”他说。

于是一个基于预先应急措施原理的解决方案是：在冬天来临之前，在排水管里穿进一根绳子，冰柱中的绳子可有效防止冰柱滑落，保证其渐渐地消融。

12—等势原则

原理：在势能场中，避免物体位置的改变。比如：电子线路设计中，避免电势差大的线路相邻；在两个不同高度水域之间的运河上的水闸等等。

TRIZ 故事 12——古塔是否在下沉

城市的中心广场有一座古塔，似乎在逐渐下沉。名胜古迹保护委员会前来测量研究这个古塔的下沉问题。测量的第一步是要选择一个高度不变的水平基准，并且在塔上可以看到这个基准以便进行比较测量。

很可能广场周围建筑也在一起下沉，所以需要寻找一个远离古塔而且高度不变的基准，最后他们选择了远离古塔 1500 英尺以外的一个公园的墙壁，但古塔和公园的墙壁之间被高层建筑物遮挡住了，无法直接进行测量。

“非常复杂的情况，”测量员沉思后说，“看来我们得求助于其他的专家。”

……

突然，TRIZ 先生出现了。

“不必麻烦专家，”他说，“看一下初中物理书就可以找到此问题的解决办法。”

于是，一个基于等势原则的方案呈现了。

拿 2 根玻璃管，一个安装在塔上，一个安装在公园的墙壁上，用胶管将其连接起来，然后灌入液体，就组成一个水平仪，两只玻璃管中的液体应保持同样的高度，我们在玻璃管上标出这个高度。如果古塔下沉，则塔上的玻璃管内液体会升高。

13—逆向思维

原理体现在 3 个方面：

（1）颠倒过去解决问题的办法。比如：为了松开粘连在一起的部件，不是加热外部件，而是冷却内部件；把大山带到穆罕默德的面前来，而不是让穆罕默德到大山那里去等等。

（2）使物体的活动部分改变为固定的，让固定的部分变为活动的。比如：旋转部件而不是旋转工具；健身跑步机等等。

（3）翻转物体(或过程)。比如：通过翻转容器以倒出谷物；将杯子倒置，以便从下面喷水清洗。

TRIZ 故事 13——巧克力的窍门

这一天是一个漂亮女孩的生日，有一个客人带来了一大盒巧克力糖，这是一种酒瓶形的果汁巧克力糖，巧克力的中心是液态的果汁，大家都非常喜欢。一边吃着巧克力，有位客人好奇地问道：“我很纳闷这种果汁巧克力的果汁是怎么装进去的?”

“先做好巧克力，然后往里面灌上果汁，再封口。”另一位客人猜测道。

“果汁必须非常的稠，要不然会影响巧克力成型，”第三位客人说，“但是果汁不容易灌进巧克力中。通过加热是可以让果汁稀些以便灌入，却会熔化巧克力。”

……

突然，TRIZ 先生出现了。

于是一个基于逆向思维的解决方案产生了。

先将果汁降温，降到冰冻状态，将一颗颗冰冻的果汁颗粒放入巧克力中，然后进行成型，随后冰冻的果汁会在常温下恢复液体。果汁巧克力就完成了。

14—曲面化

原理体现在 3 个方面：

（1）将直线、平面用曲线、曲面代替，立方体结构改成球体结构。比如：在建筑中采用拱形或圆屋顶来增加强度；结构设计中，用圆角过滤避免应力集中等等。

（2）使用滚筒、球体、螺旋状结等结构。比如：圆珠笔的球状笔尖使得书写流利，而且提高了寿命。

（3）从直线运动改成旋转运动，利用离心力。比如：用洗衣机甩干衣物，代替原来拧干的方法。

TRIZ 故事 14——莫比乌斯环

科幻故事《黑暗的墙》中，哲人格里尔手里拿着一张纸，对同伴不里尔顿说：“这是一个平面，它有 2 个面。你能设法让这 2 个面变成一个面吗?”

不里尔顿惊奇地看着格里尔说：“这是不可能的。”

“是的，乍看起来是不可能的，”格里尔说，“但是，你如果将纸条的一端扭转 180 度，再将纸条对接起来，会出现什么情况?”

不里尔顿将纸条一端扭转 180 度后对接，然后粘贴起来。

“现在把你的食指伸到纸面上。”格里尔静静地说。

不里尔顿已经明白了这位智者同伴的智慧，他移开了自己的手指。“我懂了！现在不再是分开的 2 个面，只有一个连续的面”。

这就是以著名的德国数学家莫比乌斯命名的“莫比乌斯环”。

很多人利用这个奇妙的“莫比乌斯环”来获得发明。大约有100多项专利均是基于这个奇妙的环。有砂带机、录音机、皮带过滤器等。

“莫比乌斯环”正是曲面化原理的典型代表。

15—动态化

原理体现在3个方面：

(1) 使物体或其环境自动调节，以使其在每个动作阶段的性能达到最佳。比如：汽车的可调节式方向盘(或可调节式座位、后视镜等)。

(2) 把物体分成几个部分，各部分之间可相对改变位置。比如：折叠椅、笔记本电脑等。

(3) 将不动的物体改变为可动的，或具有自适应性。比如：用来检查发动机的柔性的内孔窥视仪；医疗检查中用到的柔性状结肠镜等等。

TRIZ故事15——神奇的不倒翁

玩具公司的总裁召集工程师们开会。

总裁问道：“我们能不能在不倒翁的基础上发明一种新的玩具?”

大家说不倒翁很早就被发明出来了，还能挖掘出什么新意呢?

“这种玩具太简单了，”一位年轻的工程师叫道，“没什么可增加或减少的。”

总裁说：“新专利645661号颁发给了发明家柴兹塞夫的一款新型不倒翁。”

工程师们围过来看这个新玩具，发现它与传统的不倒翁不同的是内部安装了滑槽，重物可以沿着滑槽滑动，所以，这个新的不倒翁可以倒立和平躺。

“哦，这是动态性原理”。总工程师评论道，“重物原来是固定的，现在可移动了。”

“让我们依据动态性原理，发明一个更动态的不倒翁吧!”总裁说。

于是，一个基于动态化原理的新方案产生了。

将重物分成两部分，而且都可以滑动，这样，重心会不断移动和变化，不倒翁的晃动频率会不断地变化，显得更有趣。

16—不足或超额行动

原理：如果用现有的方法很难完成对象的100%，可用同样的方法完成，可用同样的方法完成“稍少稍少”或“稍多稍多”一点，问题可能变得相当容易解决。比如：大型船只在制船厂的制造，往往先不安装船体上部的结构，以避免船只从船厂驶往港口的过程中受制于途中的桥梁高度，待船只达到港口后再安装上部的结构；

油印印刷时，滚筒涂布全表面的印油，印刷到纸张上的是需要的字体部分，其他的印油被蜡纸所阻挡；

表面贴装技术的锡膏印刷工艺，锡膏印刷机的刮刀涂布是全面积的锡膏，而印刷到电路板上的只是钢网开孔对应的焊盘上，其他的被钢网阻挡。

TRIZ故事16——大直径钢管的切割

现在要生产一种直径1米、长度12米的钢管。原材料为带状卷料，在钢管弯卷焊接设备上进行加工，此设备以连续的2米/秒的速度输出焊接完成的钢管，所以，需要每6秒完成一次切割。因为切割设备的电锯切割这1米直径的钢管需要一定的时间才可以完成，而钢管在连续向前输出，所以切割设备得与在钢管同步前进中进行切割，切割完成后还需要快速返回到原来的位置，以开始对下一段钢管的切割，切割和返回的动作需要在6秒之内完成。

现在的矛盾是，切割设备的功率选择和移动速度产生了矛盾，大功率的设备切割速度快但比较笨重、移动起来缓慢，小功率的设备比较轻巧，可快速移动但切割时间会比较长。

工程部被要求来解决这个问题，工程师们陷入了激烈的争论，最后折中方案似乎占据了上风，那就是降低钢管弯卷焊接设备的输出速度。

“难道我们非得降低焊接设备的钢管输出速度吗?”总工程师说，“如果将输出速度降低到1米/秒，我们的生产率将降低一半，根本无法按时交货。”

……

突然，TRIZ先生出现了。

“我们根本不必降低输出速度，切割工作可以预先来做一部分。”

于是，一个基于不足或超额行动的解决方案产生了。

可以事先将带状原材料钢板进行切割，但是不能完全切断，要保留部分连接以保证弯卷焊接过程中的足够连接强度，这样，在后续切割中，只切断那部分保留的部位就可以了。

最后，以一个振动来实现钢管的切割，生产效率得到了大幅提升。

17—一维数变化

原理体现在4个方面：

（1）将物体从一维变到二维或三维空间。比如：螺旋梯可以减少所占用的房屋面积。

（2）用多层结构代替单层结构。比如：多碟CD机可以增加音乐的时间，丰富选择。

（3）使物体倾斜或侧向放置。比如：自动装卸车。

（4）使用给定表面的“另一面”。比如：印制电路板经常采用两面都焊接电子元器件的结构，比单面焊接节省面积。

TRIZ故事17——会变身的自行车

对很多人来说，学骑自行车可能是件令人烦恼的事，经常会摔倒，尤其是儿童学骑自行车时可能会产生危险。

现在，人们将不再有这种顾虑了。美国帕杜大学的工业设计师发明出了一种“变身三轮车”，当骑车者加速时，它的2个后轮会靠得越来越近，而减速或停车时，2个后轮又会分开，骑车者根本不用担心车子会侧翻。

18—机械振动

原理体现在5个方面：

（1）让物体处于振动状态。比如：电动剃须刀。

（2）对有振动的物体，则增加振动的频率(甚至到超声波)。比如：振动送料器。

（3）使用物体的共振频率。比如：用超声波共振来粉碎胆结石或肾结石。

（4）用压电振动器代替机械振动器。比如：石英晶体振荡驱动高精度的钟表。

（5）使用超声波和电磁场振荡耦合。比如：在高频炉里混合合金，使混合均匀。

TRIZ故事18——聪明的测量仪

化工厂车间里，一种强腐蚀性的液体装在一个巨大的容器中，生产时，让液体从容器流向反应器，但进入反应器的液体量需要进行精确的控制。

“我们尝试使用了各种玻璃或金属制作的仪表，”车间主任对厂长说，“但它们很快就被液体给腐蚀了。”

“如果不测量流量，只测量液体高度的变化怎么样?”厂长问。

“容器很大，高度变化很微小，”车间主任说，“我们无法得到准确的结果，而且容器接近天花板，操作上很不方便。”

这似乎是一个难以解决的问题。

……

突然，TRIZ 先生出现了。

“我们需要一台聪明的测量仪，”他说，“不是测量液体，而是测量空隙。”

于是，一个基于振动原理的解决方案产生了。

原来，利用振动的原理，测量容器中液面以上的空气部分的共振频率，得到空气部分的变化量，从而准确推算出液面的细微变化量。

19—周期性动作

原理体现在 3 个方面：

（1）用周期性动作或脉动代替连续的动作。比如：松开生锈的螺母时，用间歇性猛力比持续拧力有效。

（2）如果行动已经是周期性的，则改变其频率。比如：用频率调制来传送信息，而不用 Morse 编码。

（3）利用脉动之间的间隙来执行另一动作。比如：在心肺呼吸中，每 5 次胸腔压缩后进行呼吸。

TRIZ 故事 19——2 根绳子

在一个空房间里，有一个布娃娃放在窗台上，2 根细绳从天花板上垂直下来。你的任务是将 2 根绳子的下端绑在一起。

但是，如果你拿着一根绳子却够不到另一根绳子，旁边没有人，所以不会得到帮助。当然的想法是让绳子动起来。但是绳子又轻又软，根本就动不起来。

怎么办?

突然，TRIZ 先生出现了。

“看到了窗台上的那只布娃娃了吗?”他说，“用它来解决这个难题。”

于是，一个基于周期性动作原理的解决方案产生了。

将布娃娃绑在绳子的下端，然后让绳子在布娃娃的重力作用下形成周期性的摆动，问题就迎刃而解了。

20—有效作用的连续性

原理体现在 2 个方面：

（1）持续采取行动，使对象的所有部分都一直处于满负荷工作状态。比如：在工厂里，使处于瓶颈地位的工序持续地运行，达到最好的生产步调。

（2）消除空闲的、间歇的行动和工作。比如：打印头在回程过程中也进行打印。

TRIZ 故事 20——穿山甲

《先驱者真理》杂志上刊登了一个问题：在地底下可以随意穿行的车子应该是一个什么样子的?

杂志社收到了很多解答。

用一辆拖拉机，前面装上铲子，把土挖开形成通道。

带翅膀的车子。

……

所有的设想基于挖掘原理，将土从车前移到车后，而车后的土，需要运输处理掉才可以形成通道。车子要达到地下行动自如的目标，看来不大可能实现。

……

突然，TRIZ 先生出现了。

“这是有一定的难度，”他说，“不过是可以实现的，让我们看看穿山甲是怎么工作的。”

穿山甲打洞的原理是：将土一点点的用头拍到隧道壁上，这连续的有效动作不断地重复，最后“挤”出一条隧道来。

基于穿山甲有效动作连续性原理的“人造穿山甲”专利在苏联诞生，是一种前边带有尖锥形的切土器的机器，不仅将土切下来，而且挤拍到隧道壁上去。

21—紧急行动

原理：快速地执行一个危险或有害的作业。比如：牙医使用高速电钻，避免烫伤口腔组织；快速切割塑料，在材料内部的热量传播之前完成，避免变形。

TRIZ 故事 21——“磁速”网球拍

菲舍尔公司推出的“磁速”网球拍不但不会限制你的正手击球，反而能击中最有效的击球点，你将会体验到其中的不同。在正常击球时，球拍的结构在恢复前会稍微变形。然而，一旦拥有“磁速”网球拍，安装在拍头两侧的两个单极磁铁有助于加快球拍恢复的速度，这样，球就有了更大的力量可以弹回到球网的方向。德国网球选手格罗恩菲尔德和其他著名选手都使用这种球拍进行比赛。

磁铁就是在瞬间完成的球拍恢复原位的紧急行动。

22—变害为利

原理体现在 3 个方面：

(1) 利用有害的因素(特别是对环境的有害影响)来取得积极效果。比如：用废弃的热能来发电；废品的回收二次利用。

(2)“以毒攻毒”，用另一个有害作用来中和以消除物体所存在的有害作用。比如：在腐蚀性的溶液中添加缓冲剂；在潜水中使用氦氧混合气，消除空气或其他硝基混合物带来的氧中毒。

(3) 加大有害因素的程度。比如：用逆火烧掉一部分植物，形成隔离带，来防止森林大火的蔓延。

TRIZ 故事 22——渥伦哥尔船长的遭遇

渥伦哥尔船长要从加拿大乘雪橇前往阿拉斯加，一个叫“倒霉蛋”的团伙给他买了一只

“鹿”和一条“狗”，但他实际收到的不是鹿和狗，所谓的“鹿”实际是牛，“狗”是狼。

渥伦哥尔船长并没有被难住，他巧妙地利用牛和狼之间的有害作用，顺利完成了旅行任务。

渥伦哥尔船长将牛和狼一前一后套在雪橇上，受惊吓的牛拼命的拉着雪橇向前奔，狼想扑牛也拼命地拉着雪橇向前跑。

23—反馈

原理体现在两个方面：

(1) 通过引入反馈来改善性能。比如：音乐喷泉；系统过程控制中，用测量值来决定什么时候对系统进行修正。

(2) 如果已经引入了反馈，则改变其大小和作用。比如：在机场 5 英里范围内，改变自动驾驶仪的灵敏度。

TRIZ 故事 23——聪明绳索

任何一个消防队员或者攀岩者都可以告诉你，一条简单的绳子可以救你的命，条件是它不要磨损或突然断裂。如今科学家研制出了“聪明绳索”，这种智能绳索里面有电子传导金属纤维，可以判断它所承受的重量，如果重量太大，它无法承受，绳索就会向使用者发出警告。智能绳索还可以用于停泊船只、保护贵重物品或者用于营救行动。

聪明的绳索就是在普通绳索上增加了反馈，从而提高安全性。

24—中介物

原理体现在两个方面：

(1) 采用中介体传递或完成所需动作。比如：木匠的冲钉器，用在榔头和钉子之间；机械传动中的隋轮。

(2) 把一个物体和另一个物体临时结合在一起(随后能比较容易地分开)。比如：用托盘把热盘子端到餐桌上。

TRIZ 故事 24——胶管上的孔

现在需要在一根长胶管上钻出很多径向小直径的标准孔，因为胶管很软，钻孔操作起来显得非常不容易。

有人建议用烧红的铁棍来烫出小孔。经过尝试，发现烫出的小孔很毛糙，而且很容易破损，不能满足质量要求。

“有没有什么好的办法?”经理问。

大家面面相觑。

这似乎是一个不容易解决的问题。

……

突然，TRIZ 先生出现了。

“有一个很简单的办法，可以帮助我们完成这项加工。”他说。

于是，一个基于中介物原理的解决方案产生了。

先给胶管里面充满水，然后进行冷冻，待水冻成冰态时，再进行钻孔加工。加工完成后，冰会融化成水很容易流出管道。

TRIZ 故事 28——敲钟

在瓷器的二次烧制工序之间，要进行检验，俗称“敲钟”，根据检验结果来确定第 2 次烧制的温度。“敲钟”的工序是这样进行的：检验员用一只特制的小锤轻轻敲击瓷器，然后根据声音判断烧制的程度。

由于这个工序对检验员的技能要求很高，而且这种人工判断的方式波动很大，公司决定使用机器人来代替检验员的工作。

于是，工程师们设计制造了有 2 只手的机器人，一只手拿瓷器，另一只手拿小锤。敲击的声音通过麦克风来接收，然后传送到声音分析仪进行分析判断。

机器人安装到生产线上后，很快又被搬走，恢复到原来人工检验的状态。原因是，机器人检验中，手臂移动得快回敲碎瓷器，缓慢移动将远远低于人工检验的速度。

工程师们非常失望，一个良好的愿望眼看就要失败了。

……

突然，TRIZ 先生出现了。

“我们的机器人还是在用机械方式进行检测，显然需要再次进化。”他说。

于是，一个基于机械系统替代原理的解决方案产生了。

在陶瓷电阻生产的过程测试中，采用的是光测试，从电阻上反射的光强度取决于烧制的程度。所以，瓷器的检验也可以使用光测试来进行。

看来，跨行业间的技术交流和共享非常重要

29—气体与液压结构

原理：使用气体或液体代替物体的固体零部件，这些零部件可使用气体或水的膨胀，或空气或液体的静压缓冲功能。比如：充满凝胶体的鞋底填充物，使鞋穿起来更舒服；把车辆减速时的能量储存在液压系统中，然后在加速时使用这些能量。又如：汽车的安全气囊，儿童的充气城堡(滑梯等)玩具。

TRIZ 故事 29——元帅的旗子

在电影拍摄现场，一场激烈的战斗正在进行，兵对兵、将对将捉对厮杀，刀枪飞舞、马嘶人叫，场面好不热闹。

可是，导演依然感觉不满意，虽然布景布置的很漂亮，演员演得也非常好。

“这是一场两军对垒，”导演说，“将军的旗子是战斗的中心，可是我们感觉不到这个气氛。”

“为什么会这样?”助手说，“将军在旗子下战斗着!”

“噢，旗子，旗子挂在旗杆上，一动也不动，”导演说，“它就像一块布，旗子应该在风中飘舞!”

“怎么样才能做到呢?”助手说，“现场没有风啊!”

突然，TRIZ 先生出现了。

“我们要让旗子永远飘扬。”他说。

于是，一个基于气体结构原理的解决方案产生了。

将旗杆做成中空的，并在旗杆上部靠近旗子的位置钻上小孔。在旗杆的底部装上一个小风扇，将风送上旗子部位，从小孔吹动旗子飘扬。

所以，大家看到的电影中，旗子一定是在空中飘扬的。

30—柔性外壳和薄膜

原理体现在 2 个方面：

(1) 使用柔性外壳和薄膜代替传统结构。比如：使用膨胀的(薄膜)结构作为冬天里网球场上空的遮盖；充气儿童城堡。

(2) 用柔性外壳和薄膜把对象和外部环境隔开。比如：在贮水池上漂浮一层双极材料(一面亲水，一面厌水)来限制水的蒸发作用。

TRIZ 故事 30——雨天也能工作

在一个码头上，一艘轮船正在装货。突然，大雨不期而至，当吊车将货物送入舱口，舱门被打开时，雨水也淋进货舱。

“这是什么鬼天气!”船上的一个搬运工说，“我快成了落汤鸡了。”

“有什么办法呢?”另一位说，“货物要吊装下来，舱门不能关上，也不能盖顶棚来遮雨。”这是一个难题。

……

突然，TRIZ 先生出现了。

“这需要一个非常特别的顶棚，”他说，“可以阻止雨水进入货舱，又不妨碍货物的进入，这样来做……”

于是，一个基于柔性外壳和薄膜原理的解决方案产生了。

做两扇充气门，当货物进入时，可以将气袋推向两边而顺利进入。没有货物时，两气袋对合形成门扇，可以遮雨。

31—多孔材料

原理体现在两个方面：

(1) 使物体多孔或添加多孔元素(如插入、涂层等)。比如：机翼用泡沫金属；在一个结构上钻孔以减轻重量。

(2) 如果一个物体已经是多孔的，则利用这些孔引入有用的物质或功能。比如：用多孔的金属网吸走接缝处多余的焊料、药棉。

TRIZ 故事 31——“椰碳运动服”

Cannondale 公司即将推出的自行车新款运动服“CarbonLE”是一种新布料剪裁而成的，它具有防湿、除味、防紫外线等功能。它由什么制成的呢？从椰子中提取的碳。椰子的外壳被加热到 1600℃会生成活性炭(水和空气过滤器中使用的也是这种碳)，与纱线混合，织成“CarbonLE”布料。这些通过一个专利程序保持活性的碳颗粒，形成一种多孔渗水的表面，防止异味和有害射线侵入，并能使身体排出的汗液迅速蒸发。这种运动服经常清洁、晒干，纤维会焕然一新，骑车者穿着它会感觉更轻松。

32—改变颜色

原理体现在 4 个方面：

(1) 改变物体或周围环境的颜色。比如：在冲洗照片的暗房中使用红色暗灯。

(2) 改变难以观察的物体或过程的透明度或可视性。比如：感光玻璃；在半导体的处理过程中，采用照相平版印刷术将透明材料改成实心遮光板，同时地，在丝绢网印花处理中，将遮盖材料从透明改成不透明。

(3) 采用有颜色的添加剂，使不易观察的物体或过程容易观察到。比如：研究水流实验中，给水加入颜料。

(4) 如果已经加入了颜色添加剂，则借助发光迹线追踪物质。

TRIZ 故事 32——降落伞的秘密

降落伞工程师为研究降落伞的降落过程，制作了一只小降落伞模型，然后放入有水流流动的透明玻璃管中，研究模型的降落轨迹和涡流的形成。

研究工作进行得不大顺利，因为透明水中的涡流很难用肉眼观察到。于是，工程师在模型上涂上可溶颜料，情况暂时得到了改善，但是，模型经过几次试验以后，颜料没有了，于是需要停下测试再次涂上颜料，结果模型被颜料搞得变了形，测试条件发生了变化，测试的结果误差也增大了。

“颜料应该从模型内壁出来。”一位工程师说，“但是模型伞的吊线太细了，很难能让墨水通过。”

“世上还有在大米上作画的巧匠，我们也许需要那样的人来解决这个难题。”另一位工程师附和道。

“不可想象，完成这样的模型得花多长时间!”总工程师说道。

问题陷入了僵局。

……

突然，TRIZ 先生出现了。

“就用现在的模型，不使用颜料，让模型自己在水中产生颜色，一层又一层，就像神话一样。”

“那不可能，”工程师说，“颜色从哪里来?”

“从水中，”TRIZ 先生说，“只有一个来源，当水和吊线接触时，就产生一种颜色，或者另一种像颜色的物质。”

这个降落伞的秘密就是，将降落伞做成一个电极，与玻璃管中的水形成电解作用，利用电解原理产生的气泡，来观察模型的运动和涡流的形成。

气泡来自于水，增加了可观察性。看似改变了水的颜色，实际并没有改变水的真正颜色。

33—同质性

原理：将物体或与其相互作用的其他物体用同一种材料或特性相近的材料制作。比如：使用与容纳物相同的材料来制造容器，以减少发生化学反应的机会；用金刚石制造钻石的切割工具。

TRIZ 故事 33——水果纹身

现在一些产品包装员和分发员正在体验一种新的形式，利用一种自然光标签，就是用激光在水果和蔬菜表皮刻上识别信息(比如产地、种类等)，但不会擦伤或造成其他的伤害。

用梨子进行味道实验，除了刻标签的地方看上去有点怪怪的外，吃起来并没有什么两样。这种新的标签方式可以让供货商给每一个水果标注更具体的信息，比如一个桃子什么时候成熟，什么时候可以食用。

这样，使用了同质性原理，就避免了使用额外的标签。

34—抛弃与再生

原理体现在两个方面：

（1）抛弃或改变物体中已经完成其功能和无用的部分(通过溶解、蒸发等手段)。比如：在药品中使用消溶性胶囊；火箭飞行中的分离抛弃。

（2）在过程中迅速补充物体所消耗和减少的部分。比如：自动铅笔；自动磨快割草机的刀片。

TRIZ 故事 34——成品油运输送的困境

一家石油化工厂，需要经常使用同一条管道长距离轮换输送不同种类的成品油。为避免不同液体混合到一起，需要在转换输送液体时，在 2 种液体间加一个分离器，将液体分隔开来。常用的分隔器是一个活塞状的橡胶球。

“这种分隔器经常不能保证效果，”经理说，“因为管道中液体处于高压状态，液体会渗透过分隔器而产生混合。”

“而且，因为我们的管道每 200 公里就有一个泵站，分隔器不能通过泵站，需要取出来，再放到下一段管道。”经理介绍道，“我们需要一种分隔器，既能通过泵站又能避免不同液体产生混合。”

这似乎是一个无法解决的难题。

……

突然，TRIZ 先生出现了。

“我们需要这样的分隔器，”他说，“既分隔又不能存在，可以这样来考虑……”

于是，一个基于抛弃原理的解决方案产生了。

用氨水做分隔器，可以与油一样通过泵站。在到达目的地后，氨水会变成气体挥发掉，对成品油没有产生危害。氨水完成自己的分割使命后被抛弃了。

35—物理/化学状态的变化

原理：改变物体的物理/化学状态，浓度/密度，柔性，温度。比如：在制作甜心糖果的过程中，先将液态的夹心冰冻，然后浸入溶化的巧克力中，这样避免处理杂乱、胶粘的热液体；

将氧气、氮气或石油气从气态转换为液态，以减小体积；

液体肥皂是浓缩的，而且从使用的角度看比固体肥皂更有黏性，更容易分配合适的用量，当多人使用时也更加卫生；

用可调节的消音器来降低货物装入集装箱时的噪音，主要是限制集装箱壁的振动；

使橡胶硫化(硬化)来改变其柔韧性和耐久性；

温度升高到居里点以上，将铁磁体改变成顺磁体；

通过升高温度来加工食物(改变食物的味道、香味、组织、化学性质等)；

降低医学标本的温度来保存它们，以用于今后的研究。

TRIZ 故事 35——自动消失

铸造厂里，铸件表面需要清洁，常用的方法是吹砂机，用高速运动的沙子将铸件表面的污层冲掉。

但是，这个工序带来的一个问题是，铸件的缝隙里会残留沙子而且不易清除干净，尤其是又大又重的产品，解决起来更是困难。

工程师们被要求来解决这个难题。

“也行可以先将缝隙盖上，”一位工程师说，“但增加大量的工作量。”

“而且，铸件的清洁程度受到影响。”另一位附和道。

这似乎是一个不易解决的难题。

……

突然，TRIZ 先生出现了。

“沙子可以自己从缝隙里出来，”他说，“我们需要另一种沙子。”

于是，一个基于物理状态变化的解决方案产生了。

用冰粒来替代沙子。

冰粒也被用在批量土豆、红薯的清洁工序中。

36—相变

原理：利用物体相变转换时发生的某种效应或现象(例如热量的吸收或释放引起物体体积变化)。比如：与其他大多数液体不同，水在冰冻后会膨胀。可以用于爆破。

热力泵就是利用一个封闭的热力学循环中，蒸发和冷凝的热量来做有用功的。

TRIZ 故事 36——固体水

波兰作家史蒂芬·万菲各在 1964 年发表的幻想小说《疯子》中，描述了精神病人安里·格里乔的故事。

安里·格里乔想发明在 200℃高温下都不融化的固体水，而且获得了成功。他发明了一种白色粉末状的固体，在高温下可变成清澈的水。格里乔说：“固体水的发现可以让人们在水资源缺乏的地区生活，固体水不需要器皿而可以方便地以各种方式运送到任何地方去。”

小说归小说，但科技的发展却是真真切切的。

1967 年，固体水果真被发明出来了。这种包含 90%水和 10%硅酸的固体水，确实呈现为白色粉末状。

相变的应用，可以让很多问题得到巧妙解决。

37—热膨胀

原理体现在两个方面：

(1) 利用热膨胀或热收缩的材料。比如：过盈配合装配中，冷却内部件使之收缩，加热外部件使之膨胀，装配完成后恢复到常温，内、外件就实现了紧配合装配。

(2) 组合使用多种具有不同热膨胀系数的材料。比如：双金属片传感器，使用两种不同膨胀系数的金属材料并连结在一起，当温度变化时双金属片会发生弯曲。

TRIZ 故事 37——超精确阀门

化学家邀请了一位发明家来帮助解决一个难题。

“在我们的一个实验中，需要精确控制气流的流量，可现有的阀门均不能满足控制的要求。”化学家苦恼地说。

“当然了，”发明家说，“现有的阀门根本无法达到你那么苛刻的要求。”

“但是，试验中对气体的控制要求又不能降低。”

这是一个难以解决的问题。

……

突然，TRIZ 先生出现了。

“只要稍微动动脑筋，”发明家说，“结合高中物理课程中的知识，这个问题很容易解决。”

于是，一个基于热膨胀原理的解决方案产生了。

采用晶体结构的材料来做阀门的阀门体，利用热膨胀原理来实现精确的流量控制。这就是现在已经普遍使用的超精确阀门。

38—加速氧化

原理体现在 4 个方面：

(1) 使用富氧空气代替普通空气。比如：水下呼吸器中存储浓缩空气，以保持长久呼吸。

(2) 使用纯氧代替富氧空气。比如：用氧气——乙炔火焰做高温切割；用高压氧气处理伤口，既杀灭厌氧细胞，又帮助伤口愈合。

(3) 使用电离射线处理空气或氧气，使用电离子化的氧气。比如：空气过滤器通过电离空气来捕获污染物。

(4) 用臭氧代替离子化的空气。比如：臭氧溶于水中去除船体上的有机污染物。

TRIZ 故事 38——矿渣吊桶的盖子

矿石熔炼后的矿渣，在 1000℃时倾倒进大吊桶，作为极好的原料通过铁道被送往工厂加工成建筑材料。但运送过程中，吊桶中的矿渣会冷凝，在表面和铜壁附近会形成坚硬的壳，需要九牛二虎之力才可以破壳，倒出大半液态矿渣进行使用。而另外的少部分凝固的矿渣要倒掉都不容易，需要很多人力来清除吊桶内的残留硬壳。浪费巨大的资源和人力。

最后，这个问题交给专家委员会来解决。

“应该设计绝热良好的吊桶。”一位专家说道。

“我们已经这样试过了，但没有成功。”生产线的一位成员反对说，“绝热层会占去很大的空间，吊桶将很宽大并超出铁路的宽度极限而不能接受。”

“给吊桶加一个盖子怎么样?”专家接着说，“为什么不能用绝缘体做一个盖子呢？主要的热量是从高温的液体矿渣表面损失的。”

“我们也尝试过这种办法，”生产线的成员叹息说，“这吊桶如此大，可以想象一下盖子有多大，盖子得启用吊车来盖上或取下。增加的工作量巨大啊!”

“我们需要寻求不同的方法处理这个问题。”第 2 位专家说，“让我们重新构思整个过程以便不需要将矿渣运送那么远。”

“我不这样想，”另一位专家反对说，“我们应从不同的角度思考一下，以更快的速度输送矿渣。”

这似乎是一个难以解决的问题。

……

突然，TRIZ 先生出现了。

“这个问题可以这样构思……”

于是，一个基于加速氧化原理的方案展开了。

苏联发明家美克尔·夏洛波夫解决了这个问题，并马上被很多冶金厂应用。解决方案是：给吊桶中的灼热矿渣泼上冷水，矿渣和冷水急速氧化反应后会形成一层矿渣泡沫，泡沫有很好的保温作用，将矿渣和空气隔绝，相当于在矿渣表面加上了一个厚厚的“盖子”。这个“盖子”又不会妨碍矿渣倒出吊桶。

39—惰性环境

原理体现在两个方面：

(1) 用惰性气体环境代替通常环境。比如：用氩气等惰性气体填充灯泡，防止发热的金属灯丝氧化。

(2) 在真空中完成过程。比如：在粉末状的清洁剂中添加惰性成分，以增加其体积。这样更易于用传统的工具来测量；真空包装。

TRIZ 故事 39——霜冻提前来临

气象局通知，今年的霜冻将会提前来到。

“这将是一场灾难。”农场主沮丧的说，“我们的大片种子地怎么办呢？这些种子还未长大，仍然需要温暖的空气。”

“这片地太大了，我们没有薄膜进行覆盖，这种种子又不能经受火烤，不能点火加温。真是急死人了！”大家如同热锅上的蚂蚁，急得团团转。

……

突然，TRIZ 先生出现了。

“我们需要对种子进行保温吧！”他说，“请来消防队，我有一个主意。”

于是一个基于惰性环境的解决方案产生了。

让消防队给田地喷上一层惰性气体的泡沫，作为被子进行保温。

40—复合材料

原理：从单一材料改成复合材料。复合的环氧树脂/碳素纤维高尔夫球杆更轻，强度更好，而且比金属更具有柔韧性。用做航空材料时也是相同的情况。

玻璃纤维制成的冲浪板更轻、更容易控制，而且与木制的相比更容易做成各种不同的形状。

TRIZ 故事 40——饮用水净化器

一杯咖啡(3 美元)的价格就可以拯救一条生命。生命吸管是一种获取饮用水的吸管装置，由瑞士维斯特格德·弗兰德森公司研制，它使用七种过滤器，包括网丝、活性炭和碘，能净化 185 加仑的水，足够一个人饮用。它能预防饮用水引发的疾病，如伤寒和痢疾，在发展中国家，这些疾病每年至少夺去 200 万人的生命。该装置也能为飓风、地震或其他灾难的受害者提供安全的饮用水。它还可以成为人们周末外出旅游随身携带的方便的“武器”。

生命吸管里所使用的过滤器，就是一种复合材料。

3.8 TRIZ的未来发展

TRIZ的面世并不意味着发明创新理论的终结与完成。相反，它可以知道人们发现新原理和总结新知识，使TRIZ本身可以随着科学技术的发展和社会的进步而不断地完善。TRIZ今后的研究和应用方向主要有两个：第一个是TRIZ本身的不断完善；第二个是进一步拓展TRIZ的应用领域。

(1) TRIZ是前人知识的总结和升华，受到了一定的时代限制。如何适应新的时代要求，把他的内容和体系进一步完善，使其逐步从“成长期”过渡到“成熟期”，一直是人们关注的焦点和研究的主要方向之一。如果把阿奇舒勒的所有理论成就定义为经典TRIZ的话，那么在阿奇舒勒去世后，TRIZ已经派生出了不同的流派与分支，呈现出“百花齐放、百家争鸣”的局面。

(2) 进一步探讨和拓展TRIZ的理论内涵，尤其是把信息技术、生命技术、社会科学等方面的原理和方法，融入TRIZ中。

(3) 将TRIZ与其他一些新兴理论有机地结合在一起，从而让TRIZ指导发明创新的能力变得更加强大。

(4) 全面拓展TRIZ的应用范围，从工程领域拓展到其他领域，使人们能够利用TRIZ去解决更广泛领域内的各种矛盾和发明问题，使TRIZ的受益面更广。

(5) 要把利用TRIZ解决实际问题的实践和方法进一步软件化和工具化，尽快开发出适合更广阔领域、满足各种不同专业用途的系列化软件。

(6) 在中国推广以TRIZ为核心的创新方法，还要涉及TRIZ本土化的问题。与电灯、汽车、计算机、微积分、进化论等科学技术一样，TRIZ是“舶来品”，如何让其适合中国的国情，根植于中国文化，在中国发扬光大，是研究与推广创新方法的首要任务之一。

(7) TRIZ主要解决设计中如何做的问题，但对设计中做什么的问题未能给出合适的方法。大量的工程实例表明，TRIZ的出发点是借助于经验，发现设计中的矛盾。矛盾发现的过程，是通过对问题的定性描述来完成的。其他的设计理论，特别是质量功能开发，恰恰能解决做什么的问题。所以，将两者有机地结合，发挥各自的优势，将更有助于产品更新。但是，TRIZ于QFD法都未给出具体的参数设计方法，稳健设计则特别适合于详细设计阶段的参数设计。将QFD、TRIZ和稳健的设计集成，能形成从产品定义、概念设计到详细设计的强有力的支持工具。因此，三者的有机集成，现已成为设计领域的重要研究方向。

相对于传统的创新方法，基于TRIZ的计算机辅助创新技术的出现，是TRIZ应用的全新发展。传统的创新方法大多停留在对创新的外围认识和创新技法技巧水平，从心理因素方面尽可能激发个人的创造性思维能力，而没有转化为真正的问题解决方法。它们在一定程度上显得比较抽象，可操作性差，创新效率比较低，无法面对当前各种各样大量的技术难题的解决和创新需求。而TRIZ则成功地揭示了创造发明的内在规律和原理。相对于传统的创新方法，它着力澄清和强调系统中存在的矛盾，其目标是完全解决矛盾，而不是采取折中或者妥协的做法；而且，它基于产品技术的发展演化规律，研究的是整个设计与开发过程，而不再是随机的行为。尤其是它采用了科学的问题求解方法，将特殊的问题归结为TRIZ的一般性问题，应用TRIZ寻求标准解法，在此基础上演绎形成初始问题的具体解决方案，充分体现了科学的问题求解思想和技术特征。

思考与练习

SIKAOYULIANXI

1. 什么是TRIZ理论？用简要的语言概述。
2. 根据TRIZ发明的五个等级，谈谈手机软件的更新属于哪个等级？为什么？
3. 谈谈生活中的哪些工具用到了TRIZ的变害为益原理？请进行简单的描述。
4. 人们总是希望自行车在行走的时候体积变大但在停放的时候体积变小。请利用TRIZ的发明原理，简要设计一个解决方案。

第4章 TRIZ创新方法在计算机领域的应用

4.1 计算机的更新换代

1. 描述对象：计算机的更新换代

计算机的发展历程：

第1代：电子管计算机，采用磁鼓作存储器。磁鼓是一种高速运转的鼓形圆筒，表面涂有磁性材料，根据每一点的磁化方向来确定该点的信息。第一代计算机由于采用电子管，因而体积大、耗电多、运算速度较低、故障率较高而且价格极贵。本阶段，计算机软件尚处于初始发展期，符号语言已经出现并被使用，主要用于科学计算方面。

第2代：晶体管计算机，主要逻辑部件采用晶体管，内存储器主要采用磁芯，外存储器主要采用磁盘，输入和输出方面有了很大的改进，价格大幅度下降。在程序设计方面，研制出了一些通用的算法和语言，操作系统的雏形开始形成。

第3代：集成电路计算机，用集成电路作为逻辑元件，适用范围更广，尤其是一些小型计算机在程序设计技术方面形成了三个独立的系统：操作系统、编译系统和应用程序，总称为软件。

第4代：大规模集成电路计算机，以大规模集成电路作为逻辑元件和存储器，使计算机向着微型化和巨型化两个方向发展。从第一代到第四代，计算机的体系结构都是相同的，即都由控制器，存储器，运算器和输入输出设备组成，称为冯·诺依曼体系结构

第5代：智能计算机，主要特征是具备人工智能，能像人一样思维，并且运算速度极快，其硬件系统支持高度并行和快速推理，其软件系统能够处理知识信息。神经网络计算机(也称神经计算机)是智能计算机的重要代表。

第6代：生物计算机，半导体硅晶片的电路密集，散热问题难以彻底解决，大大影响了计算机性能的进一步发挥与突破。研究人员发现，遗传基因——脱氧核糖核酸(DNA)的双螺旋结构能容纳巨量信息，其存储量相当于半导体芯片的数百万倍。一个蛋白质分子就是一个存储体，而且阻抗低、能耗少、发热量极小。基于此，利用蛋白质分子制造出基因芯片，研制生物计算机(也称分子计算机、基因计算机)，已成为当今计算机技术的最前沿。生物计算机比硅晶片计算机在速度、性能上有质的飞跃。

计算机一代代的更替，制作成本上不断降低，性能不断提升，用户体验感不断增强，完全符合TRIZ创新理论的思想。

对比近十年的电脑的发展，电脑的外观从傻大黑的模式转变为个性化的定制，几乎可以实现全套硬件的光亮效果。CPU厂家奉行的每隔18个月集成电路的元器件数量会翻倍，

性能也会随之提升一倍摩尔定律也已经失效。现在 CPU 厂家每年推出的芯片性能提升幅度呈现“挤牙膏”式的缓慢增长。现在 CPU 厂家更多的关注的是低功耗等方面，推出的 CPU 大多都集成了高性能的核心显卡，使得主板不再需要集成显卡芯片。

与之对应的显卡芯片的性能提升也在减速，新一代的显卡芯片一般也都只比前一代有50%左右的提升，使得追求性能的玩家对升级设备都没有太大的兴趣。一直等游戏厂商推出了对性能要求更高的游戏(如《绝地求生》等)才改变了这一状态。而造成这一状态的原因其实主要是 CPU、显卡等已经不再是计算机运行的瓶颈，低端的芯片都能满足一般用户的使用需要。

在 2009 年的时候，存储设备中机械硬盘的容量达到了 TB 的单位，价格也降低到了谷底，而新一代的固态硬盘在那时还只能是有钱人的玩具。经过 10 年的发展，现在固态硬盘的价格亲民了很多，虽然与机械硬盘相比价格还是相对较高，但已经到了普通大众可以接受的水平。固态硬盘经过 10 年的发展，速度也有了极大地提升。从最初的读 260MB/s 写 100MB/s 到现在翻了 10 倍以上。

2. 利用 TRIZ 创新理论的 40 个发明原理改进原有计算机解析

计算机在程序设计技术方面的独立系统及计算机独立的功能部件，应验了 TRIZ 理论中 40 个发明创造原则中的第 1 个原则“分割原则”：(1)将物体分成独立的部分；(2)使物体成为可拆卸的；(3)增加物体的分割程度。

CPU 更多地关注低功耗等方面，现在的 CPU 大多都集成了高性能的核心显卡，使得主板不再需要集成显卡芯片，体现了第 2 个原则“抽取原则”：从物体中抽出产生负面影响的部分或属性，或者仅抽出物体中必要的部分或属性。

计算机所采用的冯·诺依曼体系结构，可利用第 3 个原则“局部性质原则”：(1)从物体或外部介质(外部作用)的一致结构过渡到不一致结构；(2)物体的不同部分应当具有不同的功能；(3)物体的每一部分均应具备最适于它工作的条件来分析计算机的存储系统。

从晶体管计算机，到集成电路计算机，到大规模集成电路计算机，可利用第 5 个原则“组合原则”：(1)在空间上将相同物体或相关操作加以组合集成电路板上的多个电子芯片并行计算机的多个 CPU；(2)在时间上将相同或相关操作进行合并冷热水混水器。

计算机上不同设备的插头要插入不同的插座。为了避免发生错误，同一对插头和插座用同样的颜色，不同的插头、插座对应不同的颜色。这就很好地体现了第 32 个原则“改变颜色原则”，也称之为“色彩法”：(1)改变物体或外部介质的颜色；(2)改变物体或外部介质的透明度；(3)为了观察难以看到的物体或过程，利用染色添加剂；(4)如果已采用了这种添加剂，则采用荧光粉。

4.2 手机的更新换代

4.2.1 描述对象：手机的更新换代

分类：

(1) 非智能手机：原本只是一种通信工具，是可以在较广范围内使用的便携式电话终端。

(2) 智能手机：是指像个人电脑一样，具有独立的操作系统，大多数是大屏机，而且是触摸电容屏，也有部分是电阻屏，功能强大实用性高。

区别：一般智能手机的性能比非智能手机要好，但是非智能手机比智能手机性能稳定，大多数非智能手机和智能手机使用英国 ARM 公司架构的 CPU。智能手机的主频较高，运行速度快，处理程序任务更快速，日常更加的方便。

从广义上说，智能手机除了具备手机的通话功能外，还具备了 PDA 的大部分功能，特别是个人信息管理以及基于无线数据通信的浏览器和电子邮件功能。智能手机为用户提供了足够的屏幕尺寸和带宽，既方便随身携带，又为软件运行和内容服务提供了广阔的舞台。很多增值业务可以就此展开。

4.2.2　利用 TRIZ 创新理论的 40 个发明原理改进原有手机解析

电池可以拆卸，正好应验了 TRIZ 理论中 40 个发明创造原则中的第 1 个原则“分割原则”：(1)将物体分成独立的部分；(2)使物体成为可拆卸的；(3)增加物体的分割程度。

经过技术的迭代，手机增加了，摄像，拍照，收音机等功能，第 6 个原则“普遍性原则”：(1)使物体具有复合功能以代替其他物体的功能；

随着用户需求的改变，手机可以拆卸电池，用户可以预备几块电池，很好地用到第 11 个原则“预先应急措施原则”：(1)采用事先准备好的应急措施，对系统进行相应的补偿以提高其可靠性；(2)预先在方便的位置安置相关设备，使其在需要的时候即使发挥作用而不浪费时间；

随着用户需求的变更，手机出现折叠式(单屏、双屏)、滑盖式、旋转式、侧滑式等几类。很好地利用了第 15 个原则“动态化原则”：(1)自动调节物体，使其在各动作、阶段的性能最佳；(2)将物体的结构划分成既可变化又可相互配合的若干组成部分；(3)使不动的物体可动或可自适应。

经过技术的发展，传感器被用到手机上面，如光传感器，在外界光线强度不同时，手机屏幕会自动调节屏幕亮度，很好地利用了第 23 原则“反馈原则”：(1)在引入反馈提高性能；(2)若已引入反馈，改变其大小或作用；

经过技术的迭代，充电已经从有线进度到无线充电，从电进度到磁，很好地应用了第 28 原则“机械系统替代原则”：(1)用视觉系统、听觉系统、味觉系统或嗅觉系统替代机械系统；(2)使用与物体相互作用的电场、磁场、电磁场；(3)用视觉系统、听觉系统、味觉系统或嗅觉系统替代机械系统；(4)使用与物体相互作用的电场、磁场、电磁场。

4.3　计算机的硬件系统

4.3.1　描述对象：计算机硬件系统

计算机是由硬件系统和软件系统两部分组成的。而传统电脑系统的硬件单元一般可分为输入单元、输出单元、算术逻辑单元、控制单元以及记忆单元。其中硬件系统包括电源、主板、CPU、内存、硬盘、声卡、显卡、网卡、调制解调器、光驱、显示器、键盘、鼠标、音响等等。

4.3.2 利用TRIZ创新理论的40个发明原理改进原有硬件系统解析

计算机可以分成硬件系统和软件系统，而硬件系统和软件系统又可再分，对应了TRIZ的第一个原则"分割原则"：(1)将物体分成独立的部分；(2)使物体成为可拆卸的；(3)增加物体的分割程度。

计算机硬件系统包括许多设备，其中的每个设备都有自己的功能和作用，如键盘鼠标等就是输入设备，对应了TRIZ的第三个原则"局部特性原则"：从物体或外部介质(外部作用)的一致结构过渡到不一致结构。

4.4 计算机散热器的更新换代

4.4.1 描述对象：计算机散热器

计算机的CPU及其他部件高速运转过程中会产生热量，散热其实就是一个热传递的过程，目的是将CPU产生的热量带到其他介质上，将CPU温度控制在一个稳定范围之内。根据我们生活的环境，CPU的热量最终是要发散到空气当中。这个过程就是电脑散热。

CPU散热其实就是一个热传递的过程，目的是将CPU产生的热量带到其他介质上，将CPU温度控制在一个稳定范围之内。根据我们生活的环境，CPU的热量最终是要发散到空气当中。而在这之间的热传递过程，就是散热器所要扮演的角色了。

所有的散热器都以热传导、热对流为主要方式进行散热。根据热传导、热对流手段的不同，可以将散热器产品分为主动与被动两种方式。主动的含义是，有与发热体无关的能源参与进行强制散热，比如风扇、液冷中的水泵，相变制冷中的压缩机，这些散热手段的普遍特点是效率高，但同时也需要其他能源的辅助。与之相反，被动的意思就好理解了，就是仅依靠发热体或散热片的自行发散来进行降温。

4.4.2 利用TRIZ创新理论的40个发明原理改进原有散热系统解析

被动散热通过给CPU加装散热片自行发散温度，利用第35个原则"物理或化学状态变化"，通过实验比较热传导性，按导热性能从高到低排列，分别是银，铜，铝，钢。经过长时间市场反馈，目前常用的散热片材质是铜和铝合金，二者各有其优缺点。铜的导热性好，但价格较贵，加工难度较高，重量过大(很多纯铜散热器都超过了CPU对重量的限制)，热容量较小，而且容易氧化。而纯铝太软，不能直接使用，都是使用的铝合金才能提供足够的硬度，铝合金的优点是价格低廉，重量轻，当然导热性不能与铜媲美。

热对流主动式散热器，即在散热片的基础上加装风扇，增强空气流通，从而达到降温效果，这里对应第5个原则"合并"。

塔式散热器是将风扇布置在侧面，直接将散发出的热量排出，而下压式是将热量压制在CPU附近，然后再将热量排出。塔式的散热效果明显比下压式散热器强很多，但是需要更大的空间，而下压式所占用的空间较少，在一些小型机箱上可以使用。

水冷散热利用水泵驱动水流经过热源，进行吸热传递。利用第24个原则"中介物"。

热管一般由管壳、吸液芯和端盖构成，将管内抽成负压后充以适量的工作液体，使紧贴管内壁的吸液芯毛细多孔材料中充满液体后加以密封，管的一端为蒸发段(加热段)，另一端为冷凝段(冷却段)，根据应用需要在两端中间可布置绝热段，热管的工作原理是利用了热传导与制冷介质的快速热传递性质，透过热管将发热物体的热量迅速传递到热源外，这种方式利用第 36 个原则“相变”。

4.5 输入设备(键盘，鼠标)

4.5.1 描述对象：计算机输入设备的相关器件

输入设备(Input Device)是人或外部与计算机进行交互的一种装置，用于把原始数据和处理这些数据的程序输入到计算机中。现在的计算机能够接收各种各样的数据，既可以是数值型的数据，也可以是各种非数值型的数据，如图形、图像、声音等都可以通过不同类型的输入设备输入到计算机中，进行存储、处理和输出。

计算机的输入设备按功能可分为下列几类：

字符输入设备：键盘；

光学阅读设备：光学标记阅读机，光学字符阅读机；

图形输入设备：鼠标器、操纵杆、光笔；

图像输入设备：数字摄像机、扫描仪、传真机；

模拟输入设备：语言模数转换识别系统。

4.5.2 利用 TRIZ 创新理论的 40 个发明原理对于输入设备的解析

(1) 键盘是常用的输入设备。它是由一组开关矩阵组成，包括数字键、字母键、符号键、功能键及控制键等。每一个按键在计算机中都有它的唯一代码。这就很好地体现了第 3 个原则“局部质量”：1)物体的不同部分应当具有不同的功能；2)物体的每一部分均应具备最适于它工作的条件。此外，键盘可以用来打字，也可以用来打游戏，体现了第 6 个原则“普遍性”：使一个物体具备多个功能。其中外部设备中键盘与鼠标分开，为了方便人们有更好的操作，很好地体现了第 2 个原则“抽取原则”：从物体抽出必要的部分或者属性。同时键盘的操作是在水平面上进行的，结果却出现在垂直面上的显示屏上，这体现了第 17 个原则“维数变化原则”：改变物体对象进行操作的维度。

(2) 鼠标器是一种手持式屏幕坐标定位设备，它是适应菜单操作的软件和图形处理环境而出现的一种输入设备。鼠标器上有两个键的，也有三个键的。最左边的键是拾取键，最右边的键为消除键，中间的键是菜单的选择键。三键模式的鼠标器，改变了原来单键的麻烦和不方便，这就很好地体现了第 3 个原则“局部质量原则”：让物体的各部分出于各自动作的最佳状态。鼠标的种类也随着时代的发展逐渐地进行演变，红外的计算机鼠标不再在平面上移动，而是在空间上进行移动，体现了第 17 个原则“维数变化原则”：把对象移动到二维或三维空间。

(3) 数字摄像机是图像输入设备之一。它是指摄像机的图像处理及信号的记录全部使用数字信号完成的摄像机。此种摄像机的最大的特征是磁带上记录的信号为数字信号，而非模拟信号。如果摄像机的摄影效果不理想，还需要在电脑中进行处理，例如将拍摄的视频放在影视制作软件中处理，这利用了第 16 个原则“不足或超额行动原则”：若期望的效果难以 100%实现时，稍微超过或稍微小于期望效果，会使问题大大的简化。

（4）薄膜式键盘的发明：薄膜式键盘如图 4-1 所示，它具备以下的一些特点：

图 4-1　薄膜式键盘

由三层导电薄膜所组成。这就是此键盘来做触发动作的关键，不过在导电薄膜上还有其他种类，有的是使用橡胶帽，有的是使用机械模组。薄膜键盘以成本低、工艺简单和手感好等优势占有着绝大部分市场，我们日常生活中所使用的键盘基本都是薄膜键盘，薄膜键盘的结构非常简单，除去我们可以直接接触的键盘上下盖、键帽以后，可以看到按键下方的硅胶帽，薄膜电路和电路板。

从它的使用材料上可以看出利用了 TRIZ 理论的第 30 个原则“柔性外壳或薄膜”：1)使用柔性壳体或薄膜替代传统的三维结构；2)使用柔性课题或薄膜，将物体与环境隔离。

使用薄膜材料替代了传统机械键盘地机械轴，降低了成本，利用了 TRIZ 理论的第 27 个原则“一次性用品”：用若干便宜的物体替代昂贵的物体，同时降低某些质量要求，实现相同的功能。

4.6　软件系统(操作系统，汇编，节诗，编译程序)

4.6.1 操作系统的发展

4.6.1.1　描述对象：计算机操作系统的发展

（1）无操作系统的计算机系统　分为人工操作方式和脱机输入/输出方式两种方式；

（2）单道批处理系统(晶体管)　其自动处理过程是：首先，由监督程序将磁带上的第一个作业装入内存，并把运行控制权交给该作业。当该作业处理完成时，又把控制权交还给监督程序，再由监督程序把磁带(盘)上的第二个作业调入内存。计算机系统就这样自动地一个作业、一个作业地进行处理(顺序性)，直至磁带(盘)上的所有作业全部完成(自动性)。内存中仅有一道程序运行，即监督程序每次从磁带上只调入一道程序进入内存运行，当该程序完成或发生异常情况时，才换入其后继程序进入内存运行(单道性)，这样便形成了早期的批处理系统；

（3）多道批处理系统（小规模集成电路）　在该系统中，用户所提交的作业都先存放在外存上并排成一个队列，称为“后备队列”（首先将作业放置在磁盘中，然后再由磁盘调入到内存中）；然后，由作业调度程序按一定的算法从后备队列中选择若干个作业调入内存，使它们共享 CPU 和系统中的各种资源；

（4）分时操作系统　在一台主机上连接了多个带有显示器和键盘的终端，同时允许多个用户通过自己的终端，以交互方式使用计算机，共享主机中的资源；可以实现人机交互及共享主机，用户在使用机器时应能够像自己独占计算机一样，不仅可以随时与计算机交互，而且应感觉不到其他用户也在用该计算机；便于用户上机，用户可以通过终端将作业传送到主机上，并实现对作业的控制；

（5）实时系统　实现实时控制实时信息处理，该系统由一台或多台主机通过通信线路连接到成百上千个远程终端上，计算机接收从远程终端上发来的服务请求，根据用户提出的请求对信息进行检索和处理，并在很短的时间内为用户做出正确的响应；

（6）微机操作系统　微机操作系统两种分类方式：微型机的字长可分为 8 位、16 位、32 位、64 位；微型机运行方式分为单用户单任务、单用户多任务、多用户多任务：

① 单用户单任务　只允许一个用户上机，且只允许用户程序作为一个任务运行。适用于 8 位机和 16 位机。

② 单用户多任务　只允许一个用户上机，但允许用户把程序分为若干个任务，使它们迸发执行，从而有效地改善了统的性能。

③ 多用户多任务　允许多个用户通过各自的终端使用同一台机器，共享主机系统中的各种资源，而每个用户程序又可进一步分为几个任务，使它们能迸发执行，从而可进一步提高资源利用率和系统吞吐量。

4.6.1.2　利用 TRIZ 创新理论的 40 个发明原理改进原有计算机操作系统解析

允许多个用户通过各自的终端使用同一台机器，共享主机系统中的各种资源，而每个用户程序又可进一步分为几个任务，使它们能迸发执行采用了 TRIZ 理论中 40 个发明创造原则中的第 1 个原则“分割原则”：（1）将物体分成独立的部分；（2）使物体成为可拆卸的；（3）增加物体的分割程度。

从单道批处理系统，到多道批处理系统，可利用第 5 个原则“组合原则”：（1）在空间上将相同物体或相关操作加以组合集成电路板上的多个电子芯片并行计算机的多个 CPU；（2）在时间上将相同或相关操作进行合并冷热水混水器。

4.6.2　操作系统的更新

4.6.2.1　描述对象：操作系统的更新

微内核操作系统相比传统操作系统的更新如图 4-2 所示。

（1）足够小的内核：微内核并非一个完整的 OS，而只是操作系统中基本的部分。

（2）基于客户/服务器模式：将操作系统中最基本的部分放入内核，而把操作系统的绝大部分功能都放在微内核外面的一组服务器（进程）中实现。

（3）采用“机制和策略分离”原理：所谓机制，是指实现某一功能的具体执行机制。而策略，则是在机制的基础上，借助于某些参数和算法来实现更改功能的优化，或达到不同

(a)在整体式内核文件操作中的上下文切换

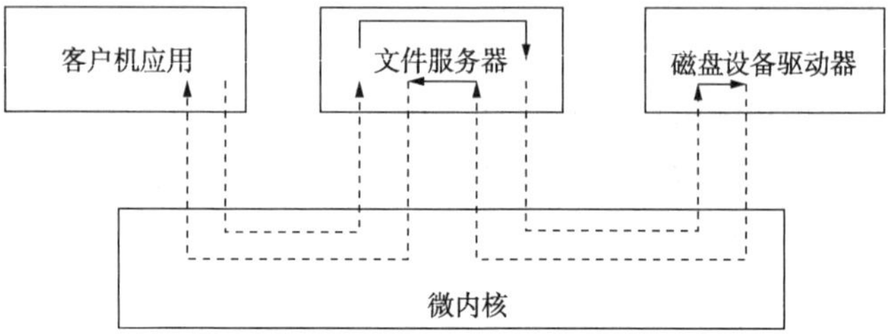

(b)在微内核中等价操作的上下文切换

图 4-2　在传统 OS 和微内核 OS 的上下文切换

的功能目标。

（4）提高了对分布式系统的支持：在微内核中配置一张系统映射表，在进行客户与服务器通信时，只需在所发送的消息中标上发送进程和接收进程的标识符，微内核便可利用系统映射表，将消息发往目标。

从上述特点可以看出微内核操作系统最进步的思想是“客户/服务器模式”，将操作系统中最基本的功能放入内核，把绝大部分功能放在微内核外面的一组服务器中实现。

从结构看，微内核操作系统将客户和服务器分割开，将每个功能放置到每一个内核，每一个内核无须关心整个流程，只需将自己的功能发挥到极致即可。

4.6.2.2　利用 TRIZ 创新理论的对微内核操作系统更新的解析

从微内核操作系统的更新第一个特点来看，从以下几个方面印证了 TRIZ 理论

（1）足够小的内核正好应验了 TRIZ 理论中 40 个发明创造原则中的第 1 个原则“分割原则”：①将物体分成独立的部分；②使物体成为可拆卸的；③增加物体的分割程度。每个内核又是操作系统的一个基本功能，正好应验了 TRIZ 理论中 40 个发明创造原则中的第 2 个原则“抽取”：①从物体中抽出产生负面影响的部分或属性；②从物体中抽出必要的部分或属性。

（2）从微内核操作系统的更新第二个特点来看，通过客户服务器的方式将足够小的内核构成了一个可以实现众多功能的操作系统。对于用户来说，各功能并不是分离的，而是一个整体。正好应验了 TRIZ 理论中 40 个发明创造原则中的第 5 个原则“组合合并”：①在空间上将相同或相近的物体或操作加以组合；②在时间上将相关物体或操作合并。

（3）从微内核操作系统的更新第三个特点来看，采用了“机制和策略分离”原理，策略是在机制的基础上，借助于某些参数和算法来实现更改功能的优化，或达到不同的功能目标，正好应验了 TRIZ 理论中 40 个发明创造原则中的第 3 个原则“局部质量”：①将均匀物体结构、外部环境或作用改为不均匀发；②让物体的不同部分各具不同功能；③让物体的各部分处于各自动作的最佳状态。

（4）从微内核操作系统的更新第四个特点来看，提高了对分布式系统的支持，正好应

验了 TRIZ 理论中 40 个发明创造原则中的第 6 个原则“多用性”：物体具有复合功能以代替其他物体的功能。

4.7　Spring 框架的更新在 TRIZ 理论的应用

4.7.1　描述对象：Spring 框架的特点

（1）分层架构：Spring 是一个开源框架，其核心理念就是其分层架构，分层架构允许选择使用哪一个组件。

（2）IOC（控制反转模式）：控制反转模式（也称作依赖性介入）就是不创建对象，但是描述创建它们的方式。在代码中不直接与对象和服务连接，但在配置文件中描述哪一个组件需要哪一项服务。容器（在 Spring 框架中是 IOC 容器）负责将这些联系在一起。

（3）AOP（面向方面编程）：面向方面的编程，即 AOP，是一种编程技术，它允许程序员对横切关注点或横切典型的职责分界线的行为（例如日志和事务管理）进行模块化。AOP 的核心构造是方面，它将那些影响多个类的行为封装到可重用的模块中。Spring 框架内核原理图如图 4-3 所示。

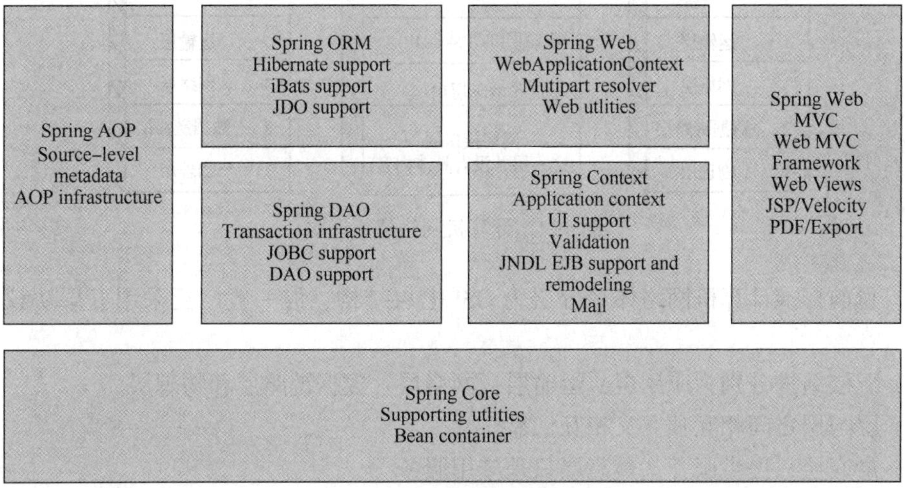

图 4-3　Spring 框架内核原理图

4.7.2　利用 TRIZ 创新理论的 Spring 框架的解析

Spring 分层架构为 J2EE 应用程序开发提供基础的框架，将一个大型软件分成多个独立的层级，正好应验了 TRIZ 理论中 40 个发明创造原则中的第 1 个原则“分割原则”：（1）将物体分成独立的部分；（2）使物体成为可拆卸的；（3）增加物体的分割程度。

Spring 的 IOC 将每一个功能封装成一个组件，放在了容器内，正好应验了 TRIZ 理论中 40 个发明创造原则中的第 2 个原则“抽取”：（1）从物体中抽出产生负面影响的部分或属性；（2）从物体中抽出必要的部分或属性。

每一个组件又可以被多个服务使用，正好应验了 TRIZ 理论中 40 个发明创造原则中的第 6 个原则“多用性”：使物体具有复合功能以替代其他物体的功能。

Spring 的 AOP 允许开发者将关注点放在如何通过各种组件的功能实现当前服务，开发者将更多的关注点放在了组件的组合和合并正好应验了 TRIZ 理论中 40 个发明创造原则中的第 5 个原则“组合合并”：(1)在空间上将相同或相近的物体或操作加以组合；(2)在时间上将相关物体或操作合并某二进制压缩方法某种二进制文件的压缩方法

4.8 计算机网络体系的分层

4.8.1 描述对象：计算机网络体系的分层

计算机网络体系的层次如图 4-4 所示，具有以下特点。

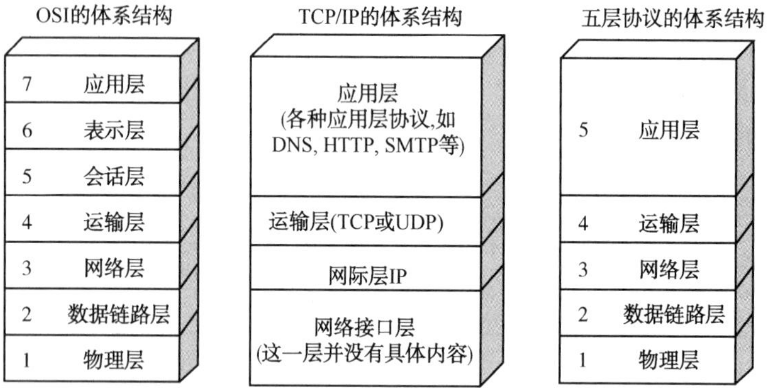

图 4-4 计算机网络体系层次

(1) 目前标准计算机网络体系分层为 OSI 七层结构，但一般广泛采用五层协议的体系结构。

(2) 五层结构分别为应用层，运输层，网络层，数据链路层和物理层。

(3) 层与层之间相互独立又相互依靠

(4) 最底层只提供服务，最高层只是应用服务

(5) 同层的不同实体之间遵循相同的约定，相对透明。

(6) 在传输介质中为比特流。

(7) 上层依赖于下层，下层为上层提供服务。

从上述 7 个特点可以看出计算机网络体系具有“应用分层”的思想，将要传输的部分分为几层，最突出的特点是把其分为应用层，运输层，网络层，数据链路层和物理层。

从思想看，“应用分层”的核心就是将数据传输的功能分成几个部分：在相同层上可以读取，不同层相对独立，在逻辑上分层。

从结构看，早期的网络体系复杂，分层方式繁多，导致不同系统的计算机之间相互通信需要解决很多不兼容的问题，直到后来出现了“分层”的思想，使得这个问题得以解决。最终采用应用层，运输层，网络层，数据链路层和物理层为五层结构。

4.8.2　利用 TRIZ 创新理论的 40 个发明原理改进原有计算机网络体系解析

从思想和结构看，正好应验了 TRIZ 理论中 40 个发明创造原则中的第 5 个原则“组合合并原则”：(1)在空间上将相同或相近的物体或操作加以组合；(2)在时间上将相关的物体或操作合并。

在逻辑上在每一层在之前的数据上加一个首部和尾部，运用了第 7 个原则“嵌套原则”：(1)把一个物体嵌套进第二个物体，依次循环；(2)让一个物体穿过另一个物体。

计算机网络层次中可以发现并改正传输过程数据错误，这是第 11 个原则“事先防范原则”：(1)采用事先准备好的应急措施，对系统进行相应的补偿以提高可靠性。

从计算机网络每一层次的功能不同，可利用第 3 个原则“局部性质原则”：(1)从物体或外部介质(外部作用)的一致结构过渡到不一致结构；(2)物体的不同部分应当具有不同的功能；(3)物体的每一部分均应具备最适于它工作的条件来分析计算机的存储系统。

4.9　Nginx 负载均衡

4.9.1　描述对象：Nginx 负载均衡

对于一个大型网站，负载均衡是永恒的话题。负载均衡即是将负载分摊到不同的服务单元，既保证服务的可用性，又保证响应足够快，给用户很好的体验。nginx 的负载均衡策略可以划分为两大类：内置策略和扩展策略。内置策略包含加权轮询和 IP hash，在默认情况下这两种策略会编译进 nginx 内核，只需在 nginx 配置中指明参数即可。扩展策略有很多，如 fair、通用 hash、consistent hash 等，默认不编译进 nginx 内核。由于在 nginx 版本升级中负载均衡的代码没有本质性的变化，因此下面将以 nginx1.0.15 稳定版为例，从源码角度分析各个策略。

(1) 加权轮询

首先我们介绍一下轮询的基本流程。如下是处理一次请求的流程图：

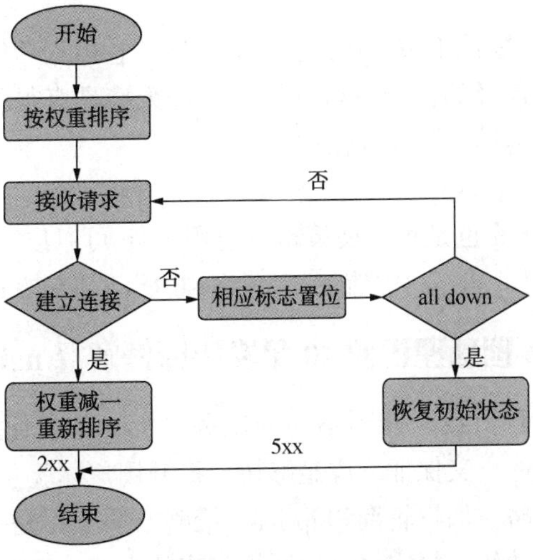

图 4-5　加权轮询

第一，如果可以把加权轮询算法分为先深搜索和先广搜索，那么 nginx 采用的是先深搜索算法，即将首先将请求都分给高权重的机器，直到该机器的权值降到了比其他机器低，才开始将请求分给下一个高权重的机器。

第二，当所有后端机器都 down 掉时，nginx 会立即将所有机器的标志位清成初始状态，以避免造成所有的机器都处在 timeout 的状态，从而导致整个前端被夯住。

（2）IP-hash 策略

IP-hash 是 nginx 内置的另一个负载均衡策略，流程和轮询很类似，只是其中的算法和具体的策略有些变化。如图 4-6 所示：

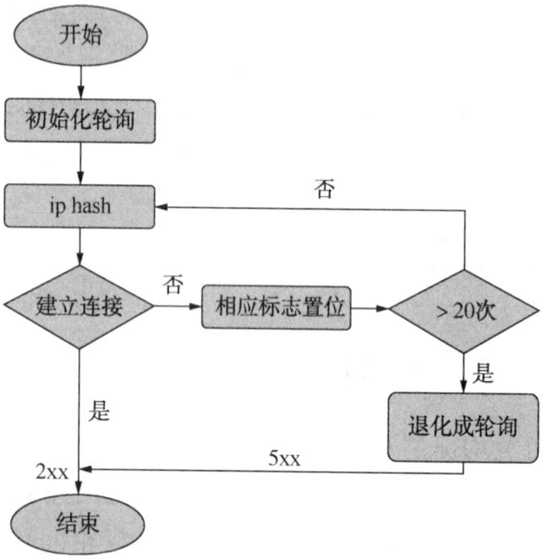

图 4-6　IP-hash 策略

因此，从本质上说，IP-hash 算法是一种变相的轮询算法，如果两个 ip 的初始 hash 值恰好相同，那么来自这两个 IP 的请求将永远落在同一台服务器上，这为均衡性埋下了较深隐患。

（3）fair

fair 策略是扩展策略，默认不被编译进 nginx 内核。它根据后端服务器的响应时间判断负载情况，从中选出负载最轻的机器进行分流。这种策略具有很强的自适应性，但是实际的网络环境往往不是那么简单，因此须慎用。

（4）通用 hash，一致性 hash

通用 hash 和一致性 hash 也是种扩展策略。通用 hash 可以以 nginx 内置的变量为 key 进行 hash，一致性 hash 采用了 nginx 内置的一致性 hash 环，可支持 memcache。

4.9.2　利用 TRIZ 创新理论的 40 个发明原理解释 nginx 负载均衡策略

首先，负载均衡即是将负载分摊到不同的服务单元，此处便应用了第一个发明原理：分割，既保证服务的可用性，又保证响应足够快，提升用户体验。

其次，两种主要的策略：加权轮询和 ip hash 策略本质上都是一种周期运动，使用了第十九个发明原理：周期性动作。相应地，计算机完成的大部分工作都使用了这个原理。

加权轮询会将请求先分给权重高的机器，此动作可看作一种增加不对称，提高效率。在此方法中，当所有后端机器都 down 掉时，nginx 会立即将所有机器的标志位清成初始状态，以避免造成所有的机器都处在 timeout 的状态，从而导致整个前端被夯住，使用了第二十一种方法减少有害作用时间。此外，在编程过程中，不可避免地会使用事先防范，预先作用和预先反作用。

4.10 应用软件(文字编辑，图形处理，科学计算，数据处理)

4.10.1 线上项目管理

4.10.1.1 描述对象：钉钉实现线上项目管理

核心功能：

(1) 创建项目模板。

(2) 项目数据及导出。

(3) 角色管理。

(4) 工时统计。

(5) 结项归档。

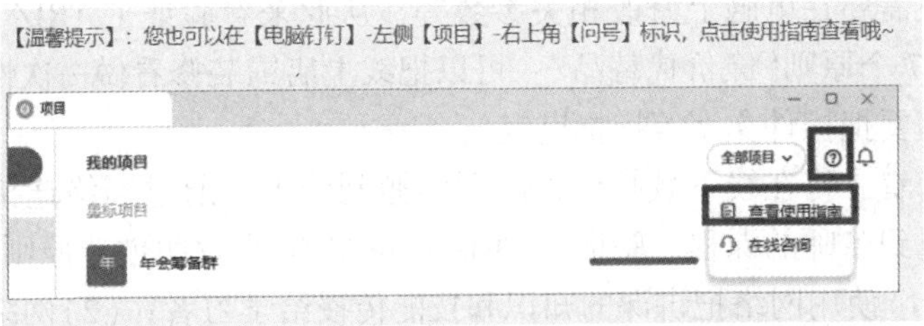

图 4-7 铆钉项目管理

4.10.1.2 利用 TRIZ 创新理论的 40 个发明原理实现线上项目管理解析

从钉钉是一个即时通讯软件来看，在社交交流的同时也具有项目管理等功能，验证了 TRIZ 理论中 40 个发明创造原则中的第 6 个原则“多用性原则”：使物体具有复合功能以替代其他物体的功能；使用钉钉 app 实现社交和办公。

从项目管理的角度来看，将整个项目管理拆分成项目数据管理、角色管理、项目进度管理、工时管理，验证了 TRIZ 理论中 40 个发明创造原则中的第 1 个原则“分割原则”：(1)把项目管理拆分成相互的独立的部分；(2)将项目分成容易组装和拆分的模块；(3)提高项目的可分性和易管理性。

同时也验证了 TRIZ 理论中 40 个发明创造原则中的第 5 个原则“组合、合并原则”：在时间上相关的模块或人员等合并，最后把参与项目的和管理项目的人员和资源合并到一起总结分析。

4.10.2 线上购物、学习

4.10.2.1 描述对象：互联网实现线上学习和购物

图 4-8 线上购物

图 4-9 线上学习

4.10.2.2 利用 TRIZ 创新理论的 40 个发明原理实现线上学习和购物解析

从线上购物来看，将线下超市商城等店铺转移到线上，而且店铺装修更新等不需要浪费实际的材料，只需要在电脑上修改相关参数等，从此来看验证了 TRIZ 理论中 40 个发明创造原则中的第 27 个原则“廉价代替品”：可以把线上店铺装修看做一次性物品，简约省时省力，更新时只需要把控件文字等拖拖曳曳。

从线上学习来看，将在线下教师讲授的课程搬到线上，通过网络连接教师和学生，足不出户就可以学习到名师的课程。验证了 TRIZ 理论中 40 个发明创造原则中的第 24 个原则“借助中介物”：(1)使用网络把讲课的知识和技能传授给学习者；(2)网络直播把教师和学生连接到一起，可以在学习的同时实时互动。这样不仅可以节约经济成本，同时也节省了时间成本，不需要教师和学生来回跑到教室上课。

4.10.3 环境监控预报系统解析

4.10.3.1 描述对象：环境监测预报系统的设计

近几年来，我国经济不断快速增长的同时，也造成了环境的严重破坏，部分大中城市深受雾霾的影响。以二氧化硫、氮氧化物、一氧化碳、可吸入颗粒物(PM10，PM2.5)等为主要污染物的城市空气污染问题日益突出，已严重制约了我国经济的飞速发展。因此，为了有效地反映空气污染变化趋势，为环境管理决策提供准确、全面的空气质量信息，预防严重污染事件发生，开发城市空气质量预报装置是十分必要的。近些年来，将人工神经网络用在城市空气质量预报领域的研究受到广大科学者的关注，主要表现在空气污染物浓度的短期预报、空气污染指数的预报、污染物总量的预报、使用改进的神经网络进行预报以及多种预报方法的比较等几个研究方向。虽然在研究过程中取得了一定成果，但由于城市空气质量的状况受到气象、地理、污染源和人类活动等多种因素的影响，加上神经网络自身还存在着一些不足和局限，所以在预测过程中还有很多问题待解决。

4.10.3.2　利用TRIZ创新理论的40个发明原理设计环境监测预报系统

利用第1个原则“分割原则”：(1)将监测系统、实时传输部分分成独立的部分。(2)使监测系统、通信模块能够实现系统升级，协议共享。(3)增加监测精度、空气浓度实现实时传输。

利用第2个原则“抽取原则”：从空气中采集空气浓度数据，送予预测模型抽取出“干扰”部分(“干扰”特性)或者相反，分出唯一需要的部分或需要的特性。与上述监测系统和通信系统分成几个相同部分的技法相反，这里是要把监测到的数据进行反馈、分析，建立数据之间的内在规律，分成几个不同的部分。

利用第3个原则“局部质量原则”：(1)要分别单独无监督地训练每一层RBM网络，通过非监督贪婪逐层方法预训练获得生成模型的权值，确保特征向量映射到不同特征空间，要尽可能多地保留特征信息。训练过程，实际上是通过确定权值求出一个最能产生训练样本的概率分布。也就是说，求一个分布，使得在这个分布下训练样本的概率最大。(2)模型最后一层的BP网络，接收RBM的输出特征向量作为输入特征向量，有监督的训练络。3)在训练数据集的选取上，根据历史经验选取当年最近一段时间内和前一年同期最近的一段时间内污染物浓度和气象数据作为训练样本数据，生成训练集，提高了预测模型的预测精度。

4.10.4　校园卡的自动售货机解析

4.10.4.1　描述对象：校园卡的自动售货机

在国内校园的自动售货机大部分都是采用纸币或硬币进行支付的，而大多数去上课或者进行课外活动的学生，一般都不会随身带纸币或硬币现金，学生通常都只带校园一卡通即学生卡在身边，学生卡的用处在这就不再赘述(吃饭、洗澡、坐车等等)，因此，这些校园内的自动售货机对广大的在校学生来说是极不方便的。

4.10.4.2　利用TRIZ创新理论的40个发明原理改进校园的自动售货机

利用第26个原则“复制原则”和第28个原则“机械系统的替代原则”：将校园里使用的校园卡支付技术与现有的自动售货机进行技术整合，用校园卡刷卡支付代替传统的纸币或硬币支付，而且使用校园卡进行购物支付时，只要金额不超过规定的限额，都不需要输入密码进行身份验证，既方便又省时。基于校园卡的自动售货机相对于传动的自动售货机增加了一个刷卡的收费模块，该收费模块包括射频卡读写子模块和网络通信子模块，射频卡读写子模块中的射频卡指的是在校园广泛使用的校园卡通。网络通信子模块直接与视频卡读写子模块链接，并通过相关的协议如MDB协议整合入自动售货机。

对于相关数据的传输和处理，传统的刷卡式自动售货机采用CPRS移动通信网络，并且自建相关的服务器进行相关数据处理。由于GPRS移动通信网络的向中国移动申请APN专网业务，在校园使用时其架设复杂度增加、成本较高。由于基于校园卡的自动售货机是面向校园广大师生的，因此，可以采用校园网进行相关数据的传输，并由校园一卡通管理中心进行相关数据处理和资金核算。在校园安装这种新型的自动售货机时，无需架构专门的通信网络和数据处理服务器，而采用校园架设的校园网和一卡通管理中心进行相关数据的传输和处理，因此，其运营的复杂性和成本极大降低了。

4.10.5 电话手表解析

4.10.5.1 描述对象：电话手表

现在，有很多孩子在玩耍不方便携带手机，而家长又需要联系到孩子的，就很需要一个方便携带的手机，或者人们在骑自行车和手上提满了东西的时候，也需要一款能够便于接打的电话，老人在外会令家里面的人担心，这就非常需要一个方便老人携带，并且可以监控老人的行动轨迹和身体状况的电话手表。

4.10.5.2 利用 TRIZ 创新理论的 40 个发明原理设计电话手表

利用第 5 个原则“组合、合并原则”和第 6 个原则“多用性原则”：将手机和手表合并，让手表变成可以接打电话的一款产品，并且电话手表可以像普通手表一样，可以随时看时间，也和普通手机一样，可以接打电话、定位等，还有闹钟功能，可以随时提醒使用者一些事项，对于老人电话手表会有监测心率等功能，方便子女了解老人的实时状况，还方便老人携带，也不怕老人随意放置。

4.10.6 城市公交车自动报站系统解析

4.10.6.1 描述对象：城市公交车自动报站系统耗能高

公交车辆自动报站系统由于 Wi-Fi 设备能耗高而导致不易部署。车载子系统由于系统电源由公交车本身提供，基本上不存在上述问题，因此，问题主要存在于站台子系统和调度中心子系统。站台子系统主要负责发送含有站址信息的信标帧，调度控制子系统主要负责与车载节点组建 Wi-Fi 网络，提取行程信息，提供给智能公交管理系统进一步应用。经测量，站台子系统的耗电量在空闲模式下为 110MW，RX 模式下为 900MW，TX 模式下为 2500MW。调度控制子系统的耗电量空闲模式下为 140MW，RX 模式下为 1000MW，TX 模式下为 2600MW。由此可知通讯消耗的电量远远大于计算消耗的电量，即 Wi-Fi 设备占用了站台子系统大部分的能耗。

4.10.6.2 利用 TRIZ 创新理论的 40 个发明原理解决城市公交车自动报站系统耗能高问题

利用第 12 个原则“等势原则”：在公交车与站台之间进行网络连接时，站台子系统不承担或尽量少承担发送和接收数据包的任务。利用第 1 个原则“分割原则”：在公交车进入与站台信号覆盖范围时，站台子系统处于正常工作状态；当公交车在车站信号覆盖范围之外时，站台子系统处于休眠状态。

4.10.7 智能汽车窗帘解析

4.10.7.1 描述对象：智能汽车窗帘

随着人们对驾乘舒适性要求的提高以及个人隐私保护意识的增强，汽车窗帘逐渐被人们广泛接受。汽车从原来的单一代步工具转变为追求情感化和人性化驾乘体验的载体。作为汽车人机交互与智能控制的载体，智能汽车窗帘的设计和研发尤为重要。目前，研究者设计出了具有特定功能的智能家具窗帘。

4.10.7.2 利用 TRIZ 创新理论的 40 个发明原理改进智能汽车系统解析

可利用发明原理 15：动态化，手动与智能控制窗帘相结合的方式，在保证窗帘正常遮光的同时根据乘员需要使其手动打开，方便人们在紧急情况下从安全窗逃生。利用发明原理1：分割，将光敏电阻安装在百叶片内外两侧，保证了无论汽车窗帘处于何种状态，光敏电阻都可以接收到汽车内外光照强度变化的信号，保障了窗帘的智能控制。

4.11　虚拟现实系统结构解析

4.11.1　描述对象：虚拟现实系统结构解析

虚拟现实系统结构如图4-10所示，虚拟现实如要有以下4个特征。

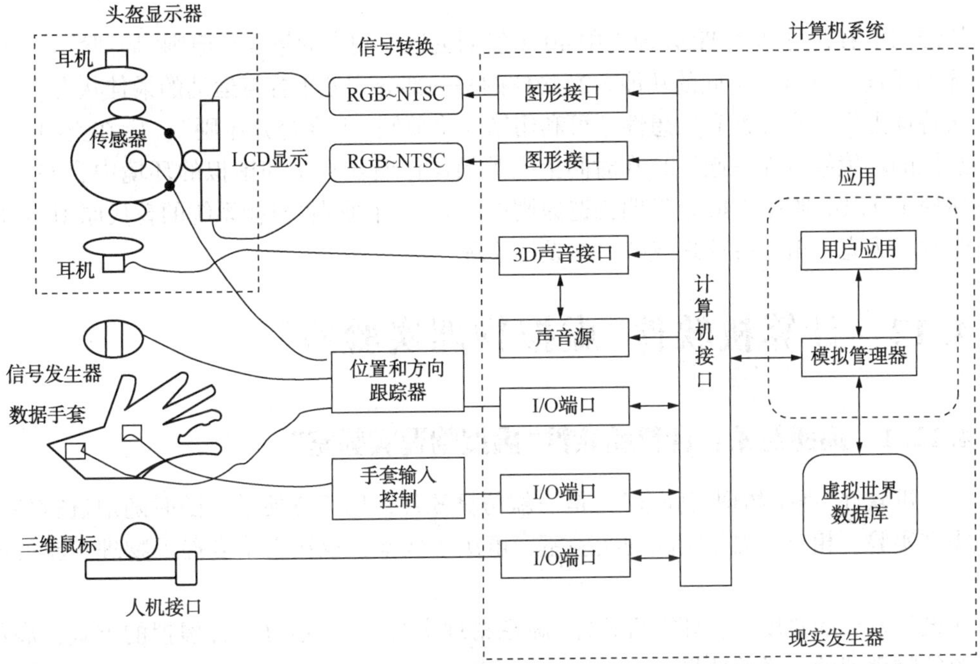

图4-10　虚拟现实系统结构

(1) 多感知性：所谓多感知是指除了一般计算机技术所具有的视觉感知之外，还有听觉感知、力觉感知、触觉感知、运动感知，甚至包括味觉感知、嗅觉感知等。理想的虚拟现实技术应该具有一切人所具有的感知功能。由于相关技术，特别是传感技术的限制，目前虚拟现实技术所具有的感知功能仅限于视觉、听觉、力觉、触觉、运动等几种。

(2) 浸没感：又称临场感或存在感，指用户感到作为主角存在于模拟环境中的真实程度。理想的模拟环境应该使用户难以分辨真假，使用户全身心地投入到计算机创建的三维虚拟环境中，该环境中的一切看上去是真的，听上去是真的，动起来是真的，甚至闻起来、尝起来等一切感觉都是真的，如同在现实世界中的感觉一样。

(3) 交互性：指用户对模拟环境内物体的可操作程度和从环境得到反馈的自然程度(包括实时性)。例如，用户可以用手去直接抓取模拟环境中虚拟的物体，这时手有握着东西的感觉，并可以感觉物体的重量，视野中被抓的物体也能立刻随着手的移动而移动。

(4) 构想性：又称为自主性，强调虚拟现实技术应具有广阔的可想象空间，可拓宽人类认知范围，不仅可再现真实存在的环境，也可以随意构想客观不存在的甚至是不可能发生的环境。

从结构上，典型的虚拟现实系统由计算机、输入\输出设备、应用软件和虚拟环境数据库组成。一个完整的虚拟现实系统由虚拟环境、以高性能计算机为核心的虚拟环境处理器、以头盔显示器为核心的视觉系统，以语音识别、声音合成与声音定位为核心的听觉系统，以方位跟踪器、数据手套和数据衣为主体的身体方位姿态跟踪设备，以及味觉、嗅觉、触觉与力觉反馈系统等功能单元构成。

4.11.2 利用 TRIZ 创新理论的 40 个发明原理解析虚拟现实结构

从结构上看，可利用 TRIZ 理论中 40 个发明创造原则中的第 3 个原则“局部性质原则”：1)物体的不同部分具有不同的功能。2)物体的每一部分应处于各自运动的最佳状态。

从特征上看，交互性和构想性，可利用第 4 个原则“组合合并原则”：1)在空间上将真实和虚拟的环境结合在一起。2)在时间上人类的操作能在真实和虚拟的环境中合并。多感知性体现了 TRIZ 理论中 40 个发明创造原则中的第 28 个原则“机械系统的替代原则”：用视觉、听觉、力觉、触觉等原理代替力学设计原理。

4.12 计算机软件“虚拟物理实验室”

4.12.1 描述对象：计算机软件“虚拟物理实验室”

计算机软件“虚拟物理实验室”，是一款仿真软件，用于方便学生随时随地进行各种各样的物理实验，相对于去年实际的实验室，解决了成本，也让学生掌握了物理实验的相关知识。

从设计发展的角度看，计算机软件“虚拟物理实验室”，通过一种虚拟的方式，展示了与学校的物理课的一样的效果。

4.12.2 利用 TRIZ 创新理论的 40 个发明原理改进原有计算机结构解析

在设计的角度看，正好符合 TRIZ 理论中的 40 个发明创造原则中的第 26 个原则“复制”：(1)用简单、廉价的复制品代替复杂、高价、易损、不易获得的物体。(2)用图像替代实物，可以按一定比例放大或缩小图像。(3)如果已使用了可见光拷贝，用红外线或紫外线替代。

思考与练习
SIKAOYULIANXI

1. TRIZ 解决实际的计算机问题的实用性大吗?
2. 利用 TRIZ 创新理论的 40 个发明原理对 QQ 软件进行解析。

第5章 互联网思维

5.1 互联网思维的含义

互联网思维，就是在(移动)互联网+、大数据、云计算等科技不断发展的背景下，对市场、用户、产品、企业价值链乃至对整个商业生态进行重新审视的思考方式。

互联网时代的思考方式，不局限在互联网产品、互联网企业。这里指的互联网，不单指桌面互联网或者移动互联网，是泛互联网，因为未来的网络形态一定是跨越各种终端设备的，台式机、笔记本、平板、手机、手表、眼镜，等等。互联网思维是降低维度，让互联网产业低姿态主动去融合实体产业。

现实生活中，人和人最大的区别就是思维方式的不同。有什么样的想法就会有什么样的活法，有什么样的思路就有什么样的出路。就是因为思维方式的不同，才决定了人群的不同。而在互联网领域也有互联网的思维。如今已经是互联网的时代。今天我们就聊一聊互联网的思维。

互联网思维包括以下几种思维。产品思维，用户思维，平台思维，资本思维，大数据思维，金融思维。这 6 种思维由低到高，相辅相成，相互统一，而又分别有不同的意义。

第一是产品思维。产品思维非常的简单，就是产品是核心，一切以产品为导向。买产品卖产品，买进来卖出去，买菜卖菜，买车卖车。买东西，卖东西靠赚取产品的差价来获得盈利。在互联网思维里面，产品思维是最低最 low 也是最底层的思维。在产品思维里面，我们非常强调品牌的意识，只有好产品才有好市场。而在现实的生活当中，这种想法并不完全正确。诺基亚手机，柯达胶卷质量非常好，今天已不复存在。肯德基老干妈分别是油炸食品和腌制食品，经常食用对人体健康带来不利的影响，但是他们的销量却享誉全球。今天的互联网时代，产品再好卖不掉也叫废品，产品卖掉了才叫商品。产品思维强调的是先有产品，后有用户。直销保险，微商都属于产品思维。

第二是用户思维。一切以用户为导向。简单的理解就是先把人圈进来，然后再根据人的需求对接产品和服务。举例说明：微信这个 APP 刚刚出来的时候，只有聊天的功能。而且必须两个人同时下载才可以使用。就像过去的对讲机一样。但是今天我们打开微信的钱包后台。我们会发现衣食住行，吃喝拉撒全部都可以。全国微信用户将近 10 亿人。每一个人在里面放 100 块钱就是 1，000 亿。这 1，000 亿放在银行一天利息多少钱？拿出去放贷一天能挣多少钱？拿出去投资又能带来多大的收益？用户思维的核心就是想尽一切办法把人圈进来，然后对接产品与服务，形成强大的流水带来巨额的收益。它的特点是先有用户再有产品和服务。

第三是平台思维。什么是平台思维呢？简单的说就是一个媒介。现实生活中我们的房产中介、婚姻中介、职业中介都属于平台。在互联网时代想方设法搭建一个平台，将会给你带来无穷无尽的财富。例如美团没有一家饭店，但是我们可以点餐用美团；滴滴没有一辆出租车，但是我们打车用滴滴；淘宝没开一家超市，但是双 11 一天可以卖几千亿。平台的特点就是先把用户对接进来，再对接商家进来，平台会收取一定的费用，最终带来源源不断的收益。美团滴滴淘宝都属于平台思维。

第四是资本思维。一个公司一家企业一个平台，经过一段时间的努力。一定时间的积累。就可以进入资本市场进行融资上市。在资本思维里有这样一句话叫羊毛出在牛身上，让猪来买单。传统思维是靠加法来挣钱，资本思维是靠乘法来盈利。马云的前台小姐童文红投资阿里 1 万元，如今身价几十亿，这就是资本思维的魅力。微信支付宝滴滴早期的推广员，现在身价都非常的高。如今他们都已经是上市公司。

第五是大数据思维。数据被称为 21 世纪经济的土壤。是重要的生产资料，是一切生意的基础。什么是大数据呢？就是大量的信息资讯的整合体。通过对大数据的采集分析、整理、归纳、提取，进而为企业赋能实现利益最大化，最终实现数据变现。大数据变现的方法通常有三种。第一叫做流量变现。我的平台圈了几百万的粉丝，这几百万的粉丝在我平台上消费，我就会有利润。第二叫经营大数据变现。如果你需要做广告，在我的平台上给你做个广告，有人浏览你就给我 5 毛钱，有人下载你就给我一块钱。第三叫做精准营销。通过大数据对用户的进行分析，可以知道用户什么时候有消费需求，什么时候有钱什么时候可以购买，最终实现精准的营销。当然大数据变现的方法还有很多种，所以说 21 世纪最贵的不再是房子，车子，而是数据，得数据者可以得天下。

第六是金融思维。金融思维的核心是让钱来生钱。龙生龙凤生凤老鼠的孩子会打洞，只有钱才可以生钱。而我们大多数人只是用时间、体力、精力来换钱，而不是用钱来生钱。金融思维的核心有三条，第一就是为富人理财；第二为穷人贷款；第三为好项目投资。金融思维的思想是让钱来为他工作，打造一个赚钱的机器。金融思维也是最高级别的思维。

5.2 互联网思维的特征

如今，互联网迅猛发展已经渗透人们生活各个方面，尤其是互联网正加快向传统行业渗透和融合，对传统行业提出严峻的挑战。互联网思维是传统思维模式的颠覆，面对环境日益不确定性的增加，互联网思维更具有生命力。

互联网思维是一种思维模式，俗话说“思路决定出路”，了解和把握互联网思维的主要特征，对进入移动互联网的企业持续发展具有重要实践意义。互联网走入社会生活不过 20 年的事，但其改变世界的速度却是惊人的。在当下从事任何一个行业，如果不具备互联网思维，可能会以极快的速度被社会所淘汰。互联网思维它包括以下 10 个特征：

(1) 免费模式

在互联网上你几乎可以免费得到任何所需的资源，传统商业模式下的收费模式完全被颠覆，向用户收费的思路需要重新改造。若干年前有人说国外可以免费拿手机，我们都表示不信，而今天的互联网，你应该完全可以理解这样的免费模式，当然免费其实是最贵的收费模式！

互联网思维首先强调的不是收入，而是用户规模和用户流量，没有规模和流量商业模式难以成功。因为在互联网应用若要收费，用户都可以找到同质化的免费产品，可以说免费模式是众多互联网公司成功的关键。腾讯的微信、百度的搜索、360的杀毒软件等等都是采取免费模式而取得巨大的成功。对于进入互联网的企业一开始就想着怎么赚钱，有这样的想法一定会导致失败。

（2）用户为尊

如同传统商业环境中的“渠道为王”一样，互联网是用户为王的时代，谁能拥有高黏度用户，谁就是真正的王者，腾讯的跟随战略之所以能一直成功就是因为它拥有最大的用户群。微信的成功之处就是牢牢抓住了用户，用户的体验是检验互联网应用成功的唯一标准！

（3）长尾理论

互联网时代真正成功的企业都是利用长尾理论的。帮助天弘基金达到全球规模级别靠的是无数个小用户构成的，可能他们中99.9%的人在银行里都不是一个会被当成贵宾对待的客户，可正是他们成就了一个巨无霸，同样使用QQ的新生代成就了腾讯，互联网改变了二八原则。

（4）去中心化

互联网上没有权威和独家话语权，人人皆可以成为中心，自媒体的出现即是证明，这里没有专家，只有砖家。所以说在互联网上，没有人知道你是一条狗，但另一方面，互联网天生的基因之一就是公开与透明。一个最没有权威的地方也是一个人人可以成为权威的地方。

（5）内容为王

具备价值或带来价值是你在互联网上存在的唯一理由，吸引用户的靠的也是这个，所谓的口碑营销，粉丝营销皆是同样的道理，能被广泛传播的是因为内容和内容的价值，虚假的终究是虚假的，唯有价值才会永恒，微博上购买的粉丝就会被称为僵粉。

（6）极简主义

这是我最为欣赏的一种思维，苹果手机的成功，不是技术的成功，而是极简主义的成功；余额宝的成功不是产品创新，而是极简主义的成功，简单到动两下指头就可以完成全部的投资过程。Google的界面体现的也是这样的一种思想与思维。在知识爆炸的时代，这点尤为可贵。

（7）社交应用

这与病毒营销的原理是一样的，人与神，人与物以及人与人的关系总是人们研究的三大问题，唯有最后一项是每个人都现实需要的。借助这种思维，各种应用大行其道，从微博到微信都证明了它的有效性，最近微信已经实现了九大新功能的扩展，给它的应用带来无限美好的前景。

（8）强参与感

互联网的特色在于它的互动性，微信战胜微博就在于这种参与感。我们早已厌倦了单向的沟通，45 度仰视亦不能满足参与的需要，唯有双向的沟通才是有生命力的，自我的参与会带来无限的满足感，小米手机的成功也说明了人们都喜欢自己参与的东西这样的一个简单道理。

（9）拉近客户距离

在运用互联网思维的企业，无不奉行用户至上、以客户为中心的理念，并切实落实到企业经营管理全过程。各个企业利用新媒体与客户保持零距离，拉近与客户的距离，挖掘客户的潜在需求和消费行为特征，并且让用户参与产品的设计、商业模式的策划，用户真正成为企业运营管理的核心。

（10）追求极致体验

在互联网时代，用户在供求关系中成为主导者，成功运用互联网思维的企业，无不适为客户提供超过客户期望的产品或服务，无不是为客户提供完美的客户体验，追求简单极致。客户体验成为企业市场致胜的决定性因素，星巴克就是为客户提供良好体验从而使星巴克将竞争对手远远抛在身后。

（11）快速迭代

运用互联网思维的企业，一个显著特征就是快。快主要表现在决策快、产品推出快、行动快、产品迭代快、创新速度快、变革快和具有快速的市场反应能力。快能使企业迅速抓住机遇，捷足先登，掌握竞争的主动权，将其他企业甩在身后。

如互联网公司产品开发做到小步快跑、快速迭代，节奏是按天或周计算，如小米产品开发采用互联网模式，每周迭代两次，腾讯微信一年内迭代 44 次。

（12）专注精神

专注是运用互联网思维的企业一重要特征，也是企业成功的关键要素。互联网是一个蓬勃发展的行业，孕育无限商机，任何一个企业不能满足所有的需求。纵观互联网成功企业，大多是从专注某一业务领域做起。如百度以单点切入为原则，集中力量做搜索，如今成为在我国搜索市场处于领先地位；阿里巴巴专注于电子商务，从而成为全球最大电子商务公司。

（13）创新精神

创新是互联网的精髓、灵魂与精神，也是企业持续发展的核心动力，创新也是互联网思维的重要内容。360 董事长周鸿祎对互联网创新的定义是：“与众不同、特立独行、做别人做不到的事情，想别人想不到的方法，不仅仅是技术上的，还有商业模式、产品模式以及用户模式都可以创新。”

创新思维不仅仅是产品创新、技术创新，更多地还包括商业模式创新、平台模式创新、服务模式创新、盈利模式创新、机制创新、文化创新和运营模式创新，更重要的是观念创新。正如 Groupon 创始人安德鲁梅森所说：“创新的一大挑战在于找到一种方法，将头脑中的僵化思维清理出去，任何情况下都不要盲从于固有经验。”

（14）组织更加敏捷、灵活和柔性

互联网思维强调开放、协作、分享，提高企业的效率、效益、灵活性和避免大企业病是现代企业管理追求的目标。大而全、等级分明的企业很难贯彻互联网思维，因此，运用互联网思维的企业讲究小而美、化大为小、组织扁平化，这是企业适应移动互联网时代的一个重要判断标准。

海尔通过化大为小，成立2000多个自主经营体，进行量化分权，充分调动自主经营体和广大员工的积极性，使海尔更有活力和竞争力；再比如，2012年5月，腾讯调整组织架构，重点发展社交、游戏、网媒、无线、电商和搜索六大业务，重塑小公司的“小、快、灵”的创业特质；2013年1月，阿里巴巴对实现组织架构的调整，成立25个事业部，把大公司拆成小公司运营，实现由“大”变“小”；小米组织结构更加扁平化，小米只有管理层、部门管理者和员工三个层次，雷军虽然是董事长，但他亲自抓产品、市场和营销以及公司资源分配。

(15) 坚持开放性

开放是互联网经济的重要特征，运用互联网思维的企业都具有开放性，不仅对内部全员开放，更重要的是对外部开放。开放的最终目的就是有效整合内外部资源，打造良好的生态环境，提高企业的竞争力。思科就是非常开放的公司，思科曾举办一场全球性的创新竞赛，普通人纷纷报名，甚至一个参赛队伍来自俄罗斯，这场创新竞赛的目的就是获取创新的点子，它们可以来自世界上任何一个地方。

(16) 建大数据

大数据的出现与应用改变了诸多游戏规则，数据此时真正变成了信息，而信息创造价值，谁拥有大数据，谁就可以掌控未来，谁就有游戏话语权。某移动守着大数据而不去开发，仅靠卖一点数据是最为低级的应用。

(17) 打造平台

互联网思维中杀手级应用当是打造平台的思维，建立一个开放、共享、共赢的生态环境是这种思维的极致体现，如电商的出现即是其应用之一，微信也在朝平台发展，BAT(百度、阿里、腾讯)都是在打造平台。

互联网的本质可以用加快获取和交换信息的速度来描述，一切思维和应用都是建立在这样的一个基础上的，这本质上还是方便人们沟通的一种渠道，所以它是一个互动与联系的网络，在互联网出现以前，人们也有人际网络，而现在，数据电子化以后，交换的速度更快了，我们的触角更远了，人们被解放了，人可以做更高级的工作了，于是在互联网时代，人力资本才是真正的资本。

5.3 互联网思维注重的价值

互联网思维是怎么产生的？生产力决定生产关系，互联网技术特征在一定程度上会影响到其在商业层面的逻辑。工业社会的构成单元是有形的原子，而构成互联网世界的基本介质则是无形的比特。

这意味着，工业文明时代的经济学是一种稀缺经济学，而互联网时代则是丰饶经济学。根据摩尔定律等理论，互联网的三大基础要件——带宽、存储、服务器都将无限指向免费。

在互联网经济中，垄断生产、销售以及传播将不再可能。

而且，一个网状结构的互联网，是没有中心节点的，它不是一个层级结构。虽然不同的点有不同的权重，但没有一个点是绝对的权威。所以互联网的技术结构决定了它内在的精神，是去中心化、是分布式、是平等。平等是互联网非常重要的基本原则。

在一个网状社会，一个“个人”跟一个“企业”的价值，是由连接点的广度跟厚度决定的。你的连接越广、连接越厚，价值越大，这也是纯信息社会的基本特征—你的信息含量决定你的价值。所以开放变成一种生存的必须手段，你不开放，就没有办法去获得更多的连接。

所以，互联网商业模式必然是建立在平等、开放基础之上，互联网思维也必然体现着平等、开放的特征。平等、开放意味着民主，意味着人性化。从这个意义上讲，互联网经济是真正的以人为本的经济。

农业文明时代，最重要的资产是土地跟农民，工业时代最重要的资产是资本、机器(机器是固化的资本)、流水线上被异化了的人。工业时代早期考虑最多的是异化的人，因为人也被当作机器在处理。人只是流水线当中的螺丝钉。到了知识经济的时代，最核心的资源，一个是数据，一个是知识工作者，就是德鲁克在上个世纪末讲的KnowledgeWorker。企业的管理也会从传统的多层次走向更加扁平、更加网络、更加生态的方式。让KnowledgeWorker真正能够创造价值，变成任何一个组织和整个社会最重要、最需要突破的地方。

5.4　互联网思维的重要内容

互联网的信息传递和获取比传统方式快了很多也更加丰富了。这也是为什么PC取代了传统的报纸电视而手机即将取代PC——信息获取更便捷。

(1) 表达(参与)

互联网让人们表达、表现自己成为可能。

每个人都有表达自己的愿望，都有参与到一件事情的创建过程中的愿望。让一个人付出比给予他更能让他有参与感。

(2) 免费

从没有哪个时代让我们享受如此之多的免费服务，所以免费必然是互联网思维里面的一个。

(3) 数据思维

互联网让数据的搜集和获取更加便捷了，并且随着大数据时代的到来，数据分析预测对于提升用户体验有非常重要的价值。

(4) 用户体验

用户体验就是让用户精神物质方面感到满足，也就是说，任何商业模式的根本都是用户，都是让用户满意。

5.5　互联网对未来的影响

互联网+时代，生产技术进步，互联网尤其是移动互联网普及，企业的生产方式和商业模式发生了很大的变化，企业组织结构进一步扁平化，企业员工层次也发生了很大变化。这些变化促使企业的人力资源管理模式也要进行相应改变，这些适应新时代特点的人力资源管理思想总称为人力资源管理互联网思维。

(1) 理论提出者

人力资源管理互联网思维最早由胡明先生在《人力资源管理互联网思维》一书中提出，他在书中首次提出强文化、轻足迹、自组织、生态位、绩效力、重激励六度组合理论，对互联网+时代人力资源管理的一些新变化进行了系统的总结。

(2) 强文化

越是优秀的企业，越具有极为鲜明和有力道的企业文化。区别不同企业的，不是产品而是文化，产品不过是泛文化的一个物质内涵。文化赋予企业员工本体论意义上的存在感，凝聚了强大的人气场。与人气场相合，员工就会有游鱼在水的快感，不合，则明显缺氧，非走即伤。优秀企业，无不具有鲜明的、高“颜值”和厚功力的强文化。

(3) 自组织

组织是企业聚能和放能方式，商业模式和核心文化需要相应的组织方式。移动互联时代，以彻底满足用户为商业模式的核心，以积极应对不确定性为管理宗旨，以充分释放员工能量为人力资源管理追求，他组织不再作为唯一的组织方式，而只是组织的一个端点，而另一个端点则是自组织。企业要在他组织和自组织所构成的组织空间内不断调试，在有组织内部以无组织或者自组织的手法，营造新的人能聚合和释放的方式方法。他组织与自组织是“两极相通”，是一个大系统里的两种状态，或者是两极，自组织里面一定会产生他组织的要求，他组织里也一定有自组织的诉求。

(4) 绩效力

绩效不仅是一个管理工具，绩效是一种力量，是高素质人才所具有的并且真切地迸发出来的力量。这种力量是所有新产品得以源源不断问世的内推力，是衡量不同生态位价值高低的职业生命力，一旦得以激发和释放，便会产生出外满足用户所需，内推动企业发展的“价值暴力”。绩效力是优秀和平庸企业之间最为显著的外在特征。绩效力是一种自然的力量，如同重力和引力，优秀的人聚合在一起，自会构成或者形成一种力量，本质上是人的力量，是创生之力。

(5) 重激励

优秀企业不会追求激励的平均化，激励的平均化对企业人力资源的效能如同致命的黑魔法。优秀企业均采取了强激励措施，充分运用整体报酬体系里的各项激励“无敌装备”，高度正激励成为常态。激励不到位几乎是绝大多数企业管理的通病，不能尽人之能，不能尽物之性，生产力得不到充分利用。高绩效永远要有一颗高激励之心。其核心在于，在物质的基础上，做好精神的故事，在人才能够脱颖而出的平台上，建立更合理的利益结构。

(6) 轻足迹

轻足迹的含义是："步履轻快、快速精确，以及运用小型、有自主权、消息灵通、装备高端的团队"，以更小的企业结构、规模和数量，用小投入谋求大产出。这一切在本质上是管理智慧的体现，是当今管理仿生观和生态观的体现。本理论借此词以表示重装管理轻装化，即重项目团队，强调战略和组织柔性，快速迭代，去中心，去制度文牍，同时，构建具有大数据计算和分析能力的强大后台，以保证前端的快捷、敏锐和有效。

(7) 生态位

与大工业时代钢筋水泥一般且分工过细的职位相异，移动互联时代的人力资源具有的是生态位，它不依赖于传统科层组织的纵向阶梯，而是取决于在企业大生态系统和企业管理生态系统中的独特位势。这个位势是可变的、易变的，能力综合的、可以自组织的方式与其他人员互联互动，在为其他生态位提供滋养中实现自我价值。传统的职位所蕴含的人力资源管理信息，比如等级、权责、价格、资格等并未取消，但是需要在更广阔的视角中进行理解。生态位是生态人力资源管理的核心和网络节点。

5.6 移动互联网思维的十大法则

要将移动互联网时代的5F思维落地，我们可以将这十大法则(Love Simple)作为行动指南。这些法则本身，不是一成不变的，也是可以不断迭代和充实具体内容的。

(1) 道：Love法则(营造亲人般的爱)

爱是人内心最柔软的品质，任再大的风波，再糟糕的处境，有一个人、一双手给你温暖伴你左右，以爱为名，谁会不动心?

法则一：Listen to me 倾听我——从说服到倾听

企业要善于倾听粉丝的心声，鼓励粉丝自由表达自己的想法，了解粉丝的心理诉求和消费需求，找到消费者真正的痛点清单，让倾听成为我们的习惯。

倾听是一种责任。加强和粉丝的沟通，倾听粉丝的心声是企业的重要责任。千万不要有"我是大品牌，你要照我说的做"这一类的想法。我们要想全面了解粉丝，就必须从心灵的对话开始，放下企业的大架子，深观他的内心。

倾听是一种态度。当粉丝开口说话时，企业可以通过微信、微博等社交媒体的文字、语音、表情来表达倾听的兴趣，并学会互动。如果你总是在社交媒体里面沉着脸，一言不发，一副漫不经心的样子，就会令粉丝十分失望，自然很难准确把握粉丝的情感和态度。

倾听是一种追求。倾听是广义的，并非是企业一味地凭耳朵听粉丝说什么，还需要邀请她们参加面对面的地面活动，用敏感的眼睛和心灵，通过观察和分析粉丝的一举一动，读懂粉丝的内心世界，了解他们的真实意图，从而做出正确的判断。

法则二：Ominichannel 全渠道一致体验——跟随我的脚步

过去"以产品为中心、以实体店为中心"的传统零售分销模式，已经被新一代的"以顾客为中心、以电子商务为中心"的全渠道体验模式所取代。全渠道是零售业的未来和希望。电子商务贡献将超过整个全渠道销售的50%，移动将成为全渠道中电商业务的主流渠道，社交将是全渠道的枢纽位置。大数据是全渠道营销、全媒体(包括传统媒体、BBS、微博、微信等社交媒体)传播的基石，是全渠道决战的核武器。

法则三：Value 价值观——萝卜+梦想

移动互联网颠覆了价值创造的规律，我们必须回归到商业的本质，真正找到用户的痛点，找到用户的普遍需求，为客户创造价值。只有专注客户的价值才会带来财富。同时如果仅仅是给粉丝提供商品本身的消费价值(萝卜)，粉丝是没有动力去买你的东西的。

我们必须为粉丝创造消费之外的梦想，提供商品之外的人文价值、社交价值和情感价值。

著名的营销顾问西蒙斯．涅克提出了一个“黄金圈”理论：三个同心圆，最里面的一个是 Why，中间一层是 How，最外面一层是 What。一般人的思维习惯是从里面的圆逐渐推到外面，而创造了伟大作品、引领了伟大运动的人们，其思维习惯则恰恰相反。“我们永远追求打破现状和思维定式，永远寻找全新的角度。方式是我们会设计出性能卓越、使用便利的产品。电脑是我们的产品的一种。想要买一台吗?”逆向思维的真相在于：要想最大程度影响他人，最关键的不在于传递“是什么”的信息，而在于给出“为什么”的理由，人们最在乎的也并不是实现供需之间的匹配，而是达成信念的契合。

先免费，后收费；免费的是最贵的。巨人集团的游戏，不但免费玩，还给玩家付工资，传统游戏人会觉得不可思议，但是最后算下来，收益率却高的惊人。这一模式已经成为中国游戏领域的黄金法则。360 免费杀毒后，收益已经超过了之前杀毒行业总和的 n 倍。淘宝 Vs Ebay，用免费开店模式+草根网站推广秒杀了付费开店模式+门户网站排他广告。但是今天我们看最新披露的数据，淘宝的利润水平远超 ebay，不是远超 ebay 中国，是远超 ebay 全球。

今天，Roseonly 一炮走红，成为在天猫营业额第一的鲜花品牌。成立不到一年，已经完成融资三轮，重新定义了“高端鲜花私人定制”的概念。网上花店迅速蹿红，该网站只销售玫瑰，且制定“一生只能送一人”的购买规则，这一新型营销概念立刻受到人们的广泛关注。

在互联网时代，品牌是所有粉丝社交关系的总和，粉丝群中领袖客户群的社交价值关系到一个品牌的生死。

法则四：Engagement 参与感——我渴望消费民主

移动互联网颠覆了现有的商业价值坐标体系和参照物。过去，零售商和品牌商习惯了独唱，消费者没有参与。参与感是粉丝经济的血脉，SoLoMoMe 使消费者得以解放。

今年夏天，我女儿带了一瓶贴上“有为青年”标签的可口可乐瓶回来。我留意下来，“宅男”“文艺青年”“天然呆“”氧气美女”“邻家女孩”“高富帅”“型男”“纯爷们”“粉丝”“闺蜜”“技术男”“积极分子”“表情帝”“小清新”等 60 多个热门昵称进入到消费者的视野。从 6 月初到 7 月底，昵称瓶可口可乐在华销量较去年同期增长 20%，声势浩大的“快乐昵称瓶”夏季营销战取得了实实在在的效益。

中欧商业评论的潘东燕先生分析说：“可口可乐，其成功的根本在于充分挖掘了这个时代目标消费者的想法、感受，并将品牌理念与之建立联结，在社会化媒体时代，大胆地讲述了一个‘昵称瓶’的好故事，这个故事既体现了可口可乐的品牌理念，又接地气地契合了当下消费者的内心世界，使消费者发自内心地参与分享与传播，通过故事实现品牌理念与消费者的深度交融。”

（2）术：SIMPLE 原则(简约到极致)

乔布斯说：“专注和简单一直是我的秘诀之一。简单可能比复杂更难做到：你必须努力理清思路，从而使其变得简单。但最终这是值得的，因为一旦你做到了，便可以创造奇迹。”移动互联网时代，信息爆炸，用户的时间有限，如何在短时间内抓住她的心，我们把各个方面做到极致，从产品到服务，从流程到用户体验，从关键需求到核心功能，一定做到极致，超越用户的期望。移动互联网时代的竞争，只有第一，没有第二，只有做到极致，我们才能够真正赢得粉丝的芳心。

法则五：Scream 让我尖叫——超越我的期望

优秀的企业满足需求，伟大的企业创造需求。如果把财务比喻为企业的左脑，充满理性，那么营销就是企业的右脑，充满感性。我们的营销团队要像女性一样地有情感地思考。

过去我们总是认为，只要掌握了正确的手段，需求自然就会产生。于是便有了越来越多的营销活动，越来越炫的广告宣传，越来越激进的促销策略，还有四处散播的优惠券和打折信息。但其实，真正的需求创造者，把所有的时间和精力都投入到对“人”的了解上。他们一直在努力了解我们心中的渴望，我们需要什么、讨厌什么、什么样的东西能引起我们的情感波动、什么样的东西又能激发出我们源自内心深处的好感。

企业可以设立“CSO(首席惊喜官)，比如我们可以每天在粉丝留言中寻找潜在的推销员或专家，找到之后会给对方寄出包裹，为这个可能的“意见领袖”制造惊喜。

360 创始人周鸿祎说：“假设说，银行请我吃饭，我打开一瓶矿泉水，喝完之后，它确实是矿泉水，这叫体验吗？这不叫体验。只有把一个东西做到极致，超出预期才叫体验。我开个玩笑：比如有人递过一个矿泉水瓶子，我一喝里面全是 50 度的茅台——这个就超出我的体验嘛。假设它是一个体验，我(作为用户)就会到处讲‘我到哪儿吃饭，我以为是矿泉水，结果里面是茅台’，如果我就这个经历写一个微博发出来，绝对能转发 500 次以上。”

法则六：Iterative 快速迭代——边开枪，边瞄准

这里的迭代思维，对传统企业而言，更侧重在迭代的意识，意味着我们必须要及时乃至实时关注消费者需求，把握消费者需求的变化。要从细微的用户需求入手，贴近用户心理，在用户参与和反馈中逐步改进。“敏捷开发”是互联网产品开发的典型方法论，是一种以人为核心、迭代、循序渐进的开发方法，允许有所不足，不断试错，在持续迭代中完善产品。乔布斯曾举了一个例，强调商业伦理和细节的重要性，“如果你是个正在打造漂亮衣柜的木匠，你不会在背面使用胶合板，即使它冲着墙壁，没有人会看见。但你自己心知肚明，所以你依然会在背面使用一块漂亮的木料。为了能在晚上睡个安稳觉，美观和质量必须贯穿始终。”

“天下武功，唯快不破”，只有快速地对消费者需求做出反应，产品才更容易贴近消费者。Zynga 游戏公司每周对游戏进行数次更新，小米 MIUI 系统坚持每周迭代，就连雕爷牛腩的菜单也是每月更新。微信在推出后 1 年内迭代开发 44 次，小米手机每周都有四五十个

BUG(漏洞)要修改。

边开枪，边瞄准，精益求精。做到快速失败(fail fast)，廉价地失败(fail cheap)，同时整个组织要有一种包容失败的文化(Inclusive Culture)。

法则七：My favorite 给我想要的——知我，懂我

在一次论坛上，当当网 CEO 李国庆先生曾讲过这样一件“尴尬”的事情：有位女顾客在当当网上买了一些怀孕方面的书籍，此后一年多她几乎每次都收到类似的书籍推荐，不堪其扰的她一怒之下直接向李国庆投诉，此事才宣告结束。

比我更懂我，通过大数据推荐我想要的。根据每个顾客的大数据，我们可以建立自动化的个性化商品推荐系统，为每一个顾客提供精准的、少量的、非常个性化的商品推荐。通过分析每个会员的 POS 交易数据或网店的浏览数据，可以为向每一个会员的智能手机，推荐一份建议购买清单。这份清单里面，也许真的像沃尔玛一样，出现“啤酒加尿布”这样经典的大数据故事。当年，Walmart 的工程师通过追踪分析许多年轻父亲每次的购物小票，发现每到周五晚上，啤酒和尿布的销售量同时都非常高。原来，年轻的父亲们周末下班后帮太太买尿布时，顺手带上啤酒，准备看球赛的时候喝。WalMart 洞察到这个需求，啤酒和尿布干脆就摆在一个货架上卖，销售量马上提升三成。

法则八：Personalized 个性化——每个人的时代

这是一个个性化的时代，消费者个性化的消费主张，在移动互联网时代，不仅可以彰显出来，更可以得到尊重。

红领建立了全球第一家全面信息化的个性化生产线，整个工厂完全用信息流来统帅工业流水线和驱动后台的供应链。流水线上每一件衣服都有一个电子标签，每一个电子标签连接的是一个活生生的顾客，这些标签记录着这位顾客在每个工序个性化定制的全部生产数据(包括布料、体型、纽扣和款式等上百个数据)。在她们的全球西装个性化高级定制的工业流水线上，我不仅看到的是西装的流动、信息的流动，我还看到了友谊、温暖和爱意的流动。我看到每一件衣服身上都洋溢着一颗自由的心灵，彰显主人的尊贵、个性和典雅。每一道工序的工人，不再只是千篇一律地为可能成为大量尾货的库存而生产，她们深知今天要做的这 1000 件西装背后，是 1000 位不同的、活生生的人。在工厂流水线上的每一件衣服后面，住着一颗追求个性化、追求自由的灵魂。流水线上每一件衣服都有一个主人，也许上一件衣服的主人是一位诗人，下一件可能就是一位企业家、政治家或是钢琴大师，也有可能是某位温柔娴雅的太太送给先生的生日礼物。

我们正要进入并快速拥抱每个消费者的时代，人人都是设计师、人人都是创意师、人人都是裁缝、人人都是销售、人人都是消费者。他们越来越追求个性化，越来越追求自己的消费自己做主，这是一个新的改变。亚马逊和淘宝今天开始为每一个注册用户推出个性化首页，就是一次重大的转折。

法则九：Less is more 少就是多——有限的选择

苹果就是典型的例子，1997 年苹果接近破产，乔帮主回归，砍掉了 70%产品线，重点开发 4 款产品，使得苹果扭亏为盈，起死回生。即使到了 5S，iPhone 也只有 5 款。

消费者的碎片时间有限，停留在你的渠道里的时间很短，你提供的服务、在地面店里

陈列的商品、在网店或移动商店陈列的首页商品，如果在这么短的时间里，不能提供让顾客中意或不能吸引到她、不能打动她、甚至让她尖叫的商品信息就会错过这个宝贵的碎片时间。如果我们不能在3~5分钟内吸引这个顾客，我们就会错过这个顾客。我们平时的功夫，是非常重要的。这就需要我们建立碎片化思维，利用大数据，听懂他，洞察他，把消费者在碎片时间产生的点点滴滴的信息收集起来，串连起来，还原出一个真实的顾客的需求，为每一个顾客推出个性化的私人货架商品。

法则十：Efficent 高效——三步搞定

为顾客设计的一切界面，不仅要讲究内在的逻辑，操作流程更要高效和极简。Google首页永远都是最简洁、最清爽的界面，苹果的外观、特斯拉汽车的外观，都是这样的设计。

消费者的购物时间越来越碎片化，我们的流程设计要简化，在每个顾客与她想要的商品或服务之间要建立最短的路径、最快的时间。顾客无论从哪个渠道进去，在找到她的商品前，整个操作流程不要超过三步，越短越好。如果超过三步，消费者的耐心就没有了，我们就可能失去一次宝贵的与顾客对话的窗口。

思考与练习

SIKAOYULIANXI

1. 根据互联网思维对未来的影响，谈谈互联网思维的重要性。
2. 大数据思维对我们的生活带来了哪些影响?
3. 移动互联网思维的十大法则，给我们带来了哪些启示?

第6章 互联网思维下网站产品功能的创新设计

6.1 设计实验

6.1.1 实验目的

(1) 掌握互联网思维的概念;
(2) 掌握互联网思维的核心和构成;
(3) 掌握互联网思维的含义和发展层次;
(4) 熟练应用互联网思维实现网站产品功能的创新设计与实现;
(5) 了解互联网+思维的含义和特征。

6.1.2 课程内容

6.1.2.1 互联网思维的概念

在(移动)互联网、大数据、云计算等科技不断发展的背景下,对市场、对用户、对产品、对企业价值链乃至于对整个商业生态进行重新审视的思考方式。(概念来源—世界互联网大会乌镇峰会)

6.1.2.2 互联网思维的核心和构成

(1) 一条技术规律,一条经济规律;
(2) 互联网思维的构成;
(a) 贯穿整个价值链的始终的"用户思维"和"大数据思维";
(b) 是基于产业层面的"跨界思维";
(c) 战略、商业模式和组织形态层面的"平台思维";
(d) 产品研发、生产和服务环节的"迭代思维""极致思维"和"简约思维";
(e) 销售和服务环节的"社会化思维"和"流量思维"。

6.1.2.3 移动互联网时代的思维

(1) 地点碎片化;
(2) 时间碎片化;
(3) 需求碎片化。

6.1.2.4 移动互联网思维十大法则

(1) 倾听我;
(2) 全渠道一致体验;

(3) 价值观;
(4) 参与感;
(5) 让我尖叫;
(6) 快速迭代;
(7) 给我想要;
(8) 个性化;
(9) 少就是多;
(10) 高效。

6.1.2.5 互联网思维的特征

(1) 商业民主化的思维;
(2) 用户至上的思维;
(3) 产品和服务是一个有机的生命体;
(4) 产品知道了媒体属性;
(5) 相关企业组织一般呈扁平化的特点。

6.1.2.6 "互联网+"的含义

"互联网+"是指利用互联网的思想、技术与方法(云计算、大数据、物联网等),通过经济与社会组织方式创新,重组优化传统产业及社会运行过程,形成自组织、生态化互联网产业体系和社会管理方式的变迁过程。它不是一个学术、技术或产业术语,而是一个趋势性判断或发展方向的战略指引。

"+互联网"则是前者的基础工程,即利用互联网进行创新,提升质量和效率。

6.1.2.7 "互联网+"的发展层次

(1) 互+联+网;
(2) 互联网+移动互联网+云计算+大数据+物联网+……;
(3) 互联网+人;
(4) 互联网+其他行业;
(5) 互联网+∞。

6.1.2.8 "互联网+"的基本特征

(1) 跨界融合;
(2) 创新驱动;
(3) 重塑结构;
(4) 尊重人性;
(5) 开放生态;
(6) 连接一切;
(7) 用户导向;
(8) 信任关系。

6.1.2.9 "互联网+"与大学生创新创业的关系

(1) "互联网+"是世界技术发展趋势;
(2) "互联网+"是国家发展战略;

（3）“互联网+”是大学生创新创业优势所在。

6.1.3 实验内容

（1）搜集某行业垂直网站 2~5 个，给出链接地址和网站首页截图；

（2）分析各网站优缺点，包括界面设计、功能菜单、广告植入位置、链接便捷性、逻辑清晰性等等；

（3）利用互联网思维和 TRIZ 发明原理创新设计网站新功能 1~2 项；

（4）编程实现新的功能。

6.2 实例

实例一（房源）：

1. 搜集房产行业垂直网站 2~5 个，给出链接地址和网站首页截图

（1）58 同城房产：https：//dq. 58. com/house. shtml

（2）安居客：https：//daqing. anjuke. com/

（3）乐居二手房：https//esf. lejucom/sz/

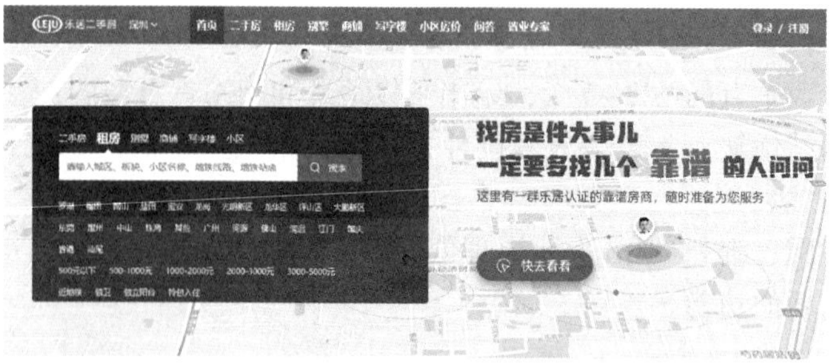

2. 分析各网站优缺点，包括界面设计、功能菜单、广告植入位置、链接便捷性、逻辑清晰性等等

（1）58 同城房产

优点：① 界面美观大方，看着很高档，赏心悦目。

② 搜索栏颜色醒目，有按地区为房源进行分类。

③ 房源数量多，房源位置广，基本覆盖全国各地

缺点：

① 流量过大，以致监管力度跟不上。

② 不同分类的房源有重复现象，可能存在分类不准确。

③ 发布广但是不付钱别人看不到信息

（2）安居客

优点：① 界面大方清晰，前后风格统一。

② 搜索栏醒目，有推荐附近热门楼盘排行。

③ 根据小区有更多楼盘信息选择栏，可以看同小区。

缺点：

① 房源分类导航不够明显，登录注册位置不明显。

② 界面显示信息不全面，导航栏分类过少。

③ 经常跟其他平台合作且不做管理。

（3）乐居二手房

优点：① 首页自动检测所在位置，推荐相应房源。

② 根据方位分地区简洁明了，使用起来十分快捷。

③ 知识库设置买房相关信息，非常齐全。

缺点：

① 平台绑定租金贷、有一定爆仓风险。

② 广告植入过多，影响用户体验。

3. 利用互联网思维和 TRIZ 发明原理创新设计网站新功能 1~2 项

新功能：把浏览者看过的房源加入个人收藏夹，按照对房源的喜欢程度由高到低(非常喜欢，中等喜欢，一般喜欢)分别放入三星文件夹，二星文件夹，一星文件夹。

4. 编程实现新的功能

```
package shiyan;
import java.util.*;
import java.text.*;

public class sy1 {

public static void main(String[] args) {
    System.out.println("===管理收藏夹 DEMO===");

    ArrayList<HouseInfo> houseList = new ArrayList<HouseInfo>(10);

    HouseInfo houseInfo1 = new HouseInfo("房源 1","非常喜欢",new Date());
    HouseInfo houseInfo2 = new HouseInfo("房源 2","非常喜欢",new Date());
    HouseInfo houseInfo3 = new HouseInfo("房源 3","中等喜欢",new Date());
    HouseInfo houseInfo4 = new HouseInfo("房源 4","中等喜欢",new Date());
    HouseInfo houseInfo5 = new HouseInfo("房源 5","一般喜欢",new Date());
    HouseInfo houseInfo6 = new HouseInfo("房源 6","一般喜欢",new Date());
    HouseInfo houseInfo7 = new HouseInfo("房源 7","一般喜欢",new Date());
    HouseInfo houseInfo8 = new HouseInfo("房源 8","一般喜欢",new Date());
    HouseInfo houseInfo9 = new HouseInfo("房源 9","一般喜欢",new Date());
    HouseInfo houseInfo10 = new HouseInfo("房源 10","不喜欢",new Date());

    houseList.add(houseInfo1);
    houseList.add(houseInfo2);
    houseList.add(houseInfo3);
    houseList.add(houseInfo4);
    houseList.add(houseInfo5);
    houseList.add(houseInfo6);
    houseList.add(houseInfo7);
    houseList.add(houseInfo8);
    houseList.add(houseInfo9);
    houseList.add(houseInfo10);
```

```
ArrayList<HouseInfo> starOne = new ArrayList<HouseInfo>( );
ArrayList<HouseInfo> starTwo = new ArrayList<HouseInfo>( );
ArrayList<HouseInfo> starThree= new ArrayList<HouseInfo>( );

for( HouseInfo house : houseList) {
    //非常喜欢加入三星 中等喜欢加入二星 一般喜欢加入一星

    if (house.getLikeLevel( ) == "非常喜欢") {
        starThree.add( house);
    } else if( house.getLikeLevel( ) == "中等喜欢") {
        starTwo.add( house);
    } else if ( house.getLikeLevel( ) == "一般喜欢") {
        starOne.add( house);
    }
}
//格式化输出收藏时间
SimpleDateFormat ft = new SimpleDateFormat ("yyyy-MM-dd hh:mm:ss");

System.out.println("一星收藏");
for( int i=0;i<starOne.size( );i++) {

    System.out.format("--%s,%s\n", starOne.get(i).getHouseName( ),starOne.get
(i).getLikeLevel( ));
    System.out.println("收藏时间为: "+ ft.format( starOne. get(i).getDate( )));
}

System.out.println("二星收藏");
for( int i=0;i<starTwo.size( );i++) {

    System.out.format("--%s,%s\n", starTwo.get(i).getHouseName( ),starTwo.get
(i).getLikeLevel( ));
    System.out.println("收藏时间为: " + ft.format( starTwo.get(i).getDate( )));
}

System.out.println("三星收藏");
for( int i=0;i<starThree.size( );i++) {

    System.out.format("--%s,%s\n", starThree.get(i).getHouseName( ),starThree.
```

```
get(i).getLikeLevel());
                System.out.println("收藏时间为: " + ft.format(starTwo.get(i).getDate()));
            }

            System.out.println("从一星收藏中删除房源5");

            String target = "房源5";
            Iterator<HouseInfo> iter = starOne.iterator();
            while (iter.hasNext()) {
                String item= iter.next().getHouseName();
                if (item.equals(target)) {
                    iter.remove();
                }
            }

            System.out.println("一星收藏");
            for(int i=0;i<starOne.size();i++) {

                System.out.format("--%s,%s\n", starOne.get(i).getHouseName(),starOne.get
(i).getLikeLevel());
                System.out.println("收藏时间为: " + ft.format(starOne.get(i).getDate()));
            }

        }
    }

    class HouseInfo {
        private String houseName;
        private String likeLevel;
        private Date dateTime;

        HouseInfo(String name, String like, Date date) {
            this.houseName = name;
            this.likeLevel = like;
            this.dateTime = date;
        }

        public String getHouseName() {
```

```
            return houseName;
        }

        public String getLikeLevel() {
            return likeLevel;
        }

        public Date getDate() {
            return dateTime;
        }

}
```

5. 运行结果

```
===管理收藏夹DEMO===
 一星收藏
     --房源5, 一般喜欢
   收藏时间为: 2021-03-18 09:02:50
     --房源6, 一般喜欢
   收藏时间为: 2021-03-18 09:02:50
     --房源7, 一般喜欢
   收藏时间为: 2021-03-18 09:02:50
     --房源8, 一般喜欢
   收藏时间为: 2021-03-18 09:02:50
     --房源9, 一般喜欢
   收藏时间为: 2021-03-18 09:02:50
 二星收藏
     --房源3, 中等喜欢
   收藏时间为: 2021-03-18 09:02:50
     --房源4, 中等喜欢
   收藏时间为: 2021-03-18 09:02:50
 三星收藏
     --房源1, 非常喜欢
   收藏时间为: 2021-03-18 09:02:50
     --房源2, 非常喜欢
   收藏时间为: 2021-03-18 09:02:50
从一星收藏中删除房源5
 一星收藏
     --房源6, 一般喜欢
   收藏时间为: 2021-03-18 09:02:50
     --房源7, 一般喜欢
   收藏时间为: 2021-03-18 09:02:50
     --房源8, 一般喜欢
   收藏时间为: 2021-03-18 09:02:50
     --房源9, 一般喜欢
   收藏时间为: 2021-03-18 09:02:50
```

实例二(漫画):

1. 搜集漫画垂直网站 2~5 个，给出链接地址和网站首页截图

(1)快看漫画：https://www.kuaikanmanhua.com/

优点：① 界面大方清晰，前后风格统一。

② 搜索栏醒目，有推荐热门漫画。

③ 作品分类相对比较齐全，而且放在最醒目的地方。

缺点：

① 广告植入过多，影响用户体验。

② 不同分类的房源有重复现象，可能存在分类不准确。

（2）极速漫画：http：//www. 1kkk. com/

优点：

① 搜索栏醒目。

② 作品推荐非常醒目。

③ 几乎没有广告

缺点：

① 完结小说放在下面，新用户体验不好。

② 需要会员制太多。

(3) 1395 漫画网：https：//www. 1359mh. com/

优点：

① 搜索栏醒目。

② 推荐热看。

缺点：

① 种类放在下面，新用户体验不好。

② 没有推荐完结的。

(4) 漫画栈：https：//www. mkzhan. com/

优点：

1)搜索栏醒目。

2)推荐热看。

3)设有小说栏。

缺点：

1)界面杂乱。

2. 利用互联网思维和TRIZ发明原理创新设计网站新功能

新功能：读者在看了一部正在更新的小说之后看了其他的小说，读者可以把看过的小说加入个人收藏夹，按照对小说的喜欢程度由高到低(非常喜欢，中等喜欢，一般喜欢)分别放入三星文件夹，二星文件夹，一星文件夹。

3. 编程实现新的功能

```
import java. util. * ;
import java. text. * ;
public class Favorite {


  /* *
   * @param args
   */
public static voidmain(String[ ] args) {
    System. out. println(" = = =管理收藏夹 DEMO= = =");

      ArrayList<NovelInfo> novelList = new ArrayList<NovelInfo>(10);

      NovelInfo NovelInfo1 = new NovelInfo("漫画 1","非常喜欢",new Date());
      NovelInfo NovelInfo2 = new NovelInfo("漫画 2","非常喜欢",new Date());
      NovelInfo NovelInfo3 = new NovelInfo("漫画 3","不喜欢",new Date());
      NovelInfo NovelInfo4 = new NovelInfo("漫画 4","中等喜欢",new Date());
      NovelInfo NovelInfo5 = new NovelInfo("漫画 5","一般喜欢",new Date());
      NovelInfo NovelInfo6 = new NovelInfo("漫画 6","不喜欢",new Date());
      NovelInfo NovelInfo7 = new NovelInfo("漫画 7","不喜欢",new Date());
      NovelInfo NovelInfo8 = new NovelInfo("漫画 8","中等喜欢",new Date());
      NovelInfo NovelInfo9 = new NovelInfo("漫画 9","一般喜欢",new Date());
      NovelInfo NovelInfo10 = new NovelInfo("漫画 10","一般喜欢",new Date());

      novelList. add(NovelInfo1);
      novelList. add(NovelInfo2);
      novelList. add(NovelInfo3);
      novelList. add(NovelInfo4);
      novelList. add(NovelInfo5);
```

```
        novelList. add( NovelInfo6) ;
        novelList. add( NovelInfo7) ;
        novelList. add( NovelInfo8) ;
        novelList. add( NovelInfo9) ;
        novelList. add( NovelInfo10) ;

        ArrayList<NovelInfo> starOne = new ArrayList<NovelInfo>( ) ;
        ArrayList<NovelInfo> starTwo = new ArrayList<NovelInfo>( ) ;
        ArrayList<NovelInfo> starThree = new ArrayList<NovelInfo>( ) ;

        for( NovelInfo house : novelList) {
          // 非常喜欢加入三星 中等喜欢加入二星 一般喜欢加入一星

          if (house. getLikeLevel( ) = = "非常喜欢") {
              starThree. add( house) ;
          }else if( house. getLikeLevel( ) = = "中等喜欢") {
              starTwo. add( house) ;
          }else if (house. getLikeLevel( ) = = "一般喜欢") {
              starOne. add( house) ;
          }
      }
      // 格式化输出收藏时间
      SimpleDateFormat ft = new SimpleDateFormat ("yyyy-MM-dd hh:mm:ss") ;

       System. out. println(" 一星收藏 :") ;

       for( int i=0;i<starOne. size( ) ;i++) {

              System. out. format ( " - -% s,% s \ n" , starOne. get ( i) . getnovelName ( ),
starOne. get( i). getLikeLevel( ) ) ;
                   System. out. println( "收藏时间为: " + ft. format( starOne. get( i). getDate
( ) ) ) ;
       }

        System. out. println(" 二星收藏 :") ;
        for( int i=0;i<starTwo. size( ) ;i++) {
```

```
            System.out.format("--%s,%s\n", starTwo.get(i).getnovelName(),starTwo.get(i).getLikeLevel());
            System.out.println("收藏时间为:" + ft.format(starTwo.get(i).getDate()));
        }

        System.out.println(" 三星收藏 :");
        for(int i=0;i<starThree.size();i++) {

            System.out.format("--%s,%s\n", starThree.get(i).getnovelName(),starThree.get(i).getLikeLevel());
            System.out.println("收藏时间为:" + ft.format(starTwo.get(i).getDate()));
        }

        System.out.println("从一星收藏中删除小说5");

        String target = "小说5";
        Iterator<NovelInfo> iter = starOne.iterator();
        while (iter.hasNext()) {
            String item = iter.next().getnovelName();
            if (item.equals(target)) {
                iter.remove();
            }
        }

        System.out.println(" 一星收藏");
        for(int i=0;i<starOne.size();i++) {

            System.out.format("--%s,%s\n", starOne.get(i).getnovelName(),starOne.get(i).getLikeLevel());
            System.out.println("收藏时间为:" + ft.format(starOne.get(i).getDate()));
        }
    }
}
class NovelInfo {
```

```
    private String novelName;
    private String likeLevel;
    private Date dateTime;

    NovelInfo(String name, String like, Date date) {
        this.novelName =  name;
        this.likeLevel = like;
        this.dateTime = date;
    }

    public String getnovelName() {
        return novelName;
    }

    public String getLikeLevel() {
        return likeLevel;
    }

    public Date getDate() {
        return dateTime;
    }

}
```

4. 运行结果:

```
<terminated> sy1 [Java Application] E:\myeclipse\Common\binary\com.sun.java.jdk.
===管理收藏夹DEMO===
 一星收藏：
    --漫画5, 一般喜欢
   收藏时间为: 2021-03-21 11:39:09
    --漫画9, 一般喜欢
   收藏时间为: 2021-03-21 11:39:09
    --漫画10, 一般喜欢
   收藏时间为: 2021-03-21 11:39:09
 二星收藏：
    --漫画4, 中等喜欢
   收藏时间为: 2021-03-21 11:39:09
    --漫画8, 中等喜欢
   收藏时间为: 2021-03-21 11:39:09
 三星收藏：
    --漫画1, 非常喜欢
   收藏时间为: 2021-03-21 11:39:09
    --漫画2, 非常喜欢
   收藏时间为: 2021-03-21 11:39:09
从一星收藏中删除小说5
 一星收藏
    --漫画5, 一般喜欢
   收藏时间为: 2021-03-21 11:39:09
    --漫画9, 一般喜欢
   收藏时间为: 2021-03-21 11:39:09
    --漫画10, 一般喜欢
   收藏时间为: 2021-03-21 11:39:09
```

实例三（职位）：

1. 搜集招聘求职行业垂直网站2~5个，给出链接地址和网站首页截图

（1）BOSS直聘 https：//www. zhipin. com/

（2）智联招聘 https：//i. zhaopin. com/

2. 分析各网站优缺点，包括界面设计、功能菜单、广告植入位置、链接便捷性、逻辑清晰性等等

(1) BOSS 直聘

优点：① 注册时就进行详细个人信息登记，登录后主页会显示与个人信息相匹配的招聘信息。

② 搜索栏醒目，可以根据不同的职位类型搜索。

③ 每个职位都详细标明了公司以及月薪范围。

缺点：

① 广告植入略多。

② 注册登录后会不时发送类似骚扰短信，有些不适。

(2) 智联招聘

优点：① 主页详细显示了个人投递的简历份数以及收到的面试邀请。

② 广告实现滚动播放，简洁明晰。

③ 主页还有专门的版块供其他求职者分享求职经验。

缺点：

① 求职意向需要手动填写，略有些繁琐。

② 无法查看热门职业。

3. 利用互联网思维和 TRIZ 发明原理创新设计网站新功能 1~2 项

新功能：把浏览者看过的职位加入个人收藏夹，按照对职位的喜欢程度由高到低(非常喜欢，中等喜欢，一般喜欢)分别放入三星文件夹，二星文件夹，一星文件夹。

4. 编程实现新的功能

```
import java.util.*;
import java.text.*;

public class Favorite {
```

```
public static void main(String[ ] args){
  System.out.println("===管理收藏夹 DEMO===");

  ArrayList<jobInfo> jobList = new ArrayList<jobInfo>(10);

  jobInfo jobInfo1 = new jobInfo("职位 1","非常喜欢",new Date());
  jobInfo jobInfo2 = new jobInfo("职位 2","非常喜欢",new Date());
  jobInfo jobInfo3 = new jobInfo("职位 3","不喜欢",new Date());
  jobInfo jobInfo4 = new jobInfo("职位 4","中等喜欢",new Date());
  jobInfo jobInfo5 = new jobInfo("职位 5","一般喜欢",new Date());
  jobInfo jobInfo6 = new jobInfo("职位 6","不喜欢",new Date());
  jobInfo jobInfo7 = new jobInfo("职位 7","不喜欢",new Date());
  jobInfo jobInfo8 = new jobInfo("职位 8","中等喜欢",new Date());
  jobInfo jobInfo9 = new jobInfo("职位 9","一般喜欢",new Date());
  jobInfo jobInfo10 = new jobInfo("职位 10","一般喜欢",new Date());

  jobList.add(jobInfo1);
  jobList.add(jobInfo2);
  jobList.add(jobInfo3);
  jobList.add(jobInfo4);
  jobList.add(jobInfo5);
  jobList.add(jobInfo6);
  jobList.add(jobInfo7);
  jobList.add(jobInfo8);
  jobList.add(jobInfo9);
  jobList.add(jobInfo10);

  ArrayList<jobInfo> starOne = new ArrayList<jobInfo>();
  ArrayList<jobInfo> starTwo = new ArrayList<jobInfo>();
  ArrayList<jobInfo> starThree = new ArrayList<jobInfo>();

  for(jobInfo job : jobList) {
      //非常喜欢加入三星 中等喜欢加入二星 一般喜欢加入一星

      if (job.getLikeLevel() == "非常喜欢") {
          starThree.add(job);
      } else if(job.getLikeLevel() == "中等喜欢") {
```

```
                starTwo. add(job);
            } else if (job. getLikeLevel() = = "一般喜欢") {
                starOne. add(job);
            }
        }
        //格式化输出收藏时间
        SimpleDateFormat ft = new SimpleDateFormat ("yyyy-MM-dd hh:mm:ss");

        System. out. println("一星收藏");
        for(int i=0;i<starOne. size();i++) {

            System. out. format("--%s, %s\\n",
starOne. get(i). getJobName(),starOne. get(i). getLikeLevel());
            System. out. println("收藏时间为:" +
ft. format(starOne. get(i). getDate()));
        }

        System. out. println("二星收藏");
        for(int i=0;i<starTwo. size();i++){

            System. out. format("--%s, %s\n",
starTwo. get(i). getJobName(),starTwo. get(i). getLikeLevel());
            System. out. println("收藏时间为:" +
ft. format(starTwo. get(i). getDate()));
        }

        System. out. println("三星收藏");
        for(int i=0;i<starThree. size();i++) {

            System. out. format("--%s, %s\n",
starThree. get(i). getJobName(),starThree. get(i). getLikeLevel());
            System. out. println("收藏时间为:" +
ft. format(starTwo. get(i). getDate()));
        }

        System. out. println("从一星收藏中删除职位 5");
```

```
        String target = "职位 5";
        Iterator<jobInfo> iter = starOne. iterator( );
        while (iter. hasNext( ) ) {
            String item = iter. next( ). getJobName( );
            if (item. equals(target) ) {
                iter. remove( );
            }
        }

        System. out. println("一星收藏");
        for(int i=0;i<starOne. size( );i++) {

            System. out. format("--%s, %s\n",
starOne. get(i). getJobName( ),starOne. get(i). getLikeLevel( ) );
            System. out. println("收藏时间为: " +
ft. format(starOne. get(i). getDate( ) ) );
        }
    }
}
class jobInfo {
    private String jobName;
    private String likeLevel;
    private Date dateTime;

    jobInfo(String name, String like, Date date) {
        this. jobName = name;
        this. likeLevel = like;
        this. dateTime = date;
    }

    public String getJobName( ) {
        return jobName;
    }

    public String getLikeLevel( ) {
        return likeLevel;
    }
```

```
    public Date getDate() {
        return dateTime;
    }

}
```

5. 运行结果

```
===管理收藏夹DEMO===
 一星收藏
     --职位5, 一般喜欢
   收藏时间为: 2021-03-14 09:05:03
     --职位9, 一般喜欢
   收藏时间为: 2021-03-14 09:05:03
     --职位10, 一般喜欢
   收藏时间为: 2021-03-14 09:05:03
 二星收藏
     --职位4, 中等喜欢
   收藏时间为: 2021-03-14 09:05:03
     --职位8, 中等喜欢
   收藏时间为: 2021-03-14 09:05:03
 三星收藏
     --职位1, 非常喜欢
   收藏时间为: 2021-03-14 09:05:03
     --职位2, 非常喜欢
   收藏时间为: 2021-03-14 09:05:03
从一星收藏中删除职位5
 一星收藏
     --职位9, 一般喜欢
   收藏时间为: 2021-03-14 09:05:03
     --职位10, 一般喜欢
   收藏时间为: 2021-03-14 09:05:03
```

实例四(餐饮):

1. 餐饮行业垂直网站

(1) 红餐网: http://www.canyin88.com/

（2）哈哈创业网：https：//www. kmlhh. com/

（3）餐饮杰：http：//www. cy8. com. cn/

（4）九州醉餐饮网：https：//www. zhms. cn/

2. 分析各网站优缺点

（1）红餐网

优点：

① 菜单功能明确。

② 餐饮资讯丰富，更新及时。

③ 加盟分类清晰，途径明确。
④ 图形设计美观。
⑤ 有对菜谱的分享。
⑥ 回到顶部的功能。
⑦ 有滚动图的效果。
缺点：
① 没有对不同类型的餐饮进行统计，难以了解当前产业情况。
② 没对热门项目的推荐。
(2) 哈哈创业网
优点：
① 菜单清晰，功能明确。
② 有对热门加盟项目的推荐。
③ 可以搜索项目。
④ 可以回到顶部。
⑤ 有对餐饮知识的介绍。
⑥ 有滚动图的效果。
缺点：
① 没有对不同类型的餐饮进行统计，难以了解当前产业情况。
② 没有菜谱以及做法的分享。
(3) 餐饮杰
优点：
① 菜单功能清晰明确。
② 有对大部分品牌的罗列。
③ 有对热门项目的推荐。
④ 可以回到顶部。
缺点：
① 没有对不同类型的餐饮进行统计，难以了解当前产业情况。
② 没有滚动图的效果。
(4) 九州醉
优点：
① 菜单清晰，功能明确。
② 有对热门加盟项目的推荐。
③ 可以搜索项目。
④ 有对菜谱以及做法的分析。
⑤ 有产业资讯。
⑥ 有论坛的功能，讨论。
缺点：
没有对不同类型的餐饮进行统计，难以了解当前产业情况。

3. 利用 TRIZ 理论的新功能

新功能：把加盟数量制作成一个饼状图提供给用户，直接简明的观察，一些热门餐饮店的分布。

代码如下：

```
import java. awt. Font;
import java. text. DecimalFormat;
importjava. text. NumberFormat;

import javax. swing. JPanel;

import org. jfree. chart. ChartFactory;
import org. jfree. chart. ChartPanel;
import org. jfree. chart. JFreeChart;
import org. jfree. chart. labels. StandardPieSectionLabelGenerator;
import org. jfree. chart. plot. PiePlot;
import org. jfree. data. general. DefaultPieDataset;

public class PieChart {
ChartPanel frame1;
public PieChart(){
  DefaultPieDataset data = getDataSet();
  JFreeChart chart = ChartFactory. createPieChart3D("水果产量",data,true,false,false);
    //设置百分比
      PiePlot pieplot = (PiePlot) chart. getPlot();
      DecimalFormat df = new DecimalFormat("0. 00%");//获得一个 DecimalFormat 对象,主要是设置小数问题
         NumberFormat nf = NumberFormat. getNumberInstance ( );//获 得 一 个 NumberFormat 对象
      StandardPieSectionLabelGenerator sp1= new StandardPieSectionLabelGenerator("{0} {2}", nf,df);//获得 StandardPieSectionLabelGenerator 对象
      pieplot. setLabelGenerator(sp1);//设置饼图显示百分比

  //没有数据的时候显示的内容
      pieplot. setNoDataMessage("无数据显示");
      pieplot. setCircular(false);
      pieplot. setLabelGap(0. 02D);
```

```
    pieplot.setIgnoreNullValues(true);//设置不显示空值
    pieplot.setIgnoreZeroValues(true);//设置不显示负值
   frame1=new ChartPanel (chart,true);
    chart.getTitle().setFont(new Font("宋体",Font.BOLD,20));//设置标题字体
    PiePlot piePlot= (PiePlot) chart.getPlot();//获取图表区域对象
    piePlot.setLabelFont(new Font("宋体",Font.BOLD,10));//解决乱码
    chart.getLegend().setItemFont(new Font("黑体",Font.BOLD,10));
}
   private static DefaultPieDataset getDataSet() {
       DefaultPieDataset dataset = new DefaultPieDataset();
       dataset.setValue("苹果",100);
       dataset.setValue("梨子",200);
       dataset.setValue("葡萄",300);
       dataset.setValue("香蕉",400);
       dataset.setValue("荔枝",500);
       return dataset;
}
   public ChartPanel getChartPanel(){
return frame1;

   }
}
```

4. 运行结果

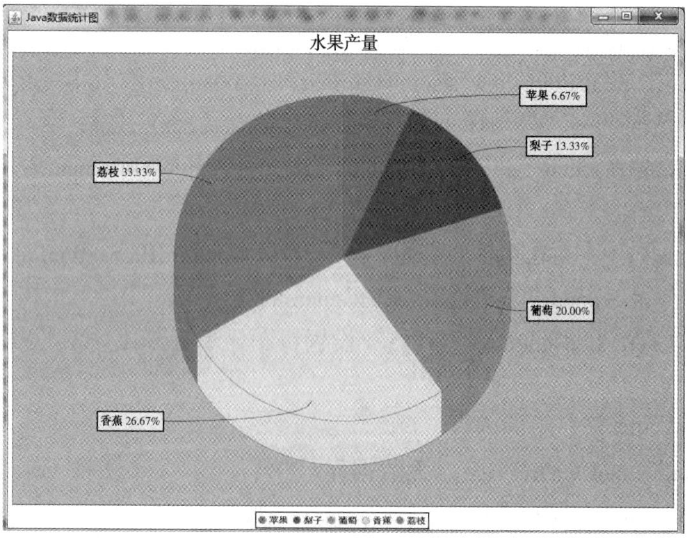

实例五(幼儿教育)：

1. 搜集幼儿教育和娱乐行业垂直网站3个，链接地址和网站首页截图如下所示。

(1) 宝宝巴士：https：//www. babybus. com/

(2)小伴龙：https：//xbl. youban. com/

(3) 贝瓦儿歌：http：//www.beva.com/page/index

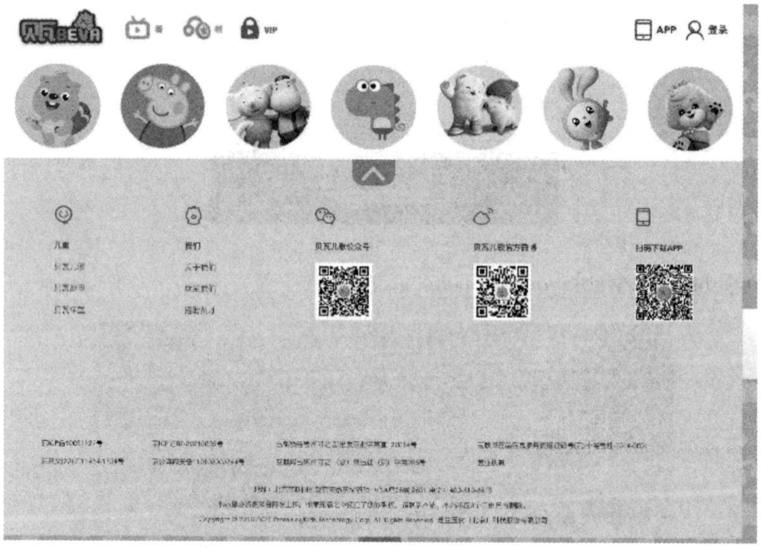

2. 分析各网站优缺点

(1) 宝宝巴士

优点：

① 内容充实，对用户有足够的吸引力。

② 搜索栏比较醒目，可按照不同分类进行搜索。

缺点：

① 功能菜单栏(渠道申明功能)跳转错误，(关于我们)跳转不够友好。

② 首页内容过于冗余，不够突出特点。

③ 界面设计过于单调，对儿童不够友好。

（2）小伴龙

优点：

① 界面设计大方清晰，突出产品的特点，对于儿童来说比较友好。

② 产品特色突出，用户可更快地了解产品。

缺点：

① 功能菜单设计友好，联系客服功能位置设计不友好，对于不同分辨率的电脑兼容性不好。

② 小伴龙头条和歌舞功能链接打不开。

③ 未设置搜索功能，对于用户不友好。

④ 内容过少，对用户吸引力不够。

（3）贝瓦儿歌

优点：

针对儿童设计，功能简单，操作简单

缺点：

① 内容显示过大，不够清晰和美观。

② 产品只是内容堆叠，不够突出亮点和特色。

③ 产品使用需要登录，对于儿童用户使用不友好。

④ 未设计搜索功能。

⑤ 内容过少，对于用户吸引力不够好。

3. 利用互联网思维和 TRIZ 发明原理创新设计网站新功能 1~2 项

新功能：针对儿童教育网站设计两个身份，分别是儿童和合作者，将儿童的所有功能进行汇总和美化，让其更加吸引儿童，同时把产品的特点和介绍以及广告投放放到合作者专栏中，让合作者对本项目有更加清楚的认识。对于儿童专栏，会统计儿童视频的观看历史，同一个 IP 用户可以访问相同的历史记录。

4. 编程实现新的功能(图 6-1)

（1）程序类图

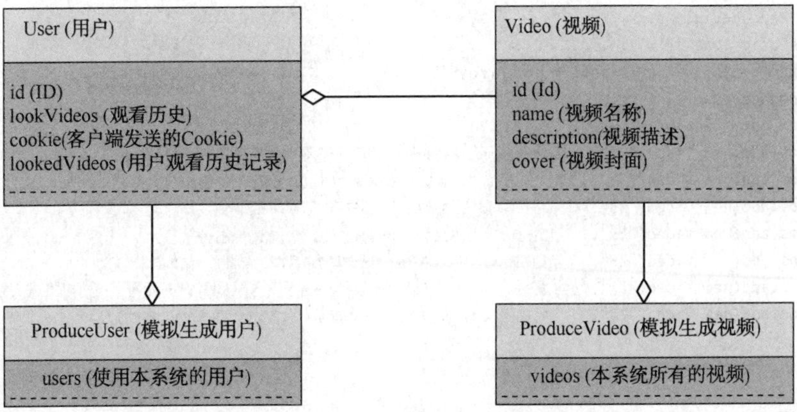

图 6-1

(2)程序代码

① ProduceUser

```
package utils;

import pojo.User;

import java.util.ArrayList;
import java.util.List;
import java.util.Random;

//模拟生成儿童教育网站用户
public class ProduceUser {
    public static Random random = new Random(1L);
    private static long id = 1;
    public static List<User> users = new ArrayList<>();
    public ProduceUser(int count){
        System.out.println("模拟注册用户");
        for (int i = 0; i < count; i++) {
            users.add(new User(id++,String.valueOf(random.nextInt(1500))));
        }
        System.out.println("注册用户成功，注册人数--->"+count);
    }
}
```

② ProduceVideo

```
package utils;

import pojo.Video;

import java.util.ArrayList;
import java.util.List;

//用于模拟生成儿童教育网站视频数据
public class ProduceVideo {
    private static long id = 1;
    public static List<Video> videos = new ArrayList<>();
    public ProduceVideo(){
        System.out.println("模拟网站上传视频");
        videos.add(new Video("21","小伴龙-数鸭子","视频介绍-数鸭子","封面图片-数鸭子"));
        videos.add(new Video("22","小伴龙-小跳蛙","视频介绍-小跳蛙","封面图片-小跳蛙"));
        videos.add(new Video("23","小伴龙-跳皮筋","视频介绍-跳皮筋","封面图片-跳皮筋"));
        videos.add(new Video("25","小伴龙-打地鼠","视频介绍-打地鼠","封面图片-打地鼠"));
        videos.add(new Video("26","小伴龙-猫和老鼠","视频介绍-猫和老鼠","封面图片-猫和老鼠"));
        videos.add(new Video("27","小伴龙-喜羊羊与灰太狼","视频介绍-喜羊羊与灰太狼","封面图片-喜羊羊与灰太狼"));
        videos.add(new Video("28","小伴龙-小猪佩奇","视频介绍-小猪佩奇","封面图片-小猪佩奇"));
    }
}
```

③ Main

```
public class main {
    private static int videoCount = 7;
    private static int userCount = 5;
    private static Random random = new Random(1L);
    private static int index = 0;
    public static void main(String[] args)throws InterruptedException {
        //模拟网站上传视频
        new ProduceVideo();
        System.out.println("视频个数->"+videoCount);
        new ProduceUser(userCount);
        System.out.println("***********模拟多个用户观看视频，模拟信息存入Redis缓存*****************");
        ExecutorService exec = Executors.newCachedThreadPool();
        for (int i = 0; i < userCount; i++) {
            Runnable task = new Runnable() {
                @Override
                public void run() {
                    User user = ProduceUser.users.get(index++);
                    for (int j = 0; j < random.nextInt(userCount); j++) {
                        Video video = ProduceVideo.videos.get(random.nextInt(videoCount));
                        user.addVideo(video);
                        System.out.println(user.getCookie() + "儿童开始观看视频" + video.getName());
                    }
                    System.out.println(user.getCookie()+"用户观看结束，将用户的观看历史记录存到Redis缓存\n"+
                            "存储形式:(cookie,List)----->"+"
("+user.getCookie()+","+user.getLookedVideos()+")");
                }
            };
            exec.submit(task);
        }
        exec.shutdown();
```

```
        while (true){
            if (exec.isTerminated()){
                System.out.println("***********模拟多个用户观看视频结束********************");
                System.out.println("***********所有儿童历史记录模拟统计信息*****************");
                for (User user : ProduceUser.users) {
                    System.out.println(user.toString());
                }
                System.out.println("********************************************************");
                break;
            }
            Thread.sleep(500);
        }
    }
}
```

④ 运行结果

```
模拟网站上传视频
视频个数->7
模拟注册用户
注册用户成功，注册人数--->5
***********模拟多个用户观看视频，模拟信息存入Redis缓存****************
1485用户观看结束，将用户的观看历史记录存到Redis缓存
存储形式:(cookie,List)----->(1485,[])
847儿童开始观看视频小伴龙-小猪佩奇
88儿童开始观看视频小伴龙-小跳蛙
847儿童开始观看视频小伴龙-数鸭子
254儿童开始观看视频小伴龙-喜羊羊与灰太狼
813儿童开始观看视频小伴龙-小猪佩奇
813儿童开始观看视频小伴龙-数鸭子
813儿童开始观看视频小伴龙-跳皮筋
88儿童开始观看视频小伴龙-喜羊羊与灰太狼
813用户观看结束，将用户的观看历史记录存到Redis缓存
存储形式:(cookie,List)----->(813,[Video{ name='小伴龙-小猪佩奇'}, Video{ name='小伴龙-数鸭子'}, Video{ name='小伴龙-跳皮筋'}])
254儿童开始观看视频小伴龙-数鸭子
254儿童开始观看视频小伴龙-猫和老鼠
847儿童开始观看视频小伴龙-跳皮筋
847用户观看结束，将用户的观看历史记录存到Redis缓存
存储形式:(cookie,List)----->(847,[Video{ name='小伴龙-小猪佩奇'}, Video{ name='小伴龙-数鸭子'}, Video{ name='小伴龙-跳皮筋'}])
254儿童开始观看视频小伴龙-小猪佩奇
88用户观看结束，将用户的观看历史记录存到Redis缓存
存储形式:(cookie,List)----->(88,[Video{ name='小伴龙-小跳蛙'}, Video{ name='小伴龙-喜羊羊与灰太狼'}])
254用户观看结束，将用户的观看历史记录存到Redis缓存
存储形式:(cookie,List)----->(254,[Video{ name='小伴龙-喜羊羊与灰太狼'}, Video{ name='小伴龙-数鸭子'}, Video{ name='小伴龙-猫和老鼠'}, Video{ name='小伴龙-小猪佩奇'}])
***********模拟多个用户观看视频结束******************

***********所有儿童历史记录模拟统计信息****************
User{id=1, cookie='1485', lookedVideos=[]}
User{id=2, cookie='88', lookedVideos=[Video{ name='小伴龙-小跳蛙'}, Video{ name='小伴龙-喜羊羊与灰太狼'}]}
User{id=3, cookie='847', lookedVideos=[Video{ name='小伴龙-小猪佩奇'}, Video{ name='小伴龙-数鸭子'}, Video{ name='小伴龙-跳皮筋'}]}
User{id=4, cookie='813', lookedVideos=[Video{ name='小伴龙-小猪佩奇'}, Video{ name='小伴龙-数鸭子'}, Video{ name='小伴龙-跳皮筋'}]}
User{id=5, cookie='254', lookedVideos=[Video{ name='小伴龙-喜羊羊与灰太狼'}, Video{ name='小伴龙-数鸭子'}, Video{ name='小伴龙-猫和老鼠'}, Video{ name='小伴龙-小猪佩奇'}]}
**************************************************
```

实例六(博客学习):

1. 博客学习网站，链接地址及网站首页截图

(1) CSDN：https：//www. csdn. net/

（2）博客园：https：//cnblogs. com/

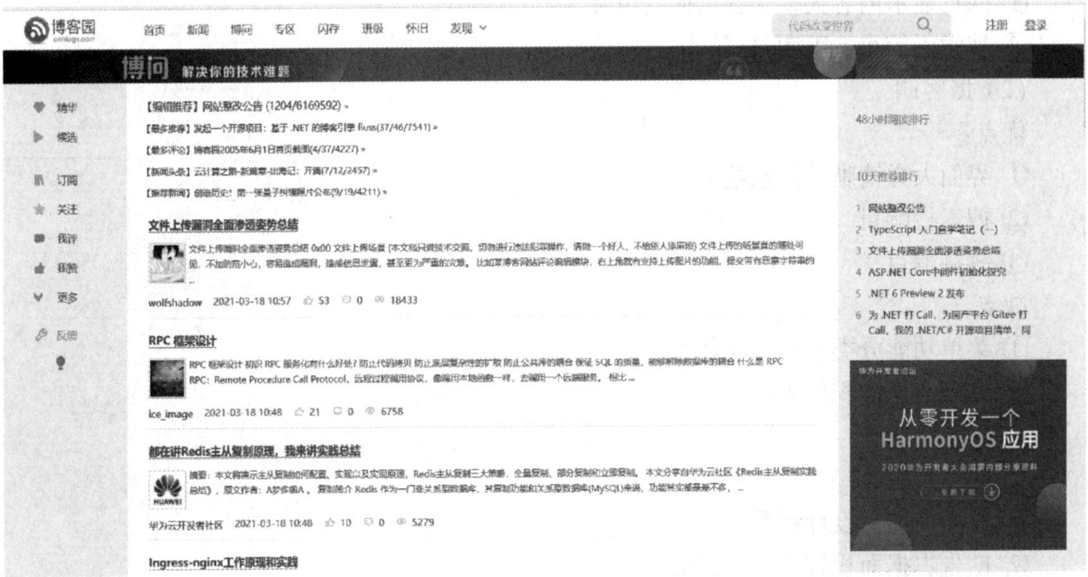

（3）简书：https：//www. jianshu. com/

2. 分析各网站优缺点，包括界面设计、功能菜单、广告植入位置、链接便捷性、逻辑清晰性等等

（1）CSDN

优点：

① 菜单功能分类完整，详细。

② 广告面积较小，位置固定。

缺点:

① 网页显示内容太多,让人眼花缭乱。

② 搜索栏较小,不明显。

(2)博客园

优点:

① 界面大方清晰,简洁统一。

② 搜索栏醒目。

③ 链接醒目。

缺点:

① 菜单功能分类较少,功能匮乏。

② 广告占据面积较大。

(3)简书。

优点:

① 界面简洁,设计精美。

② 广告占据面积较小,位置恰当。

③ 链接醒目。

缺点:

① 菜单功能分类较少,功能匮乏。

② 页面内容较少。

3. 利用互联网思维和 TRIZ 发明原理创新设计网站新功能

新功能:提供页面文章博客排行功能模块,例如:48 小时阅读排行,48 小时评论排行,帮助学习者快速查找热点。

4. 编程实现新的功能

```
import java.util.ArrayList;
import java.util.LinkedList;
import java.util.List;
import java.util.Scanner;

/**
 * @Author: Aaron
 * @Description:
 * @Date Created in 2021-03-21 21:15
 * @Modified By:
 */
public class Test4 {
    public static void main(String[] args) {
        Scanner input = new Scanner(System.in);
```

```
        int n = input.nextInt();
        List<List<Integer>> list = new ArrayList<>();
        for (int i = 0; i < n; i++) {
            List<Integer> l = new ArrayList<>();
            int m = input.nextInt();
            for (int j = 0; j < m; j++) {
                l.add(input.nextInt());
            }
            list.add(l);
        }
        int q = input.nextInt();
        List<List<Integer>> query = new ArrayList<>();
        int[] queryList = new int[q];
        for (int i = 0; i < q; i++) {
            int p = input.nextInt();
            List<Integer> quel = new ArrayList<>();
            for (int j = 0; j < p; j++) {
                quel.add(input.nextInt());
            }
            int k = input.nextInt();
            queryList[i] =getResult(list, quel, k);
        }
    for (int i = 0; i < queryList.length; i++) {
            System.out.println(queryList[i]);
        }
    }

    public static int getResult(List<List<Integer>> list, List<Integer> que, int k) {
        List<Integer> ll = new ArrayList<>();
        for (int i = 0; i < que.size(); i++) {

        }
        return 0;
    }

};
```

```
"C:\Program Files\Java\jdk1.8.0_221\bin\java.exe" ...
*****************
48小时阅读排行：
*****************
1.文件上传漏洞总结
2.ASP.NET core中间件探究
3.RPC框架设计
4.Redis实践总结
5.常用算法总结


*****************
48小时评论排行：
*****************
1.Ingress-nginx工作原理和实践
2.一文读懂SuperEdge拓扑算法
3.阿里一面CyclicBarrier和CountDownLatch的区别是啥
4.怎样提高自己的情商？
5.图的最短路径之杨贵妃荔枝自由

Process finished with exit code 0
```

实例七(网课网站)：

1. 搜集网课学习垂直网站 2–5 个，给出链接地址和网站首页截图

(1) 腾讯课堂：https：//ke. qq. com/

（2）慕课网：https：//www. imooc. com/

（3）狂神学习网：https：//www. kuangstudy. com/course

（4）Unity 中文课堂：https：//learn. u3d. cn/

2. 分析各网站优缺点，包括界面设计、功能菜单、广告植入位置、链接便捷性、逻辑清晰性等等

（1）腾讯课堂

优点：

① 课程丰富多样，类别清晰。

② 根据用户兴趣推荐课程，避免无用信息。

③ 课程信息明确，包括收费和购买人数。

缺点：

① 由于课程内容不一，色彩过于丰富，让人眼花缭乱。

② 广告过多，且课程价格相对较高。

③ 课程内容质量层次不齐，无法筛选。

（2）慕课网

优点：

① 导航清晰，课程类别多样。

② 色彩分配合理，不会出现重复色彩。

③ 根据语言分类课程，较为容易查找。

缺点：

① 课程多为收费课，且售价不合理。

② 课程数量较少，有的分类甚至没有课程。

③ 课程内容质量层次不齐，无法筛选。

（3）狂神学习网

优点：

① 界面简洁美观，课程封面简单易懂。

② 导航逻辑清晰。
③ 课程全为免费。
缺点：
① 课程类别和内容都较少。
② 课程无法自动播放，需要手动选择下一个视频。
③ 很多课程虽然展示但仍更新中。
（4）Unity 中文课堂
优点：
① 可筛选类别多。
② 课程内容较新。
③ 课程学习可追踪进度。
缺点：
① 课程内容较少。
② 网站响应时间较长，用户体验不佳。
③ 登录状态持续时间较短，需要重复登录。

3. 利用互联网思维和 TRIZ 发明原理创新设计网站新功能 1~2 项

新功能：将付费课程设置免费观看时长，课程费用越高，可免费观看时长越长。

4. 编程实现新的功能

```
 /// <summary>
///剧集
/// </summary>
public class Episode
   {
      public int ID { get; set; }
      public int VideoLength { get; set; }
}


/// <summary>
///视频课程
/// </summary>
public class VideoCourse
    {
        public int ID { get; set; }
        public string Name { get; set; }
        public bool IsFree { get; set; }
        public int Price { get; set; }
        public List<Episode> Episodes { get; set; } = new List<Episode>();
```

```
        public async Task PlayVideo( int episodeID)
        {
            var episode = Episodes.FirstOrDefault( e => e.ID == episodeID) ;
            if (episode == null) return;
            double availableTime = episode.VideoLength;
            var type = "免费课";
            if (! IsFree)
            {
              availableTime = Convert.ToInt32( episode.VideoLength * Price / Episodes.
Count * 0.02) ;
              if (availableTime >= episode.VideoLength) availableTime = episode.Video-
Length / 2;
               type = $"付费课,价格为{Price}元,本集有{episode.VideoLength}分
钟,可试看{availableTime}分钟";
            }
            Console.WriteLine( $"正在播放{Name}第{episode.ID}集,该课程为{type}
\\r\\n") ;
            await Task.Delay( TimeSpan.FromSeconds( availableTime) ) ;
            Console.WriteLine( $"{Name}播放了{availableTime}分钟,播放完毕\\r\\n") ;
        }
    }

        static void Main( string[ ] args)
        {
            //准备数据
            Random random = new Random( ) ;
            List<VideoCourse> videoCourses = new List<VideoCourse>( ) ;
            List<string> names = new List<string>( )
            {
                "unity 渲染进阶课程",
                "微服务架构应用",
                "android 内核解析",
                "angular 前端项目实战",
                "Asp.net core 进阶",
                "代码与设计模式",
                "算法与数据结构"
            };
            for (int i = 0; i < names.Count; i++)
            {
```

```
                var videoCourse = new VideoCourse()
                {
                    ID = i,
                    Name = names[i],
                    IsFree = random.Next(2) == 0
                };
                videoCourse.Price = videoCourse.IsFree ? 0 : random.Next(50, 500);
                for (int j = 1; j < 20; j++)
                {
                    videoCourse.Episodes.Add(new Episode() { ID = j, VideoLength
= random.Next(10, 30) });
                }
                videoCourses.Add(videoCourse);
            }
            //随机播放
            for (int i = 0; i < 10; i++)
            {
                Task.Run(async () =>
                {
                    var courseID = random.Next(0, names.Count);
                    var epsideID = random.Next(0, 20);
                    await videoCourses[courseID].PlayVideo(epsideID);
                });
            }
            Thread.Sleep(10000);
        }
```

5. 运行结果

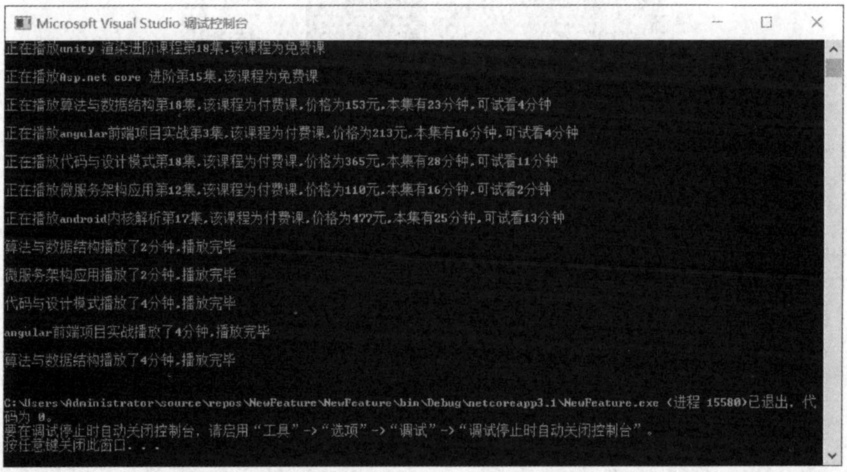

实例八(车源):

1. 网站、链接及截图

(1) 众车网：https：//www. zhongche. com/

(2) 买车网：https：//www. maiche. com/

(3)太平洋汽车网：https：//www. pcauto. com. cn/

2. 分析各网站优缺点

(1) 众车网

优点：

① 分类清晰形象，醒目直观。

② 网站总体设计美观大方，赏心悦目。

③ 购车资讯丰富，能提供很好的参考价值。

缺点：

① 搜索框搜索不到信息时没有任何提示或交互。

② 网站版块排版比较乱。

③ 搜索框太小且处于页面中不明显。

(2) 买车网

优点：

① 界面设计清晰明了，简洁有序，简单就是美。

② 菜单设计对用户很友好，易于操作。

③ 有社区版块，方便用户交流相关信息。

缺点：

① 页面图片过大，占用了过多显示区域。

② 车模版块审核不太严格，有低俗擦边球内容出现。

③ 搜索框太小且处于页面中不明显。

(3) 太平洋汽车网

优点:

① 界面排版整齐清晰，各版块有着明显的分区。

② 搜索栏醒目，有分类搜索的推荐。

③ 汽车资讯丰富，可以给用户提供有用的信息。

缺点:

① 广告太多，且部分投放位置遮挡视线，影响使用体验。

② 版块太多，建议整合一下，把重点版块如汽车测评摆在醒目的位置。

3. 利用互联网思维和 TRIZ 发明原理创新设计网站新功能 1~2 项

用户经常会遇到选择车辆在外观和功能中抉择不定的情况，本次设计通过将用户对多辆车辆的功能打分和外观打分排序，帮助用户选择。

4. 编程实现新的功能

```
import java.util.Arrays;
importjava.util.Comparator;

public class text1 {
   public static void main(String[ ] args) {
      System.out.println("根据功能外观评分排序如下:");
      System.out.println("(功能评分相同按照外观评分降序)\\n");
      Car s1 = new Car("车辆 1",90, 80);
      Car s2 = new Car("车辆 2",91, 90);
      Car s3 = new Car("车辆 3",90, 88);
      Car s4 = new Car("车辆 4",97, 86);
      Car s5 = new Car("车辆 5",97, 81);
      Car[ ] s = {s1,s2,s3,s4,s5};
      Arrays.sort(s);
      for(Car ss :s) {
            ss.show();
         }
      }
}
class Car implements Comparable<Car>{
      public String name;
      public int funcation;
      public int outlook;
      public Car(String name,int funcation,int outlook) {
            super();
            this.name=name;
```

```
            this.outlook = outlook;
            this.funcation = funcation;
    }
    public Car() {
        super();
        // TODO Auto-generated constructor stub
    }

    public voidshow() {
        System.out.print(name+":\\t 功能评分 "+funcation+"外观评分 "+outlook+"\
n");
    }

    @Override
    public int compareTo(Car o) {
        // TODO Auto-generated method stub
        if (this.funcation < o.funcation) {
            return 1;
    } else if(this.funcation > o.funcation) {
            return -1;
    } else {
        if(this.outlook >o.outlook) {
            return -1;
    } else if(this.outlook < o.outlook) {
            return 1;
    } else {
            return 0;
          }
        }
      }
    }
```

5. 运行结果

```
根据功能外观评分排序如下：
（功能评分相同按照外观评分降序）

车辆4：      功能评分 97  外观评分 86
车辆5：      功能评分 97  外观评分 81
车辆2：      功能评分 91  外观评分 90
车辆3：      功能评分 90  外观评分 88
车辆1：      功能评分 90  外观评分 80
```

实例九(金融)

1. 搜集金融行业垂直网站 2~5 个，给出链接地址和网站首页截图

(1) 领金智库：http://www.chinabondclub.com/

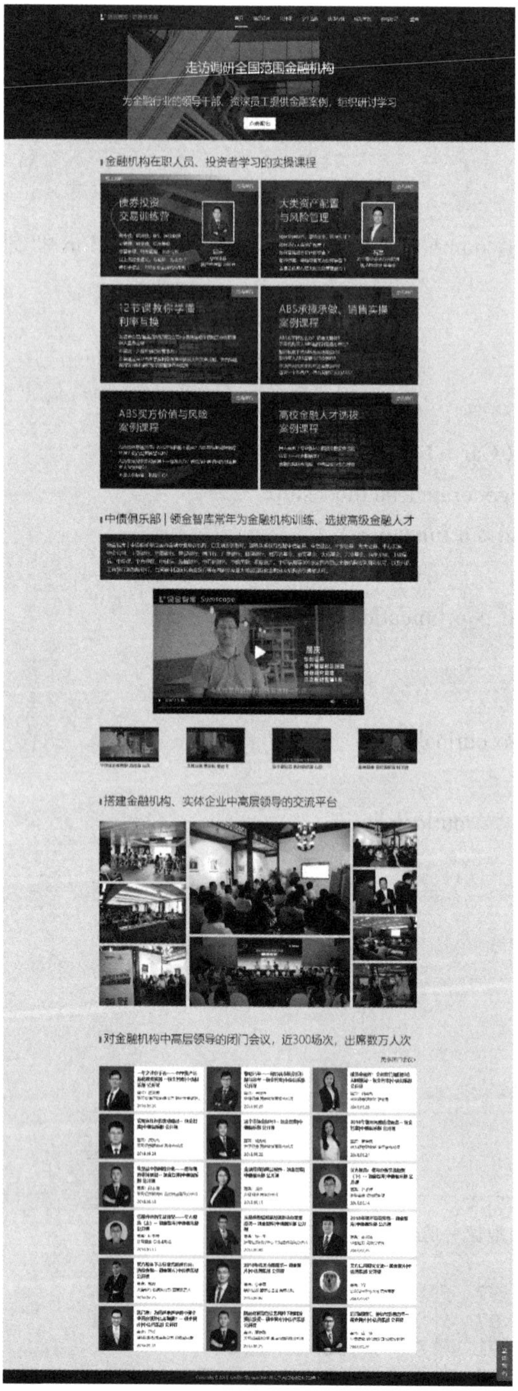

(2) 雪球网：https：//xueqiu. com/

(3) 投行先锋：http：//www. thxflt. com/

2. 分析各网站优缺点，包括界面设计、功能菜单、广告植入位置、链接便捷性、逻辑清晰性等等

(1) 领金智库

优点:

① 界面美观，风格独特。

② 导航栏明确。

③ 业界优秀人士介绍清楚。

缺点:

① 字体单调。

② 报名字样重复出现。

③ 超链接不明显。

(2) 雪球

优点:

① 搜索栏方便快捷，增幅颜色标注明确。

② 交流帖子明确。

③ 热榜实时更新。

缺点:

① 风格单一。

② 图片太少。

③ 不能调节可读帖子数。

(3) 投行先锋

优点:

① 导航明显。

② 交流帖子明确。

③ 榜单种类众多。

缺点:

① 风格单调，色彩单一。

② 图片太少。

③ 有的地方更新不出来。

3. 利用互联网思维和 TRIZ 发明原理创新设计网站新功能 1~2 项

新功能：把浏览者看过的导师的课程加入个人喜爱，按照对导师的喜欢程度由高到低(非常喜欢，中等喜欢，一般喜欢)分别放入特别收藏，我的喜欢，我的关注。

4. 编程实现新的功能

```
importjava.util. * ;
import java.text. * ;
```

```
public class Recommend {
  public static void main(String[ ] args) {
    System.out.println("——我喜爱的导师——");

    ArrayList<RecInfo> recList = new ArrayList<RecInfo>(10);

    RecInfo recInfo1 = new RecInfo("导师 1","特别收藏",new Date());
    RecInfo recInfo2 = new RecInfo("导师 2","我的关注",new Date());
    RecInfo recInfo3 = new RecInfo("导师 3","我的喜欢",new Date());
    RecInfo recInfo4 = new RecInfo("导师 4","我的喜欢",new Date());
    RecInfo recInfo5 = new RecInfo("导师 5","我的关注",new Date());
    RecInfo recInfo6 = new RecInfo("导师 6","特别收藏",new Date());
    RecInfo recInfo7 = new RecInfo("导师 7","特别收藏",new Date());
    RecInfo recInfo8 = new RecInfo("导师 8","我的关注",new Date());
    RecInfo recInfo9 = new RecInfo("导师 9","我的喜欢",new Date());
    RecInforecInfo10 = new RecInfo("导师 10","我的喜欢",new Date());

    recList.add(recInfo1);
    recList.add(recInfo2);
    recList.add(recInfo3);
    recList.add(recInfo4);
    recList.add(recInfo5);
    recList.add(recInfo6);
    recList.add(recInfo7);
    recList.add(recInfo8);
    recList.add(recInfo9);
    recList.add(recInfo10);

    ArrayList<RecInfo> recOne = new ArrayList<RecInfo>();
    ArrayList<RecInfo> recTwo = new ArrayList<RecInfo>();
    ArrayList<RecInfo> recThree = new ArrayList<RecInfo>();

    for(RecInfo rec : recList) {
        if (rec.getLikeLevel() == "我的关注") {
            recThree.add(rec);
```

```
        } else if(rec.getLikeLevel() == "我的喜欢") {
            recTwo.add(rec);
        } else if (rec.getLikeLevel() == "特别收藏") {
            recOne.add(rec);
        }
    }
    //格式化输出收藏时间
    SimpleDateFormat ft = new SimpleDateFormat ("yyyy-MM-dd hh:mm:ss");

     System.out.println("特别收藏");
     for(int i=0;i<recOne.size();i++) {

         System.out.format("--%s,%s\n", recOne.get(i).getRecName(),recOne.get(i).
getLikeLevel());
         System.out.println("收藏时间为: " + ft.format(recOne.get(i).getDate()));
     }

      System.out.println("我的喜欢");
      for(int i=0;i<recTwo.size();i++) {
          System.out.format("--%s,%s\\n", recTwo.get(i).getRecName(),recTwo.get
(i).getLikeLevel());
            System.out.println("收藏时间为: " + ft.format(recTwo.get(i).getDate()));
     }
      System.out.println("我的关注");
      for(int i=0;i<recThree.size();i++) {
          System.out.format("--%s,%s\n", recThree.get(i).getRecName(),recThree.get
(i).getLikeLevel());
          System.out.println("收藏时间为:" + ft.format(recThree.get(i).getDate()));
     }



     String target = "导师1";
     Iterator<RecInfo> iter = recOne.iterator();
     while (iter.hasNext()) {
         String item = iter.next().getRecName();
```

```
            if (item.equals(target)) {
                iter.remove();
            }
        }

        System.out.println("删除导师 1 后\\n      特别收藏");
        for(int i=0;i<recOne.size();i++) {

            System.out.format("--%s,%s\n", recOne.get(i).getRecName(),recOne.get
(i).getLikeLevel());
            System.out.println("收藏时间为: " + ft.format(recOne.get(i).getDate()));
        }
    }
}
class RecInfo {
    private String TeaName;
    private String likeLevel;
    private Date dateTime;

    RecInfo(String name, String like, Date date) {
        this.TeaName =  name;
        this.likeLevel = like;
        this.dateTime = date;
    }

    public String getRecName() {
        return TeaName;
    }

    public String getLikeLevel() {
        return likeLevel;
    }
    public Date getDate() {
        return dateTime;
    }
}
```

5. 运行结果

```
<terminated> Favorite [Java Application] C:\Prc
|—我喜爱的导师—
特别收藏
        --导师1, 特别收藏
      收藏时间为: 2021-03-14 08:17:30
        --导师6, 特别收藏
      收藏时间为: 2021-03-14 08:17:30
        --导师7, 特别收藏
      收藏时间为: 2021-03-14 08:17:30
 我的喜欢
        --导师3, 我的喜欢
      收藏时间为: 2021-03-14 08:17:30
        --导师4, 我的喜欢
      收藏时间为: 2021-03-14 08:17:30
        --导师9, 我的喜欢
      收藏时间为: 2021-03-14 08:17:30
        --导师10, 我的喜欢
      收藏时间为: 2021-03-14 08:17:30
 我的关注
        --导师2, 我的关注
      收藏时间为: 2021-03-14 08:17:30
        --导师5, 我的关注
      收藏时间为: 2021-03-14 08:17:30
        --导师8, 我的关注
      收藏时间为: 2021-03-14 08:17:30
删除导师1后
    特别收藏
        --导师6, 特别收藏
      收藏时间为: 2021-03-14 08:17:30
        --导师7, 特别收藏
      收藏时间为: 2021-03-14 08:17:30
```

实例十(情缘网)

1. 搜集婚恋行业垂直网站2~5个，给出链接地址和网站首页截图

(1)世纪佳缘网：https：//www. jiayuan. com/

(2)珍爱网：https：//www. zhenai. com/？ channelId＝900122

(3)红线团：http：//www. hongxiantuan. com/Pc/index

2. 分析网站优缺点，包括界面设计、功能菜单、广告植入位置、链接便捷性、逻辑清晰性等等

(1) 世纪佳缘：

优点：

① 界面清晰大方。

② 登录方式多样，方便用户登录。

缺点：
① 需要用户输入大量个人信息，容易暴露个人隐私。
② 没有游客模式，只有登陆之后才可以浏览网站。
(2) 珍爱网：
优点：
① 界面清晰美观。
② 页面详细列出了网站信息，使用户可以更加方便的了解网站信息资源。
缺点：
同样需要输入大量个人信息，导致用户信息安全无法保障。
(3) 红线团：
优点：
① 网页界面体现出对用户隐私的保障功能。
② 拥有游客模式，可以方便未注册用户浏览网页。
③ 拥有高级查找功能，方便用户查找自己称心的对象。
缺点：
① 用户页面过于杂乱，界面不够美观。
② 留言框位置不合适，影响界面浏览。

3. 利用互联网思维和 TRIZ 发明原理创新设计网站新功能 1~2 项

新功能：把浏览者看过的用户加入个人收藏夹，按照对用户的喜欢程度由高到低(非常喜欢，中等喜欢，一般喜欢)分别放入三星文件夹，二星文件夹，一星文件夹。

4. 编程实现新功能

```
package test;
importjava.util. * ;
import java.text. * ;
public class test1 {
public static void main(String[ ] args) {
    System.out.println(" = = =管理收藏夹 DEMO= = =");
    ArrayList<HouseInfo> houseList = new ArrayList<HouseInfo>(10);
    HouseInfo houseInfo1 = new HouseInfo("用户 1","非常喜欢",new Date());
    HouseInfo houseInfo2 = new HouseInfo("用户 2","非常喜欢",new Date());
    HouseInfo houseInfo3 = new HouseInfo("用户 3","不喜欢",new Date());
    HouseInfo houseInfo4 = new HouseInfo("用户 4","中等喜欢",new Date());
    HouseInfo houseInfo5 = new HouseInfo("用户 5","一般喜欢",new Date());
    HouseInfo houseInfo6 = new HouseInfo("用户 6","不喜欢",new Date());
    HouseInfo houseInfo7 = new HouseInfo("用户 7","不喜欢",new Date());
    HouseInfo houseInfo8 = new HouseInfo("用户 8","中等喜欢",new Date());
    HouseInfo houseInfo9 = new HouseInfo("用户 9","一般喜欢",new Date());
    HouseInfo houseInfo10 = new HouseInfo("用户 10","一般喜欢",new Date());
```

```
        houseList.add(houseInfo1);
        houseList.add(houseInfo2);
        houseList.add(houseInfo3);
        houseList.add(houseInfo4);
        houseList.add(houseInfo5);
        houseList.add(houseInfo6);
        houseList.add(houseInfo7);
        houseList.add(houseInfo8);
        houseList.add(houseInfo9);
        houseList.add(houseInfo10);
        ArrayList<HouseInfo> starOne = newArrayList<HouseInfo>();
        ArrayList<HouseInfo> starTwo = new ArrayList<HouseInfo>();
        ArrayList<HouseInfo> starThree = new ArrayList<HouseInfo>();
        for(HouseInfo house : houseList) {
            if (house.getLikeLevel() = = "非常喜欢") {
                    starThree.add(house);
            } else if(house.getLikeLevel() = = "中等喜欢") {
                starTwo.add(house);
            } else if (house.getLikeLevel() = = "一般喜欢") {
                starOne.add(house);
            }
        }
        SimpleDateFormat ft = new SimpleDateFormat ("yyyy-MM-dd hh:mm:ss");
         System.out.println("一星收藏");
         for(int i=0;i<starOne.size();i++) {
              System.out.format("--%s,%s\n", starOne.get(i).getHouseName(),starOne.get
(i).getLikeLevel());
              System.out.println("收藏时间为: " + ft.format(starOne.get(i).getDate()));
         }
          System.out.println("二星收藏");
          for(int i=0;i<starTwo.size();i++) {
              System.out.format("--%s,%s\n", starTwo.get(i).getHouseName(),starTwo.get
(i).getLikeLevel());
              System.out.println("收藏时间为:" + ft.format(starTwo.get(i).getDate()));
          }
          System.out.println("三星收藏");
```

```
            for( int i=0;i<starThree.size( ) ;i++) {
                System.out.format( "--%s,%s\n" , starThree.get( i).getHouseName( ) ,starThree.
get( i).getLikeLevel( ) ) ;
                System.out.println( "收藏时间为:" + ft.format( starTwo.get( i).getDate( ) ) ) ;
            }
            System.out.println( "从一星收藏中删除用户 5" ) ;

            String target = "用户 5" ;
            Iterator<HouseInfo> iter = starOne.iterator( ) ;
            while ( iter.hasNext( ) ) {
                String item = iter.next( ).getHouseName( ) ;
                if ( item.equals( target) ) {
                    iter.remove( ) ;
                }
            }
            System.out.println( "一星收藏" ) ;
            for( int i=0;i<starOne.size( ) ;i++) {

                System.out.format( "--%s,%s\n" , starOne.get( i).getHouseName( ) ,starOne.get
( i).getLikeLevel( ) ) ;
                System.out.println( "收藏时间为:" + ft.format( starOne.get( i).getDate( ) ) ) ;
            }
        }
    }
    class HouseInfo {
        private String houseName;
        private String likeLevel;
        private Date dateTime;
        HouseInfo( String name, String like, Date date) {
            this.houseName =  name;
            this.likeLevel = like;
            this.dateTime = date;
        }
        public String getHouseName( ) {
            return houseName;
        }
        public String getLikeLevel( ) {
            return likeLevel;
```

```
    }
    public Date getDate() {
        return dateTime;
    }
}
```

5. 运行结果

```
===管理收藏夹DEMO===
一星收藏
    --用户5, 一般喜欢
  收藏时间为: 2021-03-18 08:56:08
    --用户9, 一般喜欢
  收藏时间为: 2021-03-18 08:56:08
    --用户10, 一般喜欢
  收藏时间为: 2021-03-18 08:56:08
二星收藏
    --用户4, 中等喜欢
  收藏时间为: 2021-03-18 08:56:08
    --用户8, 中等喜欢
  收藏时间为: 2021-03-18 08:56:08
三星收藏
    --用户1, 非常喜欢
  收藏时间为: 2021-03-18 08:56:08
    --用户2, 非常喜欢
  收藏时间为: 2021-03-18 08:56:08
从一星收藏中删除用户5
一星收藏
    --用户9, 一般喜欢
  收藏时间为: 2021-03-18 08:56:08
    --用户10, 一般喜欢
  收藏时间为: 2021-03-18 08:56:08
```

思考与练习

SIKAOYULIANXI

1. 简述互联网思维的核心与构成。
2. “互联网+”的基本特征有哪些?
3. 互联网思维下行业需求和解决方案之间的关系是怎样的?
4. 怎样获得互联网时代许可证，更稳更准发现市场痛点并实现?

第7章 创业概述

7.1 创业基本知识

一旦决定自主创业，无论从事的是哪个行业，除了有必要的创业资金以外，还必须具备一定的商业知识和掌握一定的经营管理方法，方能在残酷的商业竞争中脱颖而出，在瞬息万变的商业社会中掌握更多主动权。学会并灵活运用以下 16 个方面的知识或技能，会使自己的创业道路走得更远更顺更轻松。

7.1.1 专业的行业技能

这个是创业的基础(无论你之前有没有从事过这个行业)。如果对要创业的行业一无所知或只是一知半解，那还是先等等，用一段时间用心地在这个领域先观察了解后再做决定。无论要在哪个行业进行创业，首先需要的就是对行业现状及行业未来发展趋势有一定了解。做生意所谓不熟不做就是这个道理了，如果对即将要创业的行业有一定的理论知识、实践经验和操作技能及行业人脉，就可以很好地进行创业前规划了。

7.1.2 股权知识

很多企业在成立之初都是热热闹闹的一团和气，大家干劲十足，碰到什么困难都能同心协力共同面对一起解决，好不容易让企业走过了前面两三年最危险期，公司为了扩大经营需要进行市场融资或股份重组(也可能企业出现经营危机需要融资或其他情形)，这时股东内部就可能出现不同想法而产生争执，这时大家才发现当初共同创业时仅凭哥们义气朋友交情和对创业的美好向往而走到一起，当时顾及面子及和气都没提(或没想到)要签订合伙人协议及制定相关的股东进退机制，连公司章程也只是由协助公司注册的代理公司按法定规范代起草用来走形式而已，没考虑到现实情形所以没有多少实际约束作用，可想而知这类企业最终会出现的严重状况。所以，创业者在创业之初，必须签订合伙人协议，明确股东参股形式、出资金额、资金到位时限、股份比例，制定财务使用及监管机制、股东进退机制、风控机制、并按公司实际情况及需要制定公司章程。熟悉并应用股权知识会让企业做得更大更强。

7.1.3 组织架构

组织架构就是一个企业的整体结构，包括如股东大会、董事会、监事会、各管理层、各部门设置等，每个企业的组织结构都是根据自身需求量身设置的，创业者在创业初期了解并根据企业实际需求设置企业架构，将让企业运营更具效率。

7.1.4 战略规划

创业者要有明确的创业方向，随时知道在做什么和要做什么，并制定一个最少一至三到五年的企业发展战略规划，根据企业发展规划制定近期和中期的工作目标和详细实施方案。一个企业如果没有切实的远期战略规划和近期行动目标及实施方案，则会令企业管理者像无头苍蝇一样到处乱撞，仅凭一股勇气和一腔热情。靠摸着石头过河的创业时代早已结束，所以，创业要想成功，企业必须有明确的发展规划和奋斗目标及执行细则。

7.1.5 财会知识

财务管理是企业运行管理中的重要内容，具有一定的专业性，但作为创业者、联合创业发起人、作为企业的最高决策核心，虽然不需要掌握太多专业的财会知识，但一些最基本的财会知识还是要懂的(比如现金流量表、利润表、资产负债表等财务报表)。随时知道企业实际财务状况，才能在日常决策中更加灵活主动，并找到更符合企业需要的专业人才为企业服务，从而更好地经营企业。

7.1.6 税收知识

对企业和创业者(尤其是小微企业的创业者)，知晓对企业有利害关系的相关税务知识是非常必要的，不要以为这只是财务人员的事。对于聘请来的专业工作人员只是会按流程进行报税操作而已，而对于企业决策者则不然，他可以让企业节约更多资金同时还能保证企业运行安全。对于国家税务政策如能灵活掌握，合理运用，就能让企业走得更远、经营更合理、合法、不走弯路。

7.1.7 营销知识

市场营销是创业者必须掌握的技能之一。企业产品营销决定企业的生存时长和抗风险能力，也是企业走向发展的基础。创业者必须掌握相关的营销知识及技能，根据企业实际状况和发展规划组建营销团队和培训营销人员，充分地分析市场、熟悉市场，知晓客户需求，制定突出产品特色、符合公司利益和市场环境及客户需求的对外营销方案。制定与该营销方案相配套的内部营销人员操作规范和学习教材。制定相关的销售制度、提成制度、奖励激励办法等。

7.1.8 物流知识

现代企业运营中必然会面对大量的对外物流和相关的物品采购工作，企业采购与物流管理对初创企业的重要性不言而喻，所以掌握必要的物流知识和采购知识对创业者尤其重要。创业初期往往资金不是很充裕，那么合理采购、按需配置就能减轻资金压力，对物流企业、物流环节、物流材料、物流价格等有一定的了解，就能在制定产品价格，产品包装、客户承诺及售后服务等方面有极大帮助。物流知识对电商企业或创业者尤其重要。

7.1.9 电脑与网络知识

现代企业经营管理已和传统的企业经营管理有了非常大的区别，创业者或企业经营者如果不懂得基本的电脑和网络工具使用，那对于创业成功基本是不可能完成(或是事倍功半)的事情，所以创业者必须最少掌握如简单的电脑打字(最好会表格制作及PPT制作)、上网、电子邮件收发、QQ、QQ群、微信、微信群、微博、个人电子银行、企业电子银行等相关的日常网络工具及电脑使用。

7.1.10 行政管理

创业初期，公司人员一般不是很多，所以对公司的行政人事等基本都是老板(实际控制人)一人说了算或是全部让刚成立本来人就少的所谓办公室负责(亲戚或亲信)，这种管理方式对企业是致命的，最终如果企业还能活着基本已成为家族式企业，员工每天都是活在老板的情绪中，大家都是围着老板转，没有或不敢有独立的思维，内斗厉害。所以创业者必须明白行政管理的重要性，公司不论员工多少，都必须从一开始就制定各项规章制度，员工纪律、岗位制度、工作流程、操作规范、员工激励制度等，并加强学习，严格执行，杜绝任人唯亲家族式管理，倡导规范化制度化企业建设。

7.1.11 人力资源

企业要想在竞争中创造一片天地，人才取着决定性作用，如何吸引人才、留住人才和用好人才，是每个创业者和企业管理者必须高度重视及深入思考的问题，很多创业者从企业创立之初就一直在和员工较劲，抱怨员工能力不行、素质不行，抱怨人才难招，抱怨员工工资给得高花得不值等等，于是各种拖欠工资或用各种方式辞退员工及想方设法让员工自己走人的手段百出，于是劳资关系紧张，员工没有积极性更没有归属感，老板在抱怨中忙着一批批招人又换人，直到企业关门还没醒悟的大有人在。企业要想招到并留住真正适合的人才，应该努力为员工创造一个轻松和谐的工作环境，为员工制定有黏性有激情的薪酬制度、绩效制度、奖励机制、完善员工福利和后勤保障机制，为达到要求的员工办理社保及签订正式用工劳动合同等，公司用制度管人、用关爱暖人，用工作环境和薪酬福利留住员工，员工自然会用工作能力和效率回报企业。

7.1.12 情商管理

很多时候创业者个人的情商管理、为人处世、情绪控制能力决定了企业的最终成败，低调谦虚、会做人、情商高懂得尊重他人、明白互惠互利的创业者往往人缘好凝聚力和说服力强，在企业经营中如鱼得水。创业者应加强个人情商修养及自我情绪控制力锻炼，明白和气生财，不要意气行事。

7.1.13 诚实守信

诚实守信是为人处世的基本准则，更是创业者创业成功的必备元素，只有诚实守信的人才能交到真正的朋友，商业离不开朋友，有朋友就有人脉，人脉就是钱脉、就是商机、就是发展和合作的基础，只有恪守诚实待人守信经营的原则，才能让自己走得更远，那些百年老店、著名品牌、商业巨人都是这样走出来的。

7.1.14 专心专注

能够在一个行业或企业坚持三年的创业者大有人在，但能够坚持五年、十年甚至十五年如一日的就很少了，创业者在创业过程中切忌这山望着那山高，轻信或羡慕别人项目好赚钱更赚钱，而不断引进项目或改变项目，让创业变得一团糟，荒废了自己原本的事业，对于初创业者，干一行、爱一行、专一行，努力坚持比什么都重要。只有集中精力、坚持专心致志地做好一件事情，才能在自己选择的创业领域内做出一番成绩来。

7.1.15 时间观念

创业者要有强烈的时间观念，一切商业经营都要按规划和时间框架运行，在商业交往中既要尊重自己的时间也要尊重他人的时间，没有把握的事不要轻易承诺时限，说了的事就一定要按时做到，如做不到就要提前和别人沟通，并提供补救措施或补偿方案，只有守时守诺才能获得更高利益和赢得尊重。

7.1.16 社交礼仪

对于创业者来说，参加各种社交活动是必不可少也是经常性的，通过社交活动积累更多资源和人脉，对拓宽个人视野增加企业商业机会都有促进作用。在参加各种社交活动前，应对相应社交场景的(电话沟通、会面、就餐、会议、聚会、谈判、活动等)一些基本社交礼仪有一定了解和熟悉，如：在介绍自己时最好说出自己的全名，别人介绍自己时最好站起来或向别人微笑点头致意，坐着时不要跷起二郎腿。请人吃饭时请客人先点菜，如客人客气不点就尽量照着每个人的地域口味来点(临近结束尽量低调提前买单)，餐后切忌打包(家庭聚餐除外)。不管对方身份高低都要礼貌平等待人、在社交或就餐时切忌随便拍照发微信朋友圈、不要探听别人隐私、不传播负面消息、不说别人闲话、饮酒勿过量、对有些事情看破不说破把一切放在心里、不要随意和人耳语以免引起旁人误会等。对一些小事或闲言碎语不要太计较，学会忍耐和包容，能吃得起亏，不要为一些小事斤斤计较，方能获得别人尊重和敬意。

7.2 创业者素质

7.2.1 拥有强烈的时间感

这里说的强烈的时间感主要包括两方面的含义：一是要能挑选好创业的最佳时机。这并不是一个简单的问题，它需要创业者平衡多方面的因素，比如，所选行业的历史和现状、行业对手的成与败、启动资金的充足与否、个人的生活和家庭状况，等等；二是指创业者要能建立起一套相对完整的商业计划，并能够迈出关键的第一步，将商业计划逐步付诸实践。为什么有那么多创业者最终都以失败告终呢？很重要的两点，恰恰就是创业时机不对和缺乏完整的商业计划，这就容易导致两种不好的结果——出师不利和后继乏力，如此，自然容易失败。

7.2.2 做好清晰的预算

很多创业者在钱这个问题存在一种错误认知，认为只要有一大笔钱，能确保公司的运营以及所有的开销，那就万事大吉了，这是非常狭隘甚至愚蠢的认知。对于一家创业公司来说，最为关键的一个事情就是在花每一笔钱的时候，都要做好清晰的预算，不管你的资金是否充裕。假如创业者本身不擅长预算工作，那最好聘请一位专业的财务人士，在这一点上，千万不可马虎大意。事实上，绝大多数创业者往往善于“宏观”思考，但对细节尤其是财务工作的细节总是一知半解甚至不求甚解。然而，在创业过程中，每一笔款项的进出都需要认真的计算清楚，否则就容易出大问题。

7.2.3 创业者必须做到自律

创业者的自律，除了生活范畴外，更重要的还是在经营的各个环节做到自律，具体而言，就是要规划好自己的经营目标和内容，比如，提前制定每年、每月、每周、每天的目标，围绕这些目标，严格要求自己做好每一项工作。当然，这里并不是提倡创业者都成为工作狂，让自己的生活被创业所完全淹没，而是强调创业者必须知道什么时候做什么工作，并强迫自己完成制定的目标，而且最好是养成提前完成目标的习惯，而不是习惯拖延。

7.2.4 超强的社交能力

创业要想成功，不能靠单打独斗，不仅需要自己的创业团队，还要拥有很强的社交能力，要能结识尽量多的杰出人物，尤其是本行业中的杰出人物。假如在社交方面能力比较弱，那就要针对性地予以弥补；假如是因为实力不够，则需要付出坚持不懈的努力，在行业中闯出名堂，靠实力赢得人脉。除此之外，创业者的社交能力很重要的地方还体现在培养和维系客户关系上，要靠稳定的老客户和源源不断的新客户来保持自身的创业活力。

7.2.5 很强的适应能力和灵活性

创业者在确立项目、建立商业模式时可能已经付出了大量心血，可市场形势是瞬息万变的，很多时候不得不修改甚至全盘推翻之前的计划，这就要求创业者必须要具备很强的适应能力和灵活性，能够根据市场变化和客户需求的变化，不断调整自己的商业计划和经营方式，善于接受不同的意见，有勇气接受各种商业挑战。

7.2.6 坚持不懈的创业品格

创业者不管自身能力有多突出，也不管创业项目多有创意、商业计划有多么完备，假如缺少了坚持不懈的品格，那创业也是很难获得成功的。这是因为，创业的前途虽然是光明的，但过程必然是曲折无比的，选择创业，就注定要在摸索和尝试中前进，谁也无法预测到底何时会柳暗花明，也许要在黑暗中前行很久，才能看到曙光所在，这种情况下，没有坚持不懈的创业品格，显然是行不通的。

7.3 创业类型

创业类型1：生存型创业者

这种类型的创业者大多为下岗工人、失去土地或因为种种原因不愿困守乡村的农民，以及刚毕业找不到合适工作的大学生。一般创业范围均局限于商业贸易，少量从事实业、加工业。这是中国数量最大的一拨创业人群，据清华大学的调查报告：这一类型的创业者，占中国创业者总数的90%。其中许多人是被逼上梁山，为了谋生混口饭吃。当然也有因为机遇成长为大中型企业的，但数量极少。现在国内市场已经不像十多年前遍地都是创业机会，现在，不仅国内市场竞争激烈，国外挤进来想分中国这个大蛋糕的人也不计其数。

创业类型2：赚钱型创业者

这类创业者在创业的过程中没有明确的目标，唯一的目的就是赚钱，通过做各种项目，来达到赚钱的目的，同时也享受创业的过程。因此，这类创业者没有什么局限性，根据当前市场的行业，哪项是热门行业，哪个项目比较赚钱，那么他就做哪一类的项目。但是也有可能自己的项目不赚钱了，看到有另外的项目又火起来了，就开始转向另外的项目。虽然这类创业者在创业项目上不够稳定，失败率也是有的，但是赚的钱并不少。

创业类型3：变现型创业者

就是过去在党、政、军、行政、事业单位掌握一定权力，或者在国企、民营企业当经理人期间聚拢了大量资源的人。创业范围实际是将过去的权力和市场关系变现，将无形资源变现为有形的货币。这种创业类型相当部分受到地方政府的鼓励，如一些地方政府出台鼓励公务员带薪下海、允许政府官员创业失败之后重新回到原工作岗位的政策。这其实是一种公然破坏市场经济环境，人为制造市场不公平竞争的行为。

创业类型4：主动型创业者

主动型创业者可以分为两种，一种是盲动型创业者，一种是冷静型创业者。盲动型创业者与赚钱型创业者有些相像，都是看什么热门就想去做什么。但是盲动型创业者还缺少计划性，过大的自信以及冲动的性格，会促使他们立即进行创业项目，但也会由于过于的盲目，很快就失败了。冷静型创业者会在创业的前期做好充足的准备，掌握了足够的资源以及计划好周密的计划后，再进行创业，一般这样的创业者成功率会非常的高。

7.4 创业精神

创业是人类的另一种发明方式，创业者靠自己的勤劳和智慧在荒凉的领域中开创一片天，然而，想要从一无所有到腰缠万贯，从山穷水尽到绝处逢生，从仰人鼻息到自力更生的创业道路，并不是靠打拼蛮干，而是需要具备创业者所应具备的创业精神。

7.4.1 敢为人先，不断进取

在改革开放初期，有这样一群人，他们以务实打拼，能吃苦的性子创下了一片天，他们就是温商。温州人作为第一个吃螃蟹的人，他们敢为人先，什么都敢尝试，从百姓日常的纽扣到走向国际的徽章，从普通玩具到高科技电子产品，无一不是温州人靠大胆尝试做出来的。正因为温州人这种敢为人先，不断进取的精神，温商也成为许多创业人士学习的对象。创业者想要创业，就要认真学习借鉴他人先进经验，改变不想做老板、不敢闯市场、不愿创大业的陈旧思想和畏难情绪，营造想创业、敢创业、能创业的社会氛围，温商这种敢为人先，不断进取的精神正是创业者学习的榜样。敢为人先，不断进取正是创业者应具备的基本精神。

7.4.2 敢于冒险，懂得变通，敢于创新

在古代，商人经商无非就是冒险，如今，科技与经济都飞速发展，敢于冒险的精神依然是创业者应具有的精神。所谓创业，就是要做常人不敢做的事，用大胆的方式为自己创造产品。在创业过程中也要学会变通和创新，不能照搬现有的商业模式。只有创新才叫真正的创业，否则就是模仿，甚至是盗版。如游戏软件的开发，创业者不将已有的技术进行创新成为属于自己的东西，而将原有的他人的游戏软件作为自己的创业产品，那么最终会被起诉为盗版，这也将会成为失败的创业。创业必须要创新！创新为创业提供了方向，为创业创造了机遇。创新可以是产品的技术创新，可以是营销模式的创新，也可以是服务对象的创新，在商业道路上因创新而成功的例子非常多。如腾讯，华为，支付宝等。当然现在的创业者不一定要按照别人成功的道路走，但这些成功者的创新精神是非常值得我们去学习的。在冒险中不断摸索，不断创新和变通，找到属于自己的创业之路。因此，创业者更应具备这种敢于冒险，懂得变通，敢于创新的精神。

7.4.3 有远见，不轻易放弃

成功只属于有远见，懂得坚持的人，特别是创业者。许多创业成功的例子数不胜数，这些成功例子都有一个共同的特点，在创业之初都不被他人看好，创业过程极其艰辛，让创业者很难坚持，只有那些有远见，肯坚持的创业者才能将自己的创业项目推向成功。人有前后眼，富贵一千年，成功创业者应具有的最高精神就是有远见，懂得坚持。

7.5 对于创业的政策

1. 入驻市创业孵化基地企业能享受哪些扶持政策？

2. 通过申请并成功入驻市孵化基地的企业按政策规定可享受以下扶持：

(一) 房租补贴：两年内享受全额房租补贴，“零房租”入驻；

(二) 业务代理：由孵化园管理部门帮助企业办理开业手续，提供创办企业事务代理(主要包括：工商登记年检、税务申报、人事代理、社会保险、法律咨询)等服务；

(三) 指导服务：享受免费的市场预测、经营指导、管理咨询、法律、会计、审计、评估、专利、市场策划等专家指导咨询服务，以及提供创业项目的开发和对接，引进融资投资服务；

(四) 业务培训：对参加创业培训的各类孵化对象，实行免费创业培训与指导；

(五) 创业担保贷款及贴息：从事创业的个人可申请最高 10 万元的创业担保贷款；合

伙经营或组织起来的经济实体可申请最高不超过50万元的创业担保贷款；创办小微企业(下同)的可申请最高不超过200万的创业担保贷款。

(六) 税费减免：凡符合税费减免条件的创业孵化对象按照国家有关规定给予相应税费减免政策；

(七) 社保补贴：对孵化园企业吸纳持就业失业登记证或就业创业证就业的困难对象就业的，按规定给予社保补贴；

(八)“五补一奖励”扶持：对符合市人社局《关于做好创业带动就业一次性开办费补贴发放工作的通知》(常人社发〔2016〕33号)规定条件的高校毕业生自主创业的，按规定给予一次性开办费补贴扶持政策。

二、企业入驻市创业孵化基地须具备哪些条件？

(一) 企业具有独立法人资格；

(二) 创业业主系高校毕业生、登记失业人员、复退转业军人、残疾人、返乡农民工等城乡各类创业人员；

(三) 属新注册企业或企业成立时间不超过3年，企业注册资本原则上不超过500万元；

(四) 经营项目符合国家产业、技术政策，具有一定的成熟性和创新性，有一定的技术含量和市场竞争力；但不包括建筑业、娱乐业、销售不动产、转让土地使用权、房屋中介以及桑拿、按摩、网吧、氧吧等国家规定的限制行业的项目；

(五) 如从事国家规定的特殊行业(如医药、邮电、通信、电力、农作物新品种、生物制品、公安及安全等)的项目，须有行业主管部门出具的相关批准证明和有关测试报告。

另外，下列情况不得申请在市孵化基地注册和入驻：

(一) 国家工作人员，受委托管理、经营国有财产的人员，事业单位工作人员开办的企业或实体；

(二) 已超过孵化期的企业法人或负责人，再次提出申请开办同类企业或实体的；

(三) 违反法律禁止性规定，申请成立的企业或实体。

三、企业入驻市创业孵化基地需要如何申报？

入驻孵化园的符合入驻条件的个人或创业企业，应按以下程序申报，由市人力资源和社会保障部门予以认定：

(一) 申请：申请人到孵化园管理办公室领取并填写《企业入驻电商创业孵化园申请表》(表式附后)，同时提供以下材料：

1. 申请人有创业意向的：需提供居民身份证、学历证明、就业失业登记证或就业创业证、创业培训合格证书等个人基本资料，以及创业计划书，可行性论证等材料。

2. 申请人已参加创业培训并创办企业的：除提供上述个人基本资料外，还需提供工商营业执照副本、组织机构代码证、税务登记证副本等相关资料的原件和复印件。

(二) 受理：申请人到孵化园管理办公室提交上述申报材料，孵化园管理办公室对资料进行资格初审；

(三) 评审：孵化园管理办公室组织有关部门的专家，按照《常德市电商创业孵化园申请入驻企业评估表》对企业项目投资、经济效益、市场前景、安全环保等情况，进行综合分析、评估、论证，分企业和个人创业者从高分到低分提交审批；

（四）审批：孵化园管理办公室提交市就业处班子研究审批；

（五）入驻：经审批合格后，与获准入驻企业签订《企业入驻电商创业孵化园协议》后，即可入驻。

四、哪些情况下企业可以申请退出市创业孵化基地？入驻企业因孵化成功、企业自身原因等不再需要入驻时，应主动提出退出申请，并及时处理好退出过程中的有关事宜。符合以下条件之一的可以提出退出申请：

（一）视企业发展状况决定孵化项目毕业完结的(一般为 1 年)；

（二）达到孵化标准的企业(达到其中两项：年产值 500 万元、年利润 50 万元、固定员工 30 人)；

（三）有 2 年以上的成熟运营期，经营状况良好，主导产品或服务有一定的生产规模和市场占有率；

（四）企业整体转让；

（五）企业法人提前提出孵出申请。

（六）不服从管理或有违法乱纪行为的。

7.5.1 资金补贴

（1）创业培训补贴

对具有创业意愿和培训愿望并具备一定创业条件的城乡各类劳动者(含毕业前 2 年的在校大学生)，参加经人社、财政部门认定的培训项目并取得合格证书的，按规定给予创业培训补贴。具体补贴对象和标准由市县确定。

（2）一次性创业补贴

首次成功创业并带动其他劳动者就业，正常经营 6 个月以上，依法申报纳税的普通高等学校学生(在校及毕业 2 年内)和复员转业退役军人、从事非农产业创业的农民、登记失业人员和就业困难人员所创办主体。

（3）创业场地租金补贴

初次创业租用各类创业孵化基地的普通高等学校学生(在校及毕业 2 年内)和复员转业退役军人、从事非农产业创业的农民、登记失业人员和就业困难人员。补贴标准由市县根据当地实际情况确定，创业主体享受创业租金补贴期限不超过 3 年。

（4）创业带动就业补贴

普通高等学校学生(在校及毕业 2 年内)和复员转业退役军人、从事非农产业的农民、登记失业和就业困难人员初次创办经营主体，初创主体吸纳其他劳动者就业并与之签订一年以上期限劳动合同，并按规定为其他劳动者缴纳社会保险费。

（5）创业基地运营补贴

依法成立达到相应建设服务标准并在人社部门备案，为初次创业经营主体提供服务的城乡各类创业孵化基地、创业培训(实训)基地以及利用自有住房初次创业、生产或服务运营正常的创业者。

创业基地被评为省级创业示范基地的，给予每家不超过 100 万元的一次性补助。

(6) 创业孵化补贴

补贴对象为市县认定的各类创业孵化基地。补贴标准由市县根据创业孵化基地实际孵化成功(基地内注册登记并孵化成功搬离基地后继续经营6个月以上)户数等因素确定。

(7) 创业项目补贴

补贴对象为科技含量高、具有潜在经济社会效益的大学生优秀创业项目。创业项目被评为省级大学生优秀创业项目的,给予每个10万元的一次性补助。

(8) 社会保险补贴

在工商部门首次注册登记起3年内创业失败,企业注销后登记失业并以个人身份缴纳社会保险费6个月以上的人员,按实际纳税总额的50%、最高不超过1万元的标准给予一次性补贴。

7.5.2 金融信贷

(1) 创业担保贷款

贷款对象包括个人创业者和小微企业。鼓励各地将个人贷款最高额度从10万元调整为不低于30万元;合伙经营或创办企业的,可适当提高贷款额度;小微企业创业担保贷款额度由经办银行根据企业实际招用符合条件的人数合理确定,最高不超过200万元。

(2) 小微创业贷

省市共同出资设立小微企业创业创新发展融资基金,为工商银行江苏省分行推出的"小微创业贷"提供增信和风险补偿,支持小微企业获得低成本、高效率贷款。单户融资额度,原则上以法人名义申请的最高不超过500万元,以个人名义申请的最高不超过300万元。贷款期限原则上控制在1年以内,最长不超过2年。

(3) 科技贷款资金池

主要用于引导银行业金融机构向境内注册并具有独立法人地位,具备较强创新性和较高技术水平,拥有良好市场前景和经济社会效益的科技型中小企业发放贷款。

(4) 扶贫小额贷款

适用对象:纳入"十三五"全省新一轮扶贫建档立卡范围且有劳动能力、增收项目、贷款意愿和一定还贷能力的低收入农户;黄桥茅山革命老区以当地扶贫标准确定并建档立卡的低收入农户。农户贷款应主要用于发展种、养、加和流通等生产性、服务性增收项目。

单户贷款额度不超过2万元。贷款期限最长1年。农户在规定贷款期限内归还贷款的享受50%贴息。

(5) 自主创业税收优惠

优惠对象:在人社部门公共就业服务机构登记失业半年以上的人员;零就业家庭、享受城市居民最低生活保障家庭劳动年龄内的登记失业人员;毕业年度内高校毕业生;自主就业退役士兵。

扣减额度:在3年内按每户每年9600元为限额依次扣减其当年实际应缴纳的增值税、城市维护建设税、教育费附加、地方教育附加和个人所得税。

(6) 企业吸纳税收优惠

优惠对象:商贸企业、服务型企业、劳动就业服务企业中的加工型企业和街道社区具有加工性质的小型企业实体。

扣减额度：在 3 年内按实际招用人数予以每人每年 5200 元定额依次扣减增值税、城市维护建设税、教育费附加、地方教育附加和企业所得税。新招用自主就业退役士兵的，定额标准为每人每年 6000 元。

思考与练习
SIKAOYULIANXI

1. 创业者需要有时间感吗？如果有请简述原因。
2. 请说出四种创业类型。
3. 创业需要具备什么样的创业精神？

第8章 大学生创业基础

8.1 大学生创业优势与劣势

8.1.1 优势

(1) 大学生创业外部优势

第一，国家鼓励大学生创业并给予各项政策支持

高校毕业生是我国宝贵的人力资源。国家鼓励高校毕业生到城乡基层到中西部地区和中小层企业就业，鼓励自主创业，并推出贷款优惠政策，税费减免政策，金融扶持政策以及提供创业培训等，切实为大学生创业提供舞台。各类政策舆论给想要创业的大学生带来了积极的心理暗示。国务院《关于深化高等学校创新创业教育改革的实施意见》也明确要强化创新创业实践；促进实验教学平台共享；利用各种资源建设大学科技园、大学生创业园、创业孵化基地和微企业创业基地；建好一批大学生校外创新创业实践基地，举办全国大学生创新创业大赛等。

第二，民营企业地位上升

民营企业已经无可争议成为社会主义市场经济的重要组成部分。改革开放以来，民营经济得到了大力发展，在国民经济发展中起到越来越重要的作用。这给创业者带来了福音也给二次创业者带来了机会。成功的民营企业虽然得到了较好的发展，有了一定的规模，但在当下竞争日益激烈，其中企业管理落后等问题层出不穷，需要解决更多深层次的问题，于是对拥有丰富理论知识的大学生而言，二次创业能取得一定的成功。

(2) 大学生创业自身优势

第一，大学生对未来充满希望。

大学生有着年轻的血液、蓬勃的朝气以及“初生牛犊不怕虎”的精神，而这些都是一个创业者应该具备的素质。

第二，学科专业优势。

大学生在校期间学到了很多理论性的知识，有着较高层的技术优势，而目前最有前途的事业就是开办高科技企业。技术的重要性是不言而喻的，大学生创业一开始就必定会走向高科技领域，大学生创业的特色就是用智力换取资本。一些风险投资家通常就是因为看中了大学生所掌握的先进技术而愿意对其进行投资。除此之外，大学期间开设的课程大都有一定的内在关联性，学生从中学到是一种理念和一种思维方法，这对创业会有许多帮助。

第三，大学生有创新精神。

大学给大学生提供了许多培养创新能力的平台，如大学生社团，学生在经营过程中能够锻炼沟通能力，组织能力，事务处理能力等。此外全国各高校还为广大大学生组织了各种创新比赛，引导大学生的创业创新意识。拥有创新精神的大学生往往对传统观念和传统行业有挑战的信心和欲望，这是大学生创业的动力源泉。

第四，大学生概念性技能强。

随着市场经济的规范化，企业管理及决策科学化，创业并不是头脑一热毫无准备就能付诸行动的。创业者要拥有足够的知识，对规划分析，注册选择，品牌经营等各流程有了解。大学生在这些概念性很强理论方面较社会上其他创业者如农民来说，有着较强的优势。

第五，大学生团队组合优势。

大学生创业团队多均为年轻人且往往是团队组织者自己的关系网组建的，成员间彼此熟悉，因此比较容易互相融合信任，较为容易接受共同的意愿，增加了团队的凝聚力，减少了部分风险。每个成员都有自身的优势，在团队中担任不同的角色，资源互补，协同共振，具有良好的团队互补性。组建高效的团队是创业成功的开端。

8.1.2 劣势

大学生自主创业本身具有积极的意义，但同时也存在一定的问题。

第一，社会经验不足。

大学生由于对创业没有充足的心理准备，常常盲目乐观，面对创业过程中的挫折和失败，会感到痛苦茫然甚至一蹶不振。他们心中的创业更多的是成功的例子，是理想主义的心态。看得到成功也要看到失败，这才是真正的市场，这才能使创业者变得而更加理智。

第二，缺乏市场意识和管理经验。

大学生虽然有知识方面的优势，但喜欢纸上谈兵。他们的设想大而无当，市场预测普遍过于乐观，眼高手低，好高骛远看不起蝇头小利。大学生缺乏必要的实践能力和经营管理经验。他们不知道怎样制定公司战略，怎样管理提高效率，怎样进行市场推广一系列问题。

第三，缺乏真正有前景的创业项目。

大学生提交的创业计划书中许多创业点子经不起市场的考验。市场预测普遍过于乐观，许多人试图用一个自认新奇的创业观点来吸引投资，但现在的投资人看重的是创业计划中真正的技术含量有多高，市场盈利有多高。对于这些，大学生必须有一套细致周密的可行性论证与实施计划。

第四，市场观念淡薄。

很多大学生创业往往只有一个点子或是几个人的突发奇想，但如何将这些想法转化为商业计划常常被忽略。他们乐于向投资人大谈自己的技术如何独特，却很少涉及这些技术的市场空间，忽略了产品本身的市场价值。

第五，综合素质不足。

大学生在综合素质方面有待进一步提升。不少的大学生有核心的技术、独特的创意，但在第一阶段正常运行后随着业务量的增多、团队的扩大，可能会在人事财务等方面出现问题。由于没有足够的经验，不少团队因此跌倒在了创业的路上，需进一步提高大学生的实践能力、组织领导、协调合作、沟通创造的能力。

第六，家庭背景。

不同家庭中，父母的职业、身份、经济收入、人际交往等对学生的影响很大。家庭条件优越的学生，父母对其创业能够提供的支持就越多，比一般家庭拥有更多的文化资本、社会资本及经济资本。相反经济收入单薄的普通家庭难以为子女提供更多的帮助，创业学生多依赖自己的能力，他们一般选着低成本低风险的行业，并且创业的困难更多。

大学生是最具创新、创业潜力的群体之一。在高等学校开展创新创业教育，积极鼓励高校学生自主创业，是教育系统深入学习实践科学发展观活动，服务于创新型国家建设的重大战略举措；是深化高等教育教学改革，培养学生创新精神和实践能力的重要途径；是落实以创业带动就业，促进高校毕业生充分就业的重要措施。

一、大力推进高等学校创新创业教育工作

1. 创新创业教育是适应经济社会和国家发展战略需要而产生的一种教学理念与模式。在高等学校中大力推进创新创业教育，对于促进高等教育科学发展，深化教育教学改革，提高人才培养质量具有重大的现实意义和长远的战略意义。创新创业教育要面向全体学生，融入人才培养全过程。要在专业教育基础上，以转变教育思想、更新教育观念为先导，以提升学生的社会责任感、创新精神、创业意识和创业能力为核心，以改革人才培养模式和课程体系为重点，大力推进高等学校创新创业教育工作，不断提高人才培养质量。

2. 加强创新创业教育课程体系建设。把创新创业教育有效纳入专业教育和文化素质教育教学计划和学分体系，建立多层次、立体化的创新创业教育课程体系。突出专业特色，创新创业类课程的设置要与专业课程体系有机融合，创新创业实践活动要与专业实践教学有效衔接，积极推进人才培养模式、教学内容和课程体系改革。加强创新创业教育教材建设，借鉴国外成功经验，编写适用和有特色的高质量教材。

3. 加强创新创业师资队伍建设。引导各专业教师、就业指导教师积极开展创新创业教育方面的理论和案例研究，不断提高在专业教育、就业指导课中进行创新创业教育的意识和能力。支持教师到企业挂职锻炼，鼓励教师参与社会行业的创新创业实践。积极从社会各界聘请企业家、创业成功人士、专家学者等作为兼职教师，建立一支专兼结合的高素质创新创业教育教师队伍。高校要从教学考核、职称评定、培训培养、经费支持等方面给予倾斜支持。定期组织教师培训、实训和交流，不断提高教师教学研究与指导学生创新创业实践的水平。鼓励有条件的高校建立创新创业教育教研室或相应的研究机构。

4. 广泛开展创新创业实践活动。高等学校要把创新创业实践作为创新创业教育的重要延伸，通过举办创新创业大赛、讲座、论坛、模拟实践等方式，丰富学生的创新创业知识和体验，提升学生的创新精神和创业能力。省级教育行政部门和高校要将创新创业教育和实践活动成果有机结合，积极创造条件对创新创业活动中涌现的优秀创业项目进行孵化，切实扶持一批大学生实现自主创业。

5. 建立质量检测跟踪体系。省级教育行政部门和高等学校要建立创新创业教育教学质量监控系统。要建立在校和离校学生创业信息跟踪系统，收集反馈信息，建立数据库，把未来创业成功率和创业质量作为评价创新创业教育的重要指标，反馈指导高等学校的创新创业教育教学，建立有利于创新创业人才脱颖而出的教育体系。

6. 加强理论研究和经验交流。教育部成立高校创业教育指导委员会，开展高校创新创业教育的研究、咨询、指导和服务。省级教育行政部门和高等学校要加强对国内外创新创业教育理论研究，组织编写高校创新创业教育先进经验材料汇编和大学生创业成功案例集。省级教育行政部门应定期组织创新创业教育经验交流会、座谈会、调研活动，总结交流创新创业教育经验，推广创新创业教育优秀成果。逐步探索建立中国特色的创新创业教育理论体系，形成符合实际、切实可行的创新创业教育发展思路，指导创新创业教育教学改革发展。

二、加强创业基地建设，打造全方位创业支撑平台

7. 全面建设创业基地。教育部会同科技部，以国家大学科技园为主要依托，重点建设一批“高校学生科技创业实习基地”，并制定出台相关认定办法。省级教育行政部门要结合本地实际，通过多种形式建立省级大学生创业实习和孵化基地；同时要积极争取有关部门支持，推动本地区有关地市、高等学校、大学科技园建立大学生创业实习或孵化基地，并按其类别、规模和孵化效果，给予大力支持，充分发挥基地的辐射示范作用。

8. 明确创业基地功能定位。大学生创业实习或孵化基地是高等学校开展创新创业教育、促进学生自主创业的重要实践平台，主要任务是整合各方优势资源，开展创业指导和培训，接纳大学生实习实训，提供创业项目孵化的软硬件支持，为大学生创业提供支撑和服务，促进大学生创业就业。

9. 规范创业基地管理。大学科技园作为“高校学生科技创业实习基地”的建设主体，要把基地建设作为园区建设的重要内容，确定专门的管理部门负责基地的建设和管理；加强与依托学校和有关部门的联动，共同开展大学生实习实训和创业实践。有关高等学校要高度重视大学科技园在创新创业人才培养中的作用，出台有利于大学科技园开展学生创业工作的政策措施和激励机制。

10. 提供多种形式的创业扶持。大学生创业实习或孵化基地要结合实际，为大学生创业提供场地、资金、实训等多方面的支持。要开辟较为集中的大学生创业专用场地，配备必要的公共设备和设施，为大学生创业企业提供至少 12 个月的房租减免。要提供法律、工商、税务、财务、人事代理、管理咨询、项目推荐、项目融资等方面的创业咨询和服务，以及多种形式的资金支持；要为大学生开展创业培训、实训；建立公共信息服务平台，发布相关政策、创业项目和创业实训等信息。

三、进一步落实和完善大学生自主创业扶持政策，加强创业指导和服务工作

11. 切实落实创业扶持政策。省级教育行政部门要按人力资源和社会保障部、教育部等《关于实施“2010 高校毕业生就业推进行动”大力促进高校毕业生就业的通知》(人社部发〔2010〕25 号)要求，与有关部门密切配合，共同组织实施“创业引领计划”，并切实落实以下政策：对高校毕业生初创企业，可按照行业特点，合理设置资金、人员等准入条件，并允许注册资金分期到位。允许高校毕业生按照法律法规规定的条件、程序和合同约定将家庭住所、租借房、临时商业用房等作为创业经营场所。对应届及毕业 2 年以内的高校毕业生从事个体经营的，自其在工商部门首次注册登记之日起 3 年内，免收登记类和证照类等有关行政事业性收费；登记求职的高校毕业生从事个体经营，自筹资金不

足的，可按规定申请小额担保贷款，从事微利项目的，可按规定享受贴息扶持；对合伙经营和组织起来就业的，贷款规模可适当扩大。完善整合就业税收优惠政策，鼓励高校毕业生自主创业。

12. 积极争取资金投入。省级教育行政部门要与有关部门协调配合，积极争取当地政府和社会支持，通过财政和社会两条渠道设立“高校毕业生创业资金”、“天使基金”等资助项目，重点扶持大学生创业。要建立健全创业投资机制，鼓励吸引外资和国内社会资本投资大学生创业企业。

13. 积极开展创业培训。省级教育行政部门要积极配合有关部门，对有创业愿望并具备一定创业条件的高校学生，普遍开展创业培训。要积极整合各方面资源，把成熟的创业培训项目引入高校，并探索、开发适合我国大学生创业的培训项目。同时，高等学校要加强对在校生的创业风险意识教育，帮助学生了解创业过程中可能遇到的困难和问题，不断提高防范和规避风险的意识和能力。

14. 全面加强创业信息服务。省级教育行政部门和高等学校要加大服务力度，拓展服务内涵，充分利用现有就业指导服务平台，特别是就业信息服务平台，广泛收集创业项目和创业信息，开展创业测评、创业模拟、咨询帮扶，有条件的要抓紧设立创业咨询室，开展“一对一”的创业指导和咨询，增强创业服务的针对性和有效性。

15. 高等学校要出台促进在校学生自主创业的政策和措施。高校可通过多种渠道筹集资金，普遍设立大学生创业扶持资金；依托大学科技园、创业基地、各种科研平台以及其他科技园区等为学生提供创业场地。同时，有条件的高校要结合学科专业和科研项目的特点，积极促进教师和学生的科研成果、科技发明、专利等转化为创业项目。

四、加强领导，形成推进高校创业教育和大学生自主创业的工作合力

16. 省级教育行政部门要把促进高校创新创业教育和大学生自主创业工作摆在突出重要位置。要积极争取有关部门支持，创造性地开展工作，因地制宜地出台并切实落实鼓励大学生创业的政策措施。要加大对高校创新创业教育、创业基地建设的投入力度，在经费、项目和基金等方面给予倾斜。有条件的地区可设立针对大学生的创业实践项目，为大学生创业实践活动提供小额经费支持。根据工作需要，可评选创新创业教育示范校、创业示范基地。

17. 高等学校要把创新创业教育和大学生自主创业工作纳入学校重要议事日程。要理顺领导体制，建立健全教学、就业、科研、团委、大学科技园等部门参加的创新创业教育和自主创业工作协调机制。统筹创新创业教育、创业基地建设、创业政策扶持和创业指导服务等工作，明确分工，切实加大人员、场地、经费投入，形成长效机制。

18. 营造鼓励创新创业的良好舆论氛围。省级教育行政部门和高等学校要广泛开展创新创业教育和大学生自主创业的宣传，通过报刊、广播、电视、网络等媒体，积极宣传国家和地方促进创业的政策、措施，宣传各地和高校推动创新创业教育和促进大学生创业工作的新举措、新成效，宣传毕业生自主创业的先进典型。通过组织大学生创业事迹报告团等形式多样的活动，激发学生的创业热情，引导学生树立科学的创业观、就业观、成才观。

8.2 大学生创业面临的问题

8.2.1 社会影响

（1）传统就业观念影响

现在阻碍大学生创业的首要障碍就在于传统就业观念的影响。社会舆论氛围直接影响着人们的价值观和人生观。所以受追求稳定、安居乐业等传统就业观念的影响，现在全社会范围内仍然没有形成提倡创业精神和重视创业行为的社会氛围，而这样的社会氛围必然会影响到学校教育和大学生对于创业的热情。改革开放以来，我国大学生的价值观和就业观就发生了很多变化，比如在择业过程中急功近利；选择工作时向往东部以及沿海的大城市；对待工资及住房条件则是越高越好等等。这些传统的就业观念还在当代的大学生中影响很大。而且从社会角度来讲，社会对大学生的职业定位过高，造成了有些大学生很难放下身份自主创业。社会上普遍认为大学生是接受过高等教育的人，就应该从事一些体面的工作。而对于大学生从事个体或者社会角色低的工作，人们就会觉得这是很不正常的事情。正由于这种传统就业观念的影响，使得很多大学生不肯放低身价去从事一些社会上现在普遍认为低层次的工作，让他们认为从事这类的工作是很丢脸的。事实上大学生在社会中也只不过是普通的劳动者，任何合法合理的工作都应鼓励学生们去做，而大学生自主创业更是值得提倡的。

（2）缺乏良好创业环境

当前中国的社会总体还是缺少创业氛围，全社会还没有形成支持鼓励和关心的良好的创业环境。从整个社会来看，尽管有很多人通过自己的努力创业取得了成功，也引起很好的社会反映，但是社会整体的创业氛围还不是很浓厚，依然有很多人认为考上大学就是唯一出路，毕业后就要去政府机关事业单位或者公司企业去工作，对于选择自主创业的大学生会产生很多联想和质疑，认为他是没本事找到好的工作才去创业的。现在社会上都是传颂成功人士，而那些创业失败了的却很难以被宽容，这也使大学生在选择创业时面临很大的心理压力，害怕创业失败而不敢大胆开拓创业。除此以外，我国当前社会的诚信意识还有待提高，有一些人不以失信为耻反而以其为荣，各种违法经营和商业欺诈行为屡见不鲜，这些严重地扰乱了我国的市场经济秩序，这都给涉世不深，缺乏历练的大学生创业者带来了很大的阻碍，影响大学生创业的积极性和成功性。

（3）政府政策制度支持

近几年来，中央以及地方各级政府都高度重视大学生创业，出台了一系列的优惠政策，对大学生创业起到了积极的促进作用。但是由于大学生并不是我国现在创业的主体，所以政府对于大学生创业的扶持还没有上升到战略的高度，各项工作都还处于启动阶段，都有待于进一步加强。首先，从这些政策来看，多数都是集中在企业注册，税收和资金支持等方面，而针对创业教育和培训指导等方面的就相对不足。另外，某些优惠政策缺乏相应的配套措施和准则使得政策难以执行。不少大学创业者在办理各种登记手续时，就是因为相关部门不知道该如何操作使得有政策也无用武之地，大学生创业者并没有受到优惠。而在实际的过程中，有关资金扶持的创业政策对创业企业的规模及领域等都有一定的要求，这样能享受到这些优惠政策并不是很容易的事情，再加上政策的资金支持力度不大，这就使得很多大学生创业者没有申请的兴趣，政策的执行效果就大打折扣。

（4）创业资金筹措困难

资金对于任何创业者来说都是必须具备的一项重要资本，对大学生创业者来说更是如此。如果缺乏充足的资金支持，大学生创业就很难取得成功。大多数大学生创业资金都是来自于个人和家庭，其他渠道的融资非常有限。不少大学生虽然具有很高的创业热情，但是因为缺乏足够的启动资金而没有进行创业或是中途因为资金缺乏而导致创业失败。虽然政府和一些高校也设立了关于大学生创业的帮扶基金，但是这些基金的规模普遍都小，又因为牵扯面广，对大学生个体的帮助效果就不是很明显。据了解，一些高校对于大学生创业的扶持资金少的有几百元，最多也只有几千元，这些资金实际的帮助作用并不大，主要是为了激发大学生的创业意识。同时由于我国资本市场秩序还不够完善，多数的风险投资机构对于其投资项目的发展前景及其创业团队的管理能力有很高的要求，所以尽管社会上存在一些风险投资基金，但申请风险投资对于多数的大学生创业者而言是可望而不可及的。此外，由于大学生缺少有效地信用担保，为创业而申请的信贷额度也都较小，所以银行出于对降低信贷审批成本和控制信贷风险等方面的考虑，也都常常不愿意给予大学生创业者提供贷款支持，因此使得国家出台的相关信贷优惠政策难以得到有效执行。

8.2.2 教育及环境

（1）学校创业教育缺乏

从入学率来看，我国高等教育已开始进入大众化教育阶段，但由于我国高等教育长期实施精英教育模式，所形成的教育理念、制度体系、教学管理等都是与精英教育相适应的，没有脱离精英教育的轨道。虽然有的高校实施了与创业有关的教育，但多数人都把与创业教育相关的教育活动看成了企业家或大老板的速成班，被赋予了许多急功近利的色彩。在大多数高等学校中，无论从老师还是到学校管理者都还没有从高等教育大众化的趋势中认识到创业教育对于培养社会经济文化发展所需人才的重要性，缺少对高校实施创业教育的正确认识。具体体现在忽视创业教育的根本作用，没有认识到创业对于就业的促进作用，而是普遍重视毕业生的就业率。现在从整个高等教育的体系来看，我们还没有创造出一套完整的创业教育机制，创业教育还是在高等教育体系之外，没有被纳入到高校人才的培养方案中，如此一来，高校本身也不会为大学生创业提供适当的创业教育平台和条件。

（2）家庭环境影响

来自家庭的意见，是影响大学生创业的一个重要因素，父母的想法会很大程度上影响大学生的创业选择。父母如果鼓励自己的孩子要大胆尝试、勇于开拓、不要害怕失败，那么受父母的影响，大学生在选择创业时就会持更乐观积极的态度。反之父母希望孩子慢慢发展，找一个稳定的工作。那么，大学生在选择自己的创业之路时就会更加小心谨慎。另外，家庭的经济状况也会影响大学生的创业选择。如果父母有比较稳定的收入，家庭经济条件比较好，他们还可以给予大学生创业的某些方面提供支持。那么这些大学生在选择创业时，就会更积极主动，勇于尝试更大的风险；反之，家庭条件不是太好，父母需要子女给予他们帮助，那么这些大学生就会更加在乎创业的成败。充分考虑自身家庭情况，听取父母及亲人的建议，这些都是大学生在创业之路上必经的一道关卡。实际上，父母和亲人的建议对大学生创业选择的影响并不小。虽然已经成人，但是我国大多数大学生，即使已经进入硕士、博士学习阶段，仍然没有在经济上以至心理上摆脱对父母的依赖。

8.2.3 大学生自身创业能力

(1) 创业知识缺乏

在全国范围内展开的大学生创业计划大赛中，很多创业者不能把自己的创意表达出来，同时缺乏个性化的创新意识。即使有创业的想法，但是当付诸实践时又不知道该做什么行业有前途，对于目标市场的定位很模糊以及竞争对手的具体情况也缺乏了解等等，这些现象都说明了大学生自身创业知识的缺乏。

(2) 创业经验不足

大学生有抱负，有理想，但好高骛远，在创业过程中只能理论上的“空想主义”，对于具体的目标选择、市场开拓、经营策略等方面还是缺乏相应的经验与相关的知识。

(3) 创业心态不稳

顽强的意志是创业的基础。在创业中必然会遇到许多矛盾和困难，如果没有好的意志和坚持不懈的精神，就不会取得成功。然而，从对近几年自主创业的大学生的情况分析，不少创业者都缺乏这样的意志，心态不稳。

(4) 创业能力薄弱

创新能力作为大学生创业能力的关键因素，在很多大学生创业失败的实例中，最主要的原因就是忽略了创新。有部分大学生不仅认为自己没有所谓的创业创新能力，而且对毕业后自己的生存能力都存在着怀疑，这种情况主要是因为我们的大学教育仅注重专业上的理论教育，忽视了对大学生的心理教育和职业规划教育。

8.3 大学生常用创业模式

8.3.1 积累演进模式

成功是积攒出来的，积累就是让大家首先从小生意做起、从基础做起，在创业的过程中学习积累，把自己的知识和经验像滚雪球一样逐渐滚大，由量变引起质变，最后成就一番事业。年轻没有失败，大学生的资本就是年轻，较低的起始门槛会使大学生们走很长一段弯路，经历无数的挫折和失败，期间也会有很多的机会与陷阱，这也就意味着必须要付出代价，付出更多的努力，交更多的学费，承受更多的孤独，遭受更多的误解。但你应该感谢这些失败与挫折一次又一次推动你向前更进一步。道路虽然坎坷，但尽头就是光明，它将一直指引着你。

8.3.2 依附式创业模式

大学生如果以未来自主创业为目的的就业，首先要做好正确的选择。充分利用好公司或企业的平台资源，广泛结交和积累人脉资源和其他资源。就算比较成熟以后也不要盲目地、急迫地脱离这个平台。尝试利用现有的平台资源为自己做点事，先在职创业，做出了自己的事业基础，等各方面条件充分成熟以后，再开创自己的事业。与个人创业比起来，连锁加盟能够为大学生创业者提供已有的品牌、规范的运营模式、健全的市场机制等一系列成熟的经营模式。它分享品牌资源、分享经营诀窍、分享资源支持的特点为大学生创业者省去诸多的创业烦恼，并且提高了创业的成功几率。

8.3.3 知识风险模式

知识风险模式就是大学生将自己拥有的专长或技术发明转化为直接的生产力，通过“知本+资本”的方式发展成企业。“知本”就是指的大学生创业者所具备某一专业、技术特长，或成功研制的一项新产品、新工艺；资本指的就是投资者的风险投资。资本助力成功，知识型创业模式主要集中于电子信息、生物技术、高科技农业等技术含量高，知识密集型的行业。

8.3.4 模拟孵化模式

如果已经打定决心创业，创业大赛将提供锻炼的机会和展示的舞台，可以通过这个平台熟悉创业程序、储备创业知识和经验，以及接触和了解社会。企业孵化器由于具备创业的良好物理空间和服务体系，是大学生自主创业的沃土。

8.3.5 网络创业模式

随着网络在我国的飞速发展以及网络经济的迅速崛起，网络经济所蕴含的巨大商机和良好的发展前景使得网络成为时代宠儿。主要步骤是：(1) 创办网站；(2) 网上开店；(3) 网上自由职业。

8.4 大学生创业的优势与弊端问卷调查与分析

8.4.1 改善社会环境

(1) 完善创业环境体系

人是社会型动物，社会文化环境每时每刻都对人的行为方式和价值观念等产生着影响，这既有正面的影响，当然也有负面影响。对于大学生创业来说，不能忽视的就有社会文化环境的影响，只有在和谐的社会文化环境的支持下，才能使得大学生创业活动顺利进行。另外，有关政府部门不仅要提高大学生创业的硬环境建设，还要更深层次的维护大学生创业的软环境，并深刻认识社会的创业文化对于大学生创业的重要影响，同时要建立在高校和其他各种社会成分参加的基础上，由政府主导的创业文化建设机制。在具体实施方面，要加大新闻媒体的宣传力度，充分利用广播电视和网络报纸等媒介，使成功创业的人们发挥其带头作用，从而改变现在社会上的一些传统观念，在全社会刮起一股创业型的社会文化风，最终形成尊重创业和鼓励创业的良好社会氛围，给大学生一个良好舒适的创业环境，激发越来越多的大学生加入到创业的队伍中。另外要完善相应制度和加强立法以及加大宣传教育的力度，从而更快的建设及完善我国信用体系，在全社会建立一种如一处失信则处处受制约的良好机制，并提高全体公民的诚信意识，给大学生创业创造一个诚信经营、公平竞争的市场环境，使得大学生创业能够得以健康正常的开展。

（2）发挥政府政策制度作用

大学生创业是需要多方面的支持和准备的，尤其需要相应的政策和舆论支持，政府对于大学生自主创业要发挥引导者和支持者的作用，如果没有相关法律和政策的支持，大学生创业还是比较难以形成气候的。大学生创业要良性循环发展，首先，政府要在创业资金上给大学生支持，资金问题是大学生自主创业最大的难题之一，即使有少数的大学生存在必要的经济基础，可大多数大学生还都是经济基础薄弱，原始资金对于他们来说是很迫切需要的，所以政府应该发挥“宏观调控”的作用，为大学生创业提供一条绿色通道；其次，政府应该出台一些为大学生创业提供快捷途径的优惠政策，特别是在档案户口和工龄等问题上给予特殊照顾。从现在大学生创业面临的总体环境来看，创业的成本相对来说很高，我们要努力使成本最小化。政府应该在政府职能范围内的领域给大学生创业适当的“开绿灯”，比如场地收较低的费用甚至干脆就不收费，降低大学生的创业成本，从而节约他们的创业资本。另外政府应该把创业者召集到一起，让他们能互相影响、互相帮助，从而使他们成功的创业。因此，政府不但要为大学生创业提供良好的资金和政策支持，而且要积极鼓励大学生进行创业。

（3）合理规划资金来源

融资对于创办企业来说是基础步骤，所以拓宽融资渠道对于大学生创业来说是更为重要的。当前我国企业融资的主要来源有：银行信贷资金、国家财政资金、非银行金融机构资金、民间个人资金、法人单位资金以及境外资金等。而我国大学生创业的主要融资方式有：自筹资金、小额创业贷款、获取“天使”资金、政府扶持资金和创业租赁。除风险资金外的各种融资渠道几乎都没有专门为大学生创业设立的，而且门槛设置的相对来说比较高，这都是很难获取的。所以，政府要降低其他渠道的准入条件，从而保障大学生创业拥有必要的资金。此外，政府要在创业基金、“种子”基金等方面加大投入，同时社会企业和高校也要设置对应的创业基金为大学生创业服务，保证创业资金来源。

8.4.2 提高创业教育水平和家庭支持

（1）加强高校创业教育

创业教育作为一种全新的教育理念，是高等教育发展的一种必然趋势。相对于传统教育，创业教育更多是为了培养学生的创业意识和创业能力。作为培养高级人才的地方，高校更要以建设创新型国家的为目标，承担为社会培养创业型人才的责任，并逐渐完善大学生创业教育的教育体系。一方面，高校要对过去的教学方式和内容进行改革，更加注重学生的实践能力和创新能力。同时要深化课程改革，增加在整个课程体系中创业教育课程及实验和实践等环节的比例，建立一套完整的教学质量评估体系，使创业教育始终贯穿于大学生培养的全过程。另一方面，高校要进一步加强对大学生思想上的教育工作，结合当前社会的创业需要，通过各种方法让大学生树立正确的世界观、人生观和价值观，使其具备艰苦奋斗、敢于挑战，拥有良好的自信心等创业人必备的精神，为大学生创业打下良好的思想基础。另外，学校要不断加强与各级政府部门和相关企业的密切联系，建立大学生创业实习基地和就业拓展中心。同时邀请社会上的知名人士特别是在创业领域有独特建树的企业家到学校开办创业讲座和励志讲座，传输正确的创业理念，从而激发广大学生的创业热情和开拓进取的创业精神，增强大学生的创业自信心。

(2) 转变家庭观念，鼓励大学生创业

大学生创业需要多方面的帮助与支持，因为这是一项长期而艰巨的事业，其中来自家庭的帮助尤为重要，家长和学生对于大学生创业要在思想和行为上高度统一，同时要树立正确的就业观，不能歧视大学生创业。父母对子女就业的倾向常常会对大学生创业的选择产生重大的影响，因而，广大高校学生的父母应该深刻的认识到创业对于其子女成长的重要意义，要改变自身原有的传统就业观念，积极鼓励自己的子女投身创业之中。

8.4.3 完善自身水平，提高创业能力

(1) 大学生应积累经验补充知识

大学生要通过多种方式补充创业缺乏的经验，如参加高校创业教育培训，参加创业大赛等，应经常走向社会进行实践调研，锻炼提高自己的沟通能力和人际交往能力。还要对市场环境进行分析，要清楚了解自己的实力，对自身能力，经济实力和人际关系等要有充分的认识，以便于制定切实可行的计划。大学生创业者应该寻找机会深入社会，了解行业的基本运作模式，多参加社会实践从而积累创业经验。

(2) 大学生要提高自身的心理素质

创业是一个希望和困难同在，机遇和挑战并存的过程，大学生创业者在创业的过程中要培养吃苦耐劳、积极向上的精神品质，要更多的考虑创业过程中的艰难，要增强抗打击和抗挫折能力，在面对困难和挑战的时候以一个积极乐观的心态和顽强拼搏的意志面对它。

(3) 大学生要善于合作，勇于实践，提高创业能力

自主创业并不是只自己一个人创业，它更需要的是团队合作，需要多方的支持和帮助，所以大学生应该充分地利用互联网和众多媒介，积累自己的人脉资源。在实际的创业过程中只有想法和方案是远远不够的，必须要把所学知识灵活的运用到实践中去，大胆的实践，敢于尝试，善于总结和反思。

思考与练习

SIKAOYULIANXI

1. 请简述目前大学生创业遇到的问题有哪些？
2. 请说出五种大学生常用的创业模式。
3. 大学生创业的优势与劣势有哪些？请进行简要描述并分析解决方案。

第9章 创业计划书的撰写

9.1 创业计划书的基本概念

9.1.1 什么是创业计划书

创业计划书意指为商业计划书，是创业者在初创企业成立之前就某一项具有市场前景的新产品或服务，向潜在投资者、风险投资公司、合作伙伴等游说以取得合作支持或风险投资的可行性商业报告，用来描述创办一个新企业时所有的内部和外部要素。创业计划通常是各项职能如市场营销计划、生产和销售计划、财务计划、人力计划等的集成，同时也是提出创业的头三年内所有中期和短期决策制度的方针。

创业计划书的编写一般是按照相对标准的文本格式进行，是全面介绍公司或项目发展前景，阐述产品、市场、竞争、风险及投资收益和融资要求的书面材料。如果有了一份详尽的创业计划书，就好像有了一份业务发展的指示图一样，它会时刻提醒创业者应该注意什么问题，规避什么风险，并最大程度地帮助创业者获得来自外界的帮助。

对于创业计划书的作用而言，一个标准的创业计划至少需包括以下三个方面的作用：

(1) 帮助创业者自我评价，理清思路。

在创业融资之前，创业计划书首先应该是给创业者自己看的。办企业不是“过家家”，创业者应该以认真的态度对自己所有的、已知的市场情况和初步的竞争策略做尽可能详尽的分析，并提出一个初步的行动计划，通过创业计划书做到使自己心中有数。另外，创业计划书还是创业资金准备和风险分析的必要手段。对初创的风险企业来说，创业计划书的作用尤为重要，一个酝酿中的项目，往往很模糊，通过制定创业计划书，把正反理由都书写下来，然后再逐条推敲，创业者就能对这一项目有更加清晰的认识。

(2) 帮助创业者凝聚人心，有效管理。

一份完美的创业计划书可以增强创业者的自信，使创业者明显感到对企业更容易控制、对经营更有把握。因为创业计划提供了企业全部的现状和未来发展的方向，也为企业提供了良好的效益评价体系和管理监控指标。创业计划书使得创业者在创业实践中有章可循。

创业计划书通过描绘新创企业的发展前景和成长潜力，使管理层和员工对企业及个人的未来充满信心，并明确要从事什么项目和活动，从而使大家了解将要充当什么角色，完成什么工作，以及自己是否胜任这些工作。因此，创业计划书对于创业者吸引所需要的人力，凝聚人心，具有重要作用。

(3) 帮助创业者对外宣传，获得融资。

创业计划书作为一份全方位的项目计划，它对即将展开的创业项目进行可行性分析的过程，也在向风险投资商、银行、客户和供应商宣传拟建的企业及其经营方式，包括企业的产品、营销、市场及人员、制度、管理等各个方面。在一定程度上也是拟建企业对外进行宣传和包装的文件。

一份完美的创业计划书不但会增强创业者自己的信心，也会增强风险投资家、合作伙伴、员工、供应商、分销商对创业者的信心。而这些信心，正是企业走向创业成功的基础。

9.1.2 为什么要写创业计划书

创业计划书是用以描述与拟创办企业相关的内外部环境条件和要素特点，为业务的发展提供指示图和衡量业务进展情况的标准。通常创业计划是市场营销、财务、生产、人力资源等职能计划的综合。创业计划书是将有关创业的想法，借由白纸黑字最后落实。创业计划书的质量，往往会直接影响创业发起人能否找到合作伙伴、获得资金及其他政策的支持。创业计划书的侧重点以看计划书的对象而有所不同，譬如是要写给投资者看呢，还是要拿去银行贷款。从不同的目的来写，计划书的重点也会有所不同。

《创业计划书》提出一个具有市场前景的产品或服务，围绕这一产品或服务，完成一份完整、具体、深入的创业计划，以描述公司的创业机会，阐述创立公司、把握这一机会的进程，说明所需要的资源、提示风险和预期回报，并提出行动建议。创业计划聚焦于特定的策略、目标、计划和行动。创业计划可能的读者包括：希望吸纳进入团队的对象、可能的投资人、合作伙伴、供应商、顾客和政策机构。创业必须有一个规范标准的《创业计划书》，创业计划书首先是一种吸引投资的工具，同时也是确定目标和制定计划的很好的参考资料，是一个企业管理和操作的行为指南。

创业计划书是一份全方位的商业计划，其主要用途是递交给投资商，以便于他们能对企业或项目做出评判，从而使企业获得融资。创业计划书有相对固定的格式，它几乎包括反映投资商所有感兴趣的内容。从企业成长经历、产品服务、市场、营销、管理团队、股权结构、组织人事、财务、运营到融资方案。只有内容详实、数据丰富、体系完整、装订精致的商业计划书才能吸引投资商，让他们看懂您的项目商业运作计划，才能使您的融资需求成为现实，商业计划书的质量对创业者的项目融资至关重要。融资项目要获得投资商的青睐，良好的融资策划和财务包装，是融资过程中必不可少的环节，其中最重要的是应做好符合国际惯例的高质量的商业计划书。目前中国企业在国际上融资成功率不高，不是项目本身不好也不是项目投资回报不高，而是项目方创业计划书编写的草率与策划能力让投资商感到失望。创业计划书的起草与创业本身一样是一个复杂的系统工程，不但要对行业、市场进行充分的研究，而且还要有很好的文字功底。对于一个发展中的企业，专业的创业计划书既是寻找投资的必备材料，也是企业对自身的现状及未来发展战略全面思索和重新定位的过程。

《创业计划书》具有创业指导的功能。创业者在完成创业计划书的过程中，通过计划书的设计，系统学习，全面地审核了自己创业的方方面面，通过创业计划书的完成，可以结识未来创业的合作伙伴；可以结识风险投资家、商界和法律界人士，并可以与媒体建立良好的联系；可以培养沟通能力、说服能力、组织能力，增强创业的勇气、信心和能力。所以，《创业计划书》不仅是给投资者看的，更是给自己看的。

9.2 创业计划书的内容

9.2.1 创业计划书的组成部分

一般来说，在创业计划书中应该包括创业的种类、资金规划及基金来源、资金总额的分配比例、阶段目标、财务预估、行销策略、可能风险评估、创业的动机、股东名册、预定员工人数，具体内容一般包括以下11个方面：

（1）封面介绍

封面的设计要有审美观和艺术性，一个好的封面会使阅读者产生最初的好感，形成良好的第一印象。

（2）计划摘要

它是浓缩了的创业计划书的精华。计划摘要涵盖了计划的要点，以求一目了然，以便读者能在最短的时间内评审计划并作出判断。

摘要要尽量简明、生动。特别要说明自身企业的不同之处以及企业获取成功的市场因素。

（3）企业介绍

这部分的目的不是描述整个计划，也不是提供另外一个概要，而是对公司作出介绍，因而重点是公司的理念和如何制定公司的战略目标。

（4）行业分析

在行业分析中，应该正确评价所选行业的基本特点、竞争状况以及未来的发展趋势等内容。

关于行业分析的典型问题：

① 该行业发展程度如何？发展动态如何？

② 创新和技术进步在该行业扮演着一个怎样的角色？

③ 该行业的总销售额有多少？总收入为多少？发展趋势怎样？

④ 价格趋向如何？

⑤ 经济发展对该行业的影响程度如何？政府是如何影响该行业的？

⑥ 是什么因素决定着它的发展？

⑦ 竞争的本质是什么？你将采取什么样的战略？

⑧ 进入该行业的障碍是什么？你将如何克服？该行业典型的回报率有多少？

（5）产品介绍

产品介绍应包括以下内容：产品的概念、性能及特性；主要产品介绍；产品的市场竞争力；产品的研究和开发过程；发展新产品的计划和成本分析；产品的市场前景预测；产品的品牌和专利等。

在产品(服务)介绍部分，企业家要对产品(服务)做出详细的说明，说明要准确，也要通俗易懂，使不是专业人员的投资者也能明白。一般地，产品介绍都要附上产品原型、照片或其他介绍。

（6）组织结构

在企业的生产活动中，存在着人力资源管理、技术管理、财务管理、产品管理等等。这里面每个环节都很重要。其中投资人非常看重创始人背景和产品的前景，如果创始团队背景非常亮眼或者创始人能力出众，都很容易取得投资人的信任和关注，相对而言也会比较容易拿到投资。如果你的产品前景广阔，那就要让投资人充分了解，这样投资人会因为产品方向好而投资。

（7）市场预测

应包括以下内容：

① 需求进行预测；

② 市场预测市场现状综述；

③ 竞争厂商概览；

④ 目标顾客和目标市场；

⑤ 本企业产品的市场地位等。

（8）营销策略

对市场错误的认识是企业经营失败的最主要原因之一。

在创业计划书中，营销策略应包括以下内容：

① 市场机构和营销渠道的选择；

② 营销队伍和管理；

③ 促销计划和广告策略；

④ 价格决策。

（9）制造计划

创业计划书中的生产制造计划应包括以下内容：

① 产品制造和技术设备现状；

② 新产品投产计划；

③ 技术提升和设备更新的要求；

④ 质量控制和质量改进计划。

（10）财务规划

财务规划一般要包括以下内容：

其中重点是现金流量表、资产负债表以及损益表的制备。

流动资金是企业的生命线，因此企业在初创或扩张时，对流动资金需要预先有周详的计划和进行过程中的严格控制；

损益表反映的是企业的盈利状况，它是企业在一段时间运作后的经营结果；资产负债表则反映在某一时刻的企业状况，投资者可以用资产负债表中的数据得到的比率指标来衡量企业的经营状况以及可能的投资回报率。

（11）风险管理

① 你的公司在市场、竞争和技术方面都有哪些基本的风险？

② 你准备怎样应付这些风险？

③ 就你看来，你的公司还有一些什么样的附加机会？

④ 在你的资本基础上如何进行扩展？

⑤ 在最好和最坏情形下，你的五年计划表现如何？

如果你的估计不那么准确，应该估计出你的误差范围到底有多大。如果可能的话，对你的关键性参数做最好和最坏的设定。

9.2.2 创业计划书的具体内容

创业计划书是将有关创业的想法，借由白纸黑字最后落实的载体。创业计划书的质量，往往会直接影响创业发起人能否找到合作伙伴、获得资金及其他政策的支持。如何写创业计划书呢？要依目标，即看计划书的对象而有所不同，譬如是要写给投资者看呢？还是要拿去银行贷款，从不同的目的来写，计划书的重点也会有所不同。

通常一本创业计划书在前面需要写一页左右的摘要，接下来是创业计划书的具体章节，一般分成十大章。

1. 事业描述

你的事业到底是什么。必须描述所要进入的是什么行业是买卖业、制造业还是服务业，卖什么产品还是提供什么服务，谁是主要的客户，还有进入产业生命周期是处于萌芽、成长、成熟还是衰退阶段再来要进入事业的状况是新创的还是加入或承接既有的那么是要用独资的方式呢还是合伙或公司的形态为何能获利、成长打算开业要不要配合节庆营业时间有多长是否有季节性。

2. 产品/服务

产品和服务到底是什么，或者是两者都有。有什么特色的产品之特色能带给客户什么利益还有的东西跟竞争者有什么差异如果的产品或服务是创新、独特的，如何使人想买还有如果有的产品服务并不特别，为什么顾客要买。

3. 市场

就是你的东西要卖给谁，先界定目标市场在哪里，就像刚刚提的：客户是几岁到几岁的年龄层是在既有的市场去服务既有的客户呢还是在既有市场去开发新客户呢还是在新市场去服务既有客户或是在新市场去开发新客户不同的市场、不同的客户都有不同的营销方式。什么叫市场营销就是要先找到的客户是谁，找出客户后想办法，让客户从口袋把钱拿出来买的东西。销售时要知道真正的客户在哪里，产品对客户有什么样的利益，要用哪种营销方式，通路是直销还是要找经销商，还有怎样去定位、上市、促销，这些都跟市场规模多大、想要有的市场占有率和每年成长的潜力有关。当市场成长时，市场占率会上升或下降市场是否竞争激烈若不是，为何再来怎么定价，预算要怎么做要采取什么样的策略等等。

4. 地点

一般公司对地点的选择可能影响不那么大，但是如果要开店，店面地点的选择就很重要，要不然为什么麦当劳要开在街口转角。通常一个不好的地点绝对会让关门大吉，好的地点会让利润多一点。

5. 竞争

在下列三种时候要做竞争分析，留意跟竞争者的关系。

(1) 当要创业或要进入一个新市场时，当然要先做竞争分析。

(2) 竞争有时是来自直接的竞争者，有时是来自其他的行业，所以当一个新竞争者进入在经营的市场时要做竞争分析。

(3) 随时随地做竞争分析，这样最好最省力，可以从这五个方向去想：谁是最接近的五大竞争者，他们的业务如何，他们与业务相似的程度，从他们那里学到什么，如何做得比他们好。

6. 管理

要建立自己的管理专业及相关背景，清楚自己的弱势，创业团队之间如何互补创业团队之间的强弱势，彼此间职务及责任如何分工职责是否界定明确，除了团队本身是否有其他资源可分配和取得，中小企业98%的失败来自于管理的缺失，其中45%是因为管理缺乏竞争力，还没有明确的解决之道。另外，20%是因为公司内部专业不均衡，这要加强自己的专业。还有18%是缺乏管理经验，要找互补性的事业伙伴来弥补。另外还有9%是没有相关产业的经验、3%是经营者掉以轻心、2%被人家诈欺背信，最后1%是来自天然或人为的灾难。

7. 人事

要考虑人事需求是什么，还需要引进哪些专业技术，有专业技术的人在哪里，可否引入是需要全职还是非全职的人力，薪水是算月薪或时薪，所提供之福利有哪些，是不是有加班费，这些人事成本会是多少。

8. 财务需求与运用

筹资/融资款项要如何运用呢是要拿来营运周转还是添购设备、备料进货或是技术开发，要何时动用还有供货商、规格、品牌、价格、数量、运费、税金等需求如何计算筹融资款对专业的获利有何贡献未来 3 年的损益表、资产负债表和现金流量表预估了吗第 1 年报表要以每月为基础，第 2、3 年则以每年为基础。

9. 风险

经营企业一定会有风险，平时就要注意。风险不是说有人竞争就是风险，风险可能是：当初选的地点旁有捷运，可是后来捷运不经过。还有进出口会有汇兑的风险、餐厅有火灾的风险。另外还要注意当风险来时如何应对。

10. 成长与发展

在创业计划书中要想：下一步要怎么样，三年后要怎么样，五年以后要怎么样，这个计划是要能永续经营的，所以在规划时要能够做到深耕化、多元化和全球化。

9.2.3 创业计划书包含项目的说明

9.2.3.1 概要

概要作为商业计划的第一部分，是对整个商业计划的浓缩，是整个商业计划的精髓所在。商业计划概要应简洁、清楚地介绍你的商业项目(产品或服务)的机会、商业价值、目标市场的描述和预测、竞争优势、核心的管理手段和资金需求、盈利能力预测、团队概述、预期投资人得到的回报等。

9.2.3.2 创业组织概述

此处要对创业组织做出介绍，重点是创业组织的理念和战略目标。作者应明确回答下列问题：

(1) 创业组织的业务是什么？想取得一个怎样的市场和产品/服务领域？

(2) 创业组织成立的背景如何？新生的公司将是一个什么性质的合法实体？

(3) 公司的第一步(下一步)要做的工作是什么？

在这部分，重点工作是给公司定位。即：战略是什么；关键的制胜因素是什么；什么是公司重要的里程碑。给风险投资家一个清晰的远景规划，使他们知道你打算和正在干什么。描述应该生动，但不能太长。

9.2.3.3 产品与服务

商业计划中的产品或服务必须具有创新性，所以计划书中一定要在某些细节上做出比较详细的解释。向风险投资家介绍它的优点、价值，把它与竞争对象进行比较，讨论它的发展步骤，并列出初步开发它所需要的条件。只有当一个新的产品/服务优于市场上已有的产品/服务时，它才可能受到顾客的青睐。清楚地解释产品/服务能完成的功能，从而使顾客能够认清它的功能价值。如果市场上存在替代性产品/服务，还应该解释它还具有哪些额外价值。

风险投资家往往很重视自己投资的风险，所以在认真完成产品/服务功能的描述之后，做出一个样品，对证明产品/服务的可实现性无疑是很有意义的。

有必要对公司独立拥有的技术、技术发展的内外部环境和软硬件环境做出简要介绍。也可以对研究与开发的基础和方向以及将来的产品/服务做出预测。

9.2.3.4 市场分析

公司价值的巨大增长只有在市场潜力同等巨大时才能取得。对公司将要进入的行业和市场进行分析，可以估计出产品/服务真正具有的潜力。所以商业计划书中必须对可能影响需求和市场策略的因素进行进一步分析，以使潜在的投资者们能够判断公司目标的合理性以及他们将相应承担的风险。

这里有许多可以利用的信息资源：报纸、期刊、市场研究、专论、行业向导、贸易团体和政府机构公开的信息等等。当然，还可以向专家请教。

9.2.3.5 经营策略

商业计划中一项重要的内容就是阐述公司的销售和竞争策略。所谓销售策略，即公司产品/服务投放市场的理念。比如：公司计划怎样在市场上销售产品/服务以实现公司设定的市场目标？为了实现这个任务和完成这个目标，应当怎样尽可能清楚而完整地介绍产品/服务投放到市场的策略，以及公司的整个市场理念和投放计划等。

所谓竞争策略，是指企业如何对付竞争对手以争取更大的销售收入，实现企业的经营目标的行动准则和方式。企业要在市场竞争中处于不败之地，必须根据企业的具体情况制定适合本企业的竞争策略。要制定企业的竞争策略，必须首先明确企业的竞争环境和竞争形势。企业的竞争策略从总体上可以分为三种类型：低成本策略、产品差异化策略、专营化策略，它们分别与企业的产品生产、产品开发和产品销售相关联。一般涉及如下问题：

(1) 营销计划

选择目标市场；制定产品决策(调整和计划合理的产品数量以适应各个市场的现实和潜在需求，调整和改进产品的式样、品质、功能、包装，开发新产品，优化产品组合，确定产品的品牌和商标、包装策略)；制定价格决策(确定企业的定价目标、定价方法、定价策略，制定产品的价格和价格调整方法)；制定销售渠道策略，选择适当的销售渠道；制定销售促进决策(人员推销、广告、宣传、公共关系、营业推广、组织售前售中售后服务等)。

(2) 规划和开发计划

产品/服务开发的规划目标、当前所处的状态以及开发计划，可能遇到的困难和风险预测。

(3) 制造和操作计划

产品/服务使用寿命、生产周期和生产组织，设备条件、技改的必要性和可能性。

9.2.3.6　管理队伍

管理部分一般是风险投资家在阅读概要部分后首先要关注的内容，他们急于知道管理队伍是否有能力和经验管理好公司的日常运作，所以有必要写一个相当简短甚至可以是粗略的管理计划。

介绍管理队伍时需要注意的是：

(1) 创业者有相关背景的经验和以前成功的经验比很高的学历更有说服力；

(2) 计划书中对管理人员的奖惩制度进行说明，可以使风险投资家更相信公司的管理队伍会以充分的热情来实现预定的目标；

(3) 公司主要领导成员的持股情况也有必要给予介绍。

9.2.3.7　路线研究

在商业计划书中，要就企业发展战略中的一些关键指标或重要问题的决策及早做出系统的策划。画一个“图”显示公司将要面临的决策点，包括可能采取的替代方案等等。系统而深刻的路线研究将使公司具有充分的灵活性，即使在面临压力时也能应付自如。

9.2.3.8　财务分析

财务分析的目的显示公司的财务健康状况。商业计划书中应该把前面几个部分收集的数据整理成一个 5 年计划。这个计划包括以下三个部分：资金预算、收入预测和项目的资产负债表。项目的现金流量是一个非常重要的信息，因为它展现了计划执行中的资本需求数量。对于资本的评价，可以从收入和利润的预测开始，然后建立相应的资产负债表。在这之前，必须仔细考虑预期的人力资源和资本花费等方面的问题。

(1) 资金预算

现金流量计划是必须做的，它可以让风险投资家确信公司不会破产和面临金融崩溃，所以商业计划书中必须计划出所有可能支付的时间和金额。为了让公司现金流量计划更加准确，应该做出第一年的每月计划，第二年的季度计划，第三年的半年计划，第四年、第五年的年度计划。

(2) 收入预测

风险投资家需要知道他们在每年年底的预期收入。按照商业计划所预测的标准收入线做出的五年的收入预测，会提供给他们一些重要信息。计算每一年的总收入和总支出从而得到净利润和损失，以每年的实际交付为基础制作收益表。

(3)项目的资产负债表

风险投资家也会对项目资产负债表感兴趣，因为他们想知道资产的预期增长情况。资产的类型和价值放在资产负债表的资产方，而负债和收入则放在另一边。和收益表一样，要用标准的账户格式。资产负债表也应该以每年的实际交付为基础计算。如果缺乏财务预测方面的经验，可以向有关专业人士请教，也可以考虑把具有这种技巧的人士加入到你的团队里来。

9.2.3.9 机会和风险

机会与风险总是相伴而生的。对于一个新创的企业，其未来所面临的情况总是未知的，这也正是创业的魅力所在。对于缺乏社会经验和必要的工作经历而又要尝试创业的学生来讲，涉及以下问题：

(1) 公司在市场、竞争和技术方面都有哪些基本的风险?

(2) 公司准备怎样应付这些风险?

(3) 公司还有一些什么样的附加机会?

(4) 如何在资本基础上进行扩展?

(5) 在最好和最坏情形下，公司未来 5 年计划表现如何?

如果可能的话，对公司一些关键性参数作最好和最坏的设定，估计出最好的机会和最大的风险，以便风险投资家更容易估计公司的可行性和他相应的投资安全性，这样获得风险投资的可能性就更大些。

9.2.3.10 资本需求

现金流量表可以反映出公司资金需求的时间和数量，但却不能反映出它的真正用途。一般来说，公司应该给愿意或能够出借或投资的人每一项具体的资本需求，说明它是用于研究、生产启动投资还是现金存留，等等。简单地说，资本是一个企业运行的燃料，企业要想获得多大程度的发展，就必须添加多少燃料。大多数初创企业的失败，不是由于缺乏一般意义上的管理技巧或是产品，而是由于缺乏足够的资金。资金来源的渠道包括：

(1) 个人;

(2) 亲属和朋友;

(3) 非正式的私人投资者;

(4) 产品/服务的供应商;

(5) 银行;

(6) 政府;

(7) 投机资本;

(8) 风险投资基金;

(9) 首次公开上市;

(10) 部分附属公司的上市。

对于新创公司来说，利用(1)、(2)、(3)、(8)所述的渠道更现实些。

9.2.3.11 应该和不应该的注意点

应该：清楚，简洁；展示市场调查和市场容量；确定顾客的需求并引导顾客的需求；

解释他们为什么会掏钱买你的产品/服务；在头脑中要由一个投资退出策略；解释为什么你最合适作这件事；请读者做出反馈。

不应该：过分乐观；拿出一些与产业标准相去甚远的数据；仅面向产品；忽视竞争威胁；进入一个拥塞的市场；交一份不专业的创业计划；滥发计划，盲目寻找投资人。

9.2.4　创业计划书的特点

（1）结构合理

投资者应当能够在计划中找到他们所关注问题的答案，很容易找到他们特别感兴趣的话题。这就要求商业计划必须有一个清楚的结构，使读者能够灵活地选择他们想要阅读的部分。

（2）以客观性说服投资者

尽量使自己的语气比较客观，使投资者有机会仔细地权衡你的论据是否有说服力，而不是无边际吹牛广告。

（3）让大众也能读懂

一些创业者认为可以用丰富的技术细节、精心制作的蓝图，以及详细的分析给投资者留下深刻的印象。其实只有极少数情况下，会有技术专家详细地评估这些数据。大多数情况下，简单的说明、草图和照片就足矣。如果计划中必须包括产品的技术细节和生产流程，应当把他们放在附录中去。

9.2.5　创业计划书中包含的9个方面

（1）公司摘要

这一部分要介绍公司的主营产业、产品和服务、公司的竞争优势以及成立地点时间、所处阶段等基本情况。

（2）公司业务描述

这一部分介绍公司的宗旨和目标、公司的发展规划和策略。

（3）产品或服务

介绍公司的产品或服务，描述产品和服务的用途和优点、有关的专利、著作权、政府批文等。

（4）收入

介绍公司的收入来源，预测收入的增长。

（5）竞争情况及市场营销

分析现有和将来的竞争对手、他们的优势和劣势，以及相应的本公司的优势和战胜竞争对手的方向

（6）管理团队

对公司的重要人物进行介绍，包括他们的职务、工作经验、受教育程度等；公司的全职员工、兼职员工人数；哪些职务空缺。

（7）财务预测

公司财务报表、5年的财务报表预测、投资的退出方式(公开上市、股票回购、出售、兼并或合并)。

(8) 资本结构

公司资金筹集和使用情况、公司融资方式、融资前后的资本结构表。

(9) 附录

支持上述信息的资料：管理层简历、销售手册、产品图纸等。

9.3 如何写好一份创业计划书

9.3.1 创业计划书的编写步骤

准备创业方案是一个展望项目的未来前景、细致探索其中的合理思路、确认实施项目所需的各种必要资源、再寻求所需支持的过程。

需要注意的是，并非任何创业方案都要完全包括上述大纲中的全部内容。创业内容不同，相互之间差异也就很大。

第 1 阶段：经验学习。

第 2 阶段：创业构思。

第 3 阶段：市场调研。

第 4 阶段：方案起草。

写好创业方案全文，加上封面，将整个创业要点抽出来写成提要，然后要按下面的顺序将全套创业方案排列起来：

(1) 市场机遇与谋略；

(2) 经营管理；

(3) 经营团队；

(4) 财务预算；

(5) 其他与听众有直接关系的；信息和材料，如企业创始人、潜在投资人，甚至家庭成员和配偶。

第 5 阶段：最后修饰阶段。

首先，根据报告，把最主要的东西做成一个 1~2 页的摘要，放在前面。其次，检查一下，千万不要有错别字之类的错误，否则别人对你是否做事严谨会怀疑的。最后，设计一个漂亮的封面，编写目录与页码，然后打印、装订成册。

第 6 阶段：检查。

可以从以下几个方面加以检查：

(1) 创业计划书是否显示出具有管理公司的经验。

(2) 创业计划书是否显示了有能力偿还借款。

(3) 创业计划书是否显示出已进行过完整的市场分析。

(4) 创业计划书是否容易被投资者所领会。创业计划书应该备有索引和目录，以便投资者可以较容易地查阅各个章节。还应保证目录中的信息流是有逻辑的和现实的。

(5) 创业计划书中是否有计划摘要并放在了最前面，计划摘要相当于公司创业计划书的封面，投资者首先会看它。为了保持投资者的兴趣，计划摘要应写得引人入胜。

(6) 创业计划书是否在文法上全部正确。

(7) 创业计划书能否打消投资者对产品(服务)的疑虑。

9.3.2　创业计划书的编写技巧

任何商业计划书都必须十分注意管理阶层的背景资料，详细说明他们的姓名及令人信服的各种资料，这是商业计划基本要求，也是商业计划书包装最基本的要求。而好的商业计划书包装还要说明为什么能开创这独特的产品或服务，并由此获得大量收益。

(1) 产品和服务具有独特性

企业有独一无二的优势吗？这些优势体现在技术、品牌、成本等方面，而这些优势能保持多长时间也是投资方决定是否投资的重要因素之一。

(2) 商业模式和赢利模式可行

商业模式是如何生产商品，如何提供服务和市场策划等，赢利模式是如何赚钱，如何把产品和服务转化为利润。商业模式和赢利的模式的可行性，最终又体现在企业的执行力上。

(3) 高效的管理

大多数风险投资者认为，任何风险投资的成功关键都是管理。管理也是风险投资者第二关心的问题，风险投资领域的传统观点认为，如果点子好，但管理差，可能失去机遇，如果点子差，但管理好，则可能争取机遇。而其中“好”的含义也是多方面的。

(4) 风险投资都是利字当头

提供有说服力的公司财务增长预测是义不容辞的责任。所以，风险投资都选择有竞争力的企业、行业中的龙头。要想吸引投资，商业计划书要写明自己企业的规模、计划、发展状况等。

(5) 退出机制

风险投资者如何摆脱某种状态是影响其投资决策的重要因素，也就是说，风险投资者在决定进入之前，一定要事先找出退身之路。他们不想长时期在你公司拥有产权，他们希望其投资与其他资本共同作用一段时间而后抽走，这样就要求有退身之路。主要退出有：

① 公司股票上市。这样，投资者可将自己拥有的，该公司股权公开出售。

② 公司整体出售。即包括风险资本公司的权益同时出售给有关公司，通常为大公司。

③ 公司、你个人或第三团体把投资者拥有的本公司权益买下或卖回，商业计划书对有关事项应详细说明。

9.4　创业计划书范文

9.4.1　范文一

(1) 市场分析

长期以来，国内居民因生活水平较低，对以“厨房”和“卫生间”为主要服务对象的小家电消费很少。据统计，目前国内城镇家庭小家电的平均拥有量只有三四种，而欧美国家这一统计数字高达37种。每年国内有至少260万住户搬入新家，随着人们生活水平提高，对“厨房”和“卫生间”的日益重视，小家电产品的加速普及与换代升级必将孵化出惊人市场推动力，小家电的市场发展前景非常广阔。今后2~3年内，我国小家电行业将步入黄金发展阶段，市场需求量年增幅有可能突破30%。

对于浴室取暖用的小家电只有浴霸和暖风机两种。全国生产浴霸的企业为376家，2001年国内销量估计为400万台，2002年为550万台，2003年达到700万台，销售额超过10亿元。在城市居民家庭中，浴霸拥有率不到15%(2004年)，国内消费者对浴霸认同度达82%，市场空间巨大。

我国长江流域地区，大多住宅没有暖气，冬季洗澡取暖一直是个大问题。虽然有浴霸和暖风机，但人们更期待一种简便、有效的取暖器具。根据调查，人们对本产品的印象还是不错的，市场潜力巨大。比照浴霸和暖风机市场，本产品销售市场至少在5亿~10亿元。我们完全可以借助专利技术优势，迅速占领浴室取暖设备市场，建立自己的品牌和销售网络。(以上数据来源于《消费日报》、中国家用电器协会)

(2) 我们的目标

我们的目标是，在2006年制出样品进入市场，发展地市级以上代理商10~15家，销售额在200万元以上，2007年达到500万销售额，2008年达到2000万销售额，利润率保持在30%~50%。

(3) 资金使用

由于本产品以前市场上从未有过，所以初期样品试制、模具开发等费用投入较大，估计在10万~15万元；

各种认证、许可证、商标：5万元；

公司组建、购买相关办公用品、人员招募、公司网站等：10万元；

房租水电费、人员工资(半年)：15万元；

参加展会、广告费：10万元；

小批量生产成本(5000件)：20万~25万元；

周转资金：20万元。

合计：100万元。

(4) 产品成本及盈利分析

为节省费用，降低投资风险，先期的小批量生产以委外加工为主，暂不购买生产设备。本产品主要包括：桶体，盖子，加热盘，漏电保护器，防干烧保护器，开关，蒸汽调解板，底座，密封圈。其中加热盘7~8元，漏电保护器12元，防干烧保护器1.5元，开关0.5元，其余为塑料件，价格15元，另外产品包装、接线螺丝、运费等，成本合计在40元以下。

批发价暂定为80元，每个毛利为40元，估计两年能收回投资并稍有盈利。

(以上数据是调查的零配件经销商，还有向下浮动的可能)

(5) 销售前景

市场上还没有同类产品，产品销售压力较小。建议利用各地电器批发商现成的销售网络，进行代理销售。已与多家商家联系过，初步达成销售意向。

(6) 合作方案

本专利项目是非职务发明，专利权为个人所有。具体合作方式由双方协商议定。

(7) 原材料供应方案

可外协生产，无特殊要求。

(8) 本项目的未来

由于本产品制造简便，门槛低，难免被人仿造。除了加强打假力度之外，不断升级产品也是拓展市场的必要手段。已开发了两款样品，准备继续推出 3-5 款新品，随着产品的升级换代，我们必能牢牢站稳市场。

9.4.2 范文二

1. 摘要

(1) 公司基本情况(公司名称、成立时间、注册地区、注册资本，主要股东、股份比例，主营业务，过去三年的销售收入、毛利润、纯利润，公司地点、电话、传真、联系人。)

(2) 主要管理者情况(姓名、性别、年龄、籍贯，学历/学位、毕业院校，政治面貌，行业从业年限，主要经历和经营业绩。)

(3) 产品/服务描述 (产品/服务介绍，产品技术水平，产品的新颖性、先进性和独特性，产品的竞争优势。)

(4) 研究与开发 (已有的技术成果及技术水平，研发队伍技术水平、竞争力及对外合作情况，已经投入的研发经费及今后投入计划，对研发人员的激励机制。)

(5) 行业及市场 (行业历史与前景，市场规模及增长趋势，行业竞争对手及本公司竞争优势，未来 3 年市场销售预测。)

(6) 营销策略 (在价格、促销、建立销售网络等各方面拟采取的策略及其可操作性和有效性，对销售人员的激励机制。)

(7) 产品制造 (生产方式，生产设备，质量保证，成本控制。)

(8) 管理 (机构设置，员工持股，劳动合同，知识产权管理，人事计划。)

(9) 融资说明 (资金需求量、用途、使用计划，拟出让股份，投资者权利，退出方式。)

(10) 财务预测 (未来 3 年或 5 年的销售收入、利润、资产回报率等。)

(11) 风险控制 (项目实施可能出现的风险及拟采取的控制措施。)

2. 专业版目录

第 1 章　公司基本情况

1.1　项目公司与关联公司

1.2　公司组织结构

1.3　公司管理层构成

1.4　历史财务经营状况

1.5　历史管理与营销基础

1.6　公司地理位置

1.7 公司发展战略

1.8 公司内部控制管理

第2章 产品介绍

2.1 产品/服务描述(分类、名称、规格、型号、产量、价格等)

2.2 产品特性

2.3 产品商标注册情况

2.4 产品更新换代周期

2.5 产品标准

2.6 产品生产原料

2.7 产品加工工艺

2.8 生产线主要设备

2.9 核心生产设备

2.10 研究与开发

2.10.1 正在开发/待开发产品简介

2.10.2 公司已往的研究与开发成果及其技术先进性

2.10.3 研发计划及时间表

2.10.4 知识产权策略

2.10.5 公司现有技术开发资源以及技术储备情况

2.10.6 无形资产(商标知识产权专利等)

2.11 产品的售后服务网络和用户技术支持

2.12 项目地理位置与背景

2.13 项目建设基本方案

第3章 行业及产品市场分析

3.1 行业情况(行业发展历史及趋势，哪些行业的变化对产品利润、利润率影响较大，进入该行业的技术壁垒、贸易壁垒。政策限制等，行业市场前景分析与预测)

3.2 产品原料市场分析

3.3 目标区域产品供需现状与预测(目标市场分析)

3.4 产品市场供给状况分析

3.5 产品市场需求状况分析

3.6 产品市场平衡性分析

3.7 产品销售渠道分析

3.8 竞争对手情况与分析

3.8.1 竞争对手情况

3.8.2 本公司与行业内五个主要竞争对手的比较

3.9 行业准入与政策环境分析

3.10 产品市场预测

第4章 产品生产发展战略与营销实施计划

4.1 项目执行战略

4.2　项目合作方案
4.3　公司发展战略
4.4　市场快速反应系统(IIS)建设
4.5　企业安全管理系统(SHE)建设
4.6　产品销售成本的构成及销售价格制订的依据
4.7　产品市场营销策略
4.7.1　在建立销售网络、销售渠道、设立代理商、分销商方面的策略与实施
4.7.2　在广告促销方面的策略与实施
4.7.3　在产品销售价格方面的策略与实施
4.7.4　在建立良好销售队伍方面的策略与实施
4.8　产品销售代理系统
4.9　产品销售计划
4.10　产品售后服务方面的策略与实施
第5章　产品生产及SWOT综合分析
5.1　项目产品制造情况
5.1.1　产品生产厂房情况
5.1.2　现有生产设备情况
5.1.3　产品的生产制造过程、工艺流程
5.1.4　主要原材料供应商情况
5.2　项目优势分析
5.3　项目弱势分析
5.4　项目机会分析
5.5　项目威胁分析
5.6　SWOT综合分析
第6章　管理与人员计划
6.1　组织结构
6.2　管理团队介绍
6.3　管理团队建设与完善
6.3.1　公司对管理层及关键人员将采取怎样的激励机制
6.3.2　是否考虑管理层持股问题
6.4　人员招聘与培训计划
6.5　人员管理制度与激励机制
6.6　成本控制管理
6.7　项目实施进度计划
第7章　风险分析与规避对策
7.1　经营管理风险及其规避
7.2　技术人才风险及其规避
7.3　安全、污染风险及控制

7.4 产品市场开拓风险及其规避
7.5 政策风险及其规避
7.6 中小企业融资风险与对策
7.7 对公司关键人员依赖的风险
第8章 投入估算与融资说明
8.1 项目中小企业融资需求与贷款方式
8.2 项目资金使用计划
8.3 中小企业融资资金使用计划
8.4 贷款方式及还款保证
8.5 投资方可享有哪些监督和管理权力
8.6 投资方以何种方式收回投资，具体方式和执行时间
第9章 财务预算及财务计划
(每一项财务数据要有依据，要进行财务数据说明)
9.1 财务分析说明
9.2 财务资料预测(未来3~5年)
9.2.1 销售收入明细表
9.2.2 成本费用明细表
9.3.3 薪金水平明细表
9.3.4 固定资产明细表
9.3.5 资产负债表
9.3.6 利润及利润分配明细表
9.3.7 现金流量表
9.3.8 财务收益能力分析
(1) 财务盈利能力分析
(2) 项目清偿能力分析
第10章 公司无形资产价值分析
10.1 分析方法的选择
10.2 收益年限的确定
10.3 基本数据
10.4 无形资产价值的确定
附件：
附件Ⅰ：项目实施进度
附件Ⅱ：其他补充内容

9.4.3 范文三

创新创业计划书

1. 摘要

项目名称：跑跑乐校园

第一，项目背景。

随着疫情的蔓延，导致大部分学校都做好了疫情防控，封校。像咱们学校，北门关闭、南门和新苑生活区门定时定点开放，给同学们生活体验带来了非常不便利，还有就是咱们学校小，人流量大，一到下课，南门和苗圃巷就堵死，买饭和拿快递都不方便。

因此我们创建校园跑跑乐项目，以懒人经济和为学生提供便利作为市场切入点、同时为学生提供兼职平台，满足想挣点零花钱的同学和为一些同学提供相对应的便利服务，满足个性消费为主题，以代取快递、带买饭、游戏陪玩、其他服务为试点，带动学校周边店铺知名度同时也为学生提供便利，最终成为为学生提供便利的平台。我认为非常可行。

第二，公司项目策划。

1. 公司非常明确，在微信上面做了一个小程序跑跑乐校园，上面开通了便利服务，找全国各地的大学校园合伙人，一起开展跑跑乐校园。

2. 公司总部在泉州市，最先在泉州职业技术学院开展了跑跑乐校园，取得了良好的效果，随后公司开始抖音推广，招收全国各地校园合伙人，扩展市场。

第三，经营环境和客户分析。

1. 行业分析。当下，随着国家各项政策的出台和各种防疫举措的实施，疫情已经得到了极大的控制，绝大部分高校已经按时开学，同学们已经投入到忙碌的学习生活中去了但是大学人口比较密集，为避免大规模感染，现在大部分高校都实行封闭式管理，学生不能随意进出校门，但是同学们在学校待久了，难免会吃腻食堂。甚至在学校里待久了许多大学生不想出门干饭和取快递，这就让校园跑腿有了“可乘之机”，通过跑腿项目来给我们提供服务，满足了广大大学生的需求。

2. 懒人经济的发展。“懒人经济”的出现是件利大于弊的好事，是社会发展的必然。我不同意它的发展会让我们人类退化，因为这是人类智慧的产物。换句话说，越是聪明的人越懂得怎样去“偷懒”，想偷懒就要去发展科技，用科技来美丽人生，这反倒能推动我们社会的进步。而外卖就是懒人经济的一个代表，因为懒，所以我们不想出门，想要那种饭来张口的生活，而外卖就可以满足足不出户就可以干饭。用手机在某团，某么上选择自己喜欢的商品，点击下单，过一会儿就有外卖小哥来敲门，把商品送到我们的手上。但大部分学校因为安全起见，不允许外来人员进入，所以外卖无法送到寝室。而校园跑腿可以将外卖送到寝室，这满足了我们的懒人心理，也让校园跑腿的运营主赚点盆满钵满。

3. 客户分析。因为校园跑针对的就是本校园，主要服务的就是该校学生，大学校园是一个相对封闭的环境。学生基数大，居住集中，年龄差距小，消费趋势类似，寒暑假交替，学生三年、四年一交替，接单员又是本校学生，可以送到宿舍里面或者宿舍楼下，又可以为勤工俭学的学生提供兼职，接单自由，金钱自由，所以校园跑腿可以做到可持续性发展。

第四，分析市场营销战略。

1. 校园跑跑乐投资成本少，主要是宣传，要让学生知道有这个平台，所以宣传可能需要一点成本。宣传主要通过抖音、校园表白墙、定制一些宣传单页在南门和苗圃巷发放，在建立微信和QQ群，拉学生进群，在推广一些小活动，比如首单免费啥的，让学生先体验，让他们知道校园跑可以为他们提供便利。

2. 当你成立了校园跑腿，你就需要制定规则及人员的筛选，选出管理员及兼职人员。

因为大学生主要还是以学习为主，所以许多同学的工作时间是随机的，所以我们需要一些自由兼职，即有时间就接单，没时间就不接的流动兼职。

3. 校园跑腿系统为校园团队提供全套的技术系统及运营的方案，成本低，见效快，各种场景都可以自主选择服务，让校园跑腿运营变成一种价值产物，找到信任的小伙伴，一起做合伙人，提前感受创业的魅力，为未来增添一份不可缺的能力。

第五，运营费用估计。

1. 原理，把每一分钱都用在刀刃上，充分发挥其价值

2. 加入大学生校园合伙人是588一年，然后定制宣传页、招募接单员、后台运营和客服我们可以自己接管，主要就是在宣传方面需要投资一点钱。基本投资少。

3. 然后一个单子在小程序发出来，接单员可以接单，然后完成客户需求。利润是接单员占80%，校园合伙人占12%，公司占8%，如果每天稳定在几十单，利润方面也非常可观。

第六，项目总结。

1. 调查主要工作完成情况。认识到了广大大学生朋友的真实需求，并且公司从实现目标、运作机制、项目策略等方面进行了总体规划。身为学生的我们，也认为这个项目可以发展，我们成立了跑跑乐服务群和接单群，以及一周出一个跑跑乐校园问卷调查，让学生提供服务建议和学生们的心声，最大满足广大学生的实际需求，做到利益和服务最大化。

2. 不足与困难之处。由于我们的项目刚刚开始计划，资金严重不足。同时，由于时间紧迫，整个计划不可避免地会缺乏，但我们会尽力充实和完善。还有就是在接单员招募规则和乱接单政策，宣传和商家店铺合作方面，相关知识缺乏，创业肯定困难，但是，经过我们团队的共同努力和合作，已经取得了良好效果，送人玫瑰，留下了很长时间的余香。我们相信，在未来的努力中，跑跑乐校园将进一步完善。

改变固定工作，学做价值主体

在创业之前，郭先生本是电信员工，在校内开着电信营业厅，后来经朋友介绍才开始有了创建校园平台的想法。即使是在目前也依旧就职于电信，边上班边经营平台，来看“身兼多职”的郭先生是如何玩转本地校园市场的。

观察校园全局，寻找新商机

高校市场近几年一直都是校园创业者的必争之地，其中最为火热的领域要当属校园外卖配送+生活服务，所蕴含的商业价值不可估量。

郭先生发现绝大部分的学生群体集中于校内，并且需求多样，就选择以学生用户为目标，汇聚校内商家，联合为在校大学生提供一体化的服务平台。

选择好“帮手”，建立好平台

2019年，郭先生经熟人介绍了解到快跑者系统，经过一段时间的试用与对比后，发现快跑者 能支持平台全场景、全业务流程智能化管理，所有数据自动记录到后台，实现运营数据清晰化，操作便捷高效。并且更加贴合大学创业的多样化需求，就果断选择了它。

与快跑者达成合作后，当即招揽配送员组建团队，准备入局校园市场，团队大多都是大学生，在方便餐品直接送到寝室的同时，还能为在校学生勤工俭学，提供兼职机会。

平台正式成立：

2019 年 3 月，郭先生创建的“学院帮”正式进军内蒙古校园市场。

学院帮是专注于校园外卖订餐及配送服务的校园生活服务平台，运营着【内蒙古师范大学鸿德学院】与【大学城】2 个校区的外卖与配送业务。学生们无需下载 APP，直接在“学院帮”公众号上进入平台下单，支付方便、流程简单，成了当地学生们的首选。

自 2019 年开始到至今，仅一年时间，学院帮团队成员含骑手就有 超 130 余人，核心成员 8 人，商家入驻 50 余家，每日外卖业务单量 500 多、配送业务单量 1000 多；目前手上拥有超 10 余家学校资源，正逐步拓展并打开更广泛的校园生态圈。

开创新模式，校园“独一家”

学院帮从创建到现在，虽仅只有一年时间，平台覆盖经营校区的学生就已达到 90%以上，并且郭先生与学校领导关系较好，学校也十分信任跟支持他，因此在与商家洽谈的过程中，相对而言都还比较顺利。

但平台初期也因知名度打开困难，为了给平台拉新引流，做了一系列的营销宣传活动。

平台营销：

在前期推广上郭先生利用“抛噱头”的形式来吸引用户：平台主打 0.1 元配送费，等同于免费为用户提供代拿代取等跑腿业务，此项服务活动一出，就给平台公众号吸引了 3000 多的关注度，并且复购率非常高。

在运营中期，郭先生采取的是“轮班宣传”的方式来推广，通过校园发传单、学生朋友社交圈进行平台宣传，因为校内独此一家，一传十十传百，很快就将平台的知名度打了出去。

此外，每月都有小活动+每年一次大活动，是学院帮一直在做的；主要与电信合作在支付软件上的满减活动，例如：满 60 立减 30，每周五满 10 减 5 等，利用这些活动推广，挖掘一波又一波潜在用户。

扎根校园市场，专攻校内业务

校园生活服务圈的商业价值虽然不可估量，但一直以来都存在弊端：校园外卖安全问题难以解决、学生用餐健康问题得不到保障。学校禁止校外平台进入，也正是在学校的大力支持下，郭先生的“学院帮”校内成了独一家平台，并且校内配送比校外效率更快、食品更卫生、价格更实惠，这些都是当下学生用户所在意的消费重点。

校园创业经验，助你少走弯路

对于即将步入校园市场的创业者而言，郭先生在此分享了几大经验：

1. 如果决心要创业，一定要做好面临各项风险的准备，足够的资金和人力是一方面，学会洽谈搞好关系又是另一方面，创业不是儿戏，组建一个成功的组织绝非易事。

2. 线上流量高度集中在微信，用公众号+小程序引流会更快速，并且更加利于平台的推广；所以微信外卖这个入口千万别放过，利用高频消费场景与微信结合，更易培养品牌的建设。

3. 未来值钱的可能不是产品或资源，而是消费数据。例如用户信息、会员数量、粉丝等，所以掌握当下所拥有的消费数据非常重要，掌握到这些数据，未来将掌握更多的主动权。

提高整体价值，推动校园经济发展

谈到未来，郭先生想要把校园 O2O 升级，拓展更多高校，提高平台的整体价值，为同学们更全面、更方便的服务，努力带动校园经济发展，同时也鼓励有想法的学生们敢于创新与实践，踊跃参与到大学创业的浪潮中去。

如果你也想在校园市场中开创属于自己的事业，快跑者等你来加入，我们将竭诚为你提供一站式同城创业解决方案，助你掘金校园外卖市场商机。

思考与练习

SIKAOYULIANXI

1. 什么是创业计划书？为什么要编写创业计划书？
2. 请列举创业计划书的要素，写出 5 条即可。
3. 请查阅资料后写出创业计划书的编写步骤。

第10章 商业模式的创新

10.1 商业模式概述

10.1.1 商业模式的定义和本质

商业模式，是管理学的重要研究对象之一，MBA、EMBA 等主流商业管理课程均对“商业模式”给予了不同程度的关注。在分析商业模式过程中，主要关注一类企业在市场中与用户、供应商、其他合作伙伴(即营销的任务环境的各主体)的关系，尤其是彼此间的物流、信息流和资金流。企业与企业之间、企业的部门之间乃至与顾客之间、与渠道之间都存在各种各样的交易关系和连结方式称之为商业模式。

商业模式是创业者创意，商业创意来自于机会的丰富和逻辑化，并有可能最终演变为商业模式。其形成的逻辑是：机会是经由创造性资源组合，以及传递更明确的市场需求(schumpeter，1934；Kirzner，1973)，是未明确的市场需求或者未被利用的资源或者能力。尽管它第一次出现在 50 年代，但直到 90 年代才开始被广泛使用和传播，已经成为挂在创业者和风险投资者嘴边的一个名词。

有一个好的 Business Model，成功就有了一半的保证。商业模式就是公司通过什么途径或方式来赚钱。简言之，饮料公司通过卖饮料来赚钱；快递公司通过送快递来赚钱；网络公司通过点击率来赚钱；通信公司通过收话费赚钱；超市通过平台和仓储来赚钱等等。只要有赚钱的地儿，就有商业模式存在。

随着市场需求越来越明确以及资源日益得到准确界定，机会将超脱其基本形式，逐渐演变成为创意(商业概念)，包括如何满足市场需求或者如何配置资源等核心计划。

随着商业概念的自身提升，它变得更加复杂，包括产品/服务概念，市场概念，供应链/营销/运作概念(cardozo，1996)，进而这个准确并差异化的创意(商业概念)逐渐成熟最终演变为完善的商业模式，从而形成一个将市场需求与资源结合起来的系统。

商业模式是一种包含了一系列要素及其关系的概念性工具，用以阐明某个特定实体的商业逻辑。它描述了公司所能为客户提供的价值以及公司的内部结构、合作伙伴网络和关系资本(Relationship Capital)等用以实现(创造、推销和交付)这一价值并产生可持续盈利收入的要素。

在文献中使用商业模式这一名词的时候，往往模糊了两种不同的含义：一类作者简单地用它来指公司如何从事商业的具体方法和途径，另一类作者则更强调模型方面的意义。这两者实质上是有所不同的：前者泛指一个公司从事商业的方式，而后者指的是这种方式的概念化。后一观点的支持者们提出了一些由要素及其之间关系构成的参考模型(ReferenceModel),用以描述公司的商业模式。

商业模式新解:是一个企业满足消费者需求的系统,这个系统组织管理企业的各种资源(资金、原材料、人力资源、作业方式、销售方式、信息、品牌和知识产权、企业所处的环境、创新力,又称输入变量),形成能够提供消费者无法自力而必须购买的产品和服务(输出变量),因而具有自己能复制且别人不能复制,或者自己在复制中占据市场优势地位的特性。

任何一个商业模式都是一个由客户价值、企业资源和能力、盈利方式构成的三维立体模式。

由哈佛大学教授约翰逊(Mark Johnson),克里斯坦森(Clayton Christensen)和SAP公司的CEO孔翰宁(Henning Kagermann)共同撰写的《商业模式创新白皮书》把这三个要素概括为:

“客户价值主张”,指在一个既定价格上企业向其客户或消费者提供服务或产品时所需要完成的任务。

“资源和生产过程”,即支持客户价值主张和盈利模式的具体经营模式。

“盈利公式”,即企业用以为股东实现经济价值的过程。

长期从事商业模式研究和咨询的公司认为,成功的商业模式具有三个特征:

(1) 成功的商业模式要能提供独特价值。有时候这个独特的价值可能是新的思想;而更多的时候,它往往是产品和服务独特性的组合。这种组合要么可以向客户提供额外的价值;要么使得客户能用更低的价格获得同样的利益,或者用同样的价格获得更多的利益。

(2) 商业模式是难以模仿的。企业通过确立自己的与众不同,如对客户的悉心照顾、无与伦比的实施能力等,来提高行业的进入门槛,从而保证利润来源不受侵犯。比如,直销模式(仅凭“直销”一点,还不能称其为一个商业模式),人人都知道其如何运作,也都知道戴尔公司是直销的标杆,但很难复制戴尔的模式,原因在于“直销”的背后,是一整套完整的、极难复制的资源和生产流程。

(3) 成功的商业模式是脚踏实地的。企业要做到量入为出、收支平衡。这个看似不言而喻的道理,要想年复一年、日复一日地做到,却并不容易。现实当中的很多企业,不管是传统企业还是新型企业,对于自己的钱从何处赚来,为什么客户看中自己企业的产品和服务,乃至有多少客户实际上不能为企业带来利润、反而在侵蚀企业的收入等关键问题,都不甚了解。

商业模式的基础是用户,没有用户一切商业都是浮云,商业模式核心是产品,本质是通过产品为用户创造价值,这才是商业模式。而你的推广,你的营销,只是通过聪明的方法找到这些用户,让他们知道你正在为他们服务。而在接触的过程之中,你要不断的把产品打磨好。等你有了巨大的用户之后,是一定可以赚到钱的。而如果你急于赚钱,也许只能赚点小钱,但运气差一点,就会直接完蛋。

商业模式包括,产品,用户,推广和收入四大模式,所以别总把目光盯在收入上,你的商业模式恰恰应该聚焦在产品和用户上,现在的互联网时代,推广已经不是问题了,你只要肯花钱,肯定是可以推广出去的,关键的问题是推广的效率。所以对于大公司来说,他们只需要定位产品和用户，推广的成本可以忽略不计。比如当年微信做产品的时候，就是不断通过基础用户打磨产品，并不急于推广，一旦产品成熟了，发现用户开始爆发增长了，特别是小米的米聊开始因为服务器的宕机问题败阵的时候，微信才开始用腾讯的力量，瞬间赢得了天下。随后的收入已经不再是个问题，而问题是怎么拿钱才能不影响用户的体验。

商业模式的本质有三条：

(1) 公司如何赚钱？(客户细分、价值主张、关键业务)

(2) 公司能赚多少钱？(收入来源、成本结构)

(3) 如何保证持续挣钱？(核心资源、重要伙伴、渠道通路、客户关系)

商业模式最核心的三个组成部分：创造价值，传递价值，获取价值是三个环环相扣的闭环，三者缺一不可，少了任何一个，都不能形成完整的商业模式。

(1) 创造价值是基于客户需求，提供解决方案；

(2) 传递价值是通过资源配置，活动安排来交付价值；

(3) 获取价值是通过一定的盈利模式来持续获取利润。

商业模式描述企业如何创造价值、传递价值和获取价值的基本原理。再用通俗的话来描述，就是我有什么样的有价值的产品，怎样找到我的客户，并将有价值的产品卖出去。

商业模式六要素：

(1) 定位　一个企业要想在市场中赢得胜利，首先必须明确自身的定位。定位就是企业应该做什么，它决定了企业应该提供什么样的产品和服务来实现客户的价值。定位是企业战略选择的结果，也是商业模式体系中其他有机部分的起点。

(2) 业务系统　是指企业达成定位所需要的业务环节、各合作伙伴扮演的角色以及利益相关者合作与交易的方式和内容，业务系统是商业模式的核心。

(3) 关键资源能力　是让业务系统运转所需要的重要的资源和能力。

(4) 盈利模式　指企业如何获得收入、分配成本、赚取利润。是在给定业务系统中各价值链所有权和价值链结构已确定的前提下，企业利益相关者之间利益分配格局中企业利益的表现。

(5) 自由现金流结构　是企业经营过程中产生的现金收入扣除现金投资后的状况，其贴现值反映了采用该商业模式的企业的投资价值。不同的现金流结构反映企业在定位、业务系统、关键资源能力以及盈利模式等方面的差异，体现企业商业模式的不同特征，并影响企业成长速度的快慢，决定企业投资价值的高低、企业投资价值递增速度以及受资本市场青睐程度。

(6) 企业价值　即企业的投资价值，是企业预期未来可以产生的自由现金流的贴现值。是评判企业商业模式优劣的标准。

商业模式画布是一种分析企业价值的工具，通过将商业模式中的元素标准化，引导思维，并方便将素材进行归档。通过9个模块的阐述，覆盖了商业的四个主要方面，即客户、产品服务、基础设施以及财务生存能力。这9个模块分别是：客户细分、价值主张、渠道通路、客户关系、收入来源、核心资源、关键业务、合作伙伴、成本结构。

(1) 客户细分　主要描绘一个企业想要接触和服务的不同人群或组织。

这个模块主要表述两个问题：
① 我们正在为谁创造价值？
② 谁是我们最重要的客户？
(2) 价值主张　主要描绘为特定客户细分创造价值的系列产品和服务。
这个模块主要表述四个问题：
① 我们该向客户传递什么样的价值？
② 我们正在帮助我们的客户解决哪一类难题？
③ 我们正在满足哪些客户需求？
④ 我们正在提供给客户细分群体哪些系列的产品和服务？
(3) 渠道通路　主要描绘公司是如何沟通、接触其客户细分而传递其价值主张。
这个模块主要表述六个问题：
① 通过哪些渠道可以接触我们的客户细分群体？
② 我们现在如何接触他们？
③ 我们的渠道如何整合？
④ 哪些渠道最有效？
⑤ 哪些渠道成本效益最好？
⑥ 如何把我们的渠道与客户的例行程序进行整合？
(4) 客户关系　主要描绘公司与特定客户细分群体建立的关系类型。
这个模块主要表述四个问题：
① 我们每个客户细分群体希望我们与之建立和保持何种关系？
② 哪些关系我们已经建立了？
③ 这些关系成本如何？
④ 如何把它们与商业模式的其余部分进行整合？
(5) 收入来源　主要描绘公司从每个客户群体中获取的收入。
这个模块主要表述五个问题：
① 什么样的价值能让客户愿意付费？
② 他们现在付费买什么？
③ 他们是如何支付费用的？
④ 他们更愿意如何支付费用？
⑤ 每个收入来源占总收入的比例是多少？
(6) 核心资源　主要描绘让商业模式有效运转所必需的最重要因素。
这个模块主要表述四个问题：
① 我们的价值主张需要什么样的核心资源？
② 我们的渠道通路需要什么样的核心资源？
③ 我们的客户关系需要什么样的核心资源？
④ 收入来源需要什么样的核心资源？
(7) 关键业务　主要描绘为了确保其商业模式可行，企业必须做的最重要的事情。
这个模块主要表述四个问题：

① 我们的价值主张需要哪些关键业务?
② 我们的渠道通路需要哪些关键业务?
③ 我们的客户关系需要哪些关键业务?
④ 收入来源需要哪些关键业务?
(8) 合作伙伴 主要描述让商业模式有效动作所需的供应商与合作伙伴的网络。
这个模块主要表述四个问题:
① 谁是我们的重要伙伴?
② 谁是我们的重要供应商?
③ 我们正在从伙伴那里获取哪些核心资源?
④ 合作伙伴都执行哪些关键业务?
(9) 成本结构 主要描绘运营一个商业模式所引发的所有成本。
这个模块主要表述三个问题:
① 什么是我们商业模式中最重要的固有成本?
② 哪些核心资源花费最多?
③ 哪些关键业务花费最多?

10.1.2 商业模式的历史发展

10.1.2.1 店铺模式

一般地说,服务业的商业模式要比制造业和零售业的商业模式更复杂。最古老也是最基本的商业模式就是"店铺模式(Shopkeeper Model)",具体点说,就是在具有潜在消费者群的地方开设店铺并展示其产品或服务。

一个商业模式,是对一个组织如何行使其功能的描述,是对其主要活动的提纲挈领的概括。它定义了公司的客户、产品和服务。它还提供了有关公司如何组织以及创收和盈利的信息。商业模式与(公司)战略一起,主导了公司的主要决策。商业模式还描述了公司的产品、服务、客户市场以及业务流程。

大多数的商业模式都要依赖于技术。互联网上的创业者们发明了许多全新的商业模式,这些商业模式完全依赖于现有的和新兴的技术。利用技术,企业们可以以最小的代价,接触到更多的消费者。

10.1.2.2 "饵与钩"模式

随着时代的进步,商业模式也变得越来越精巧。"饵与钩(Bait and Hook)"模式——也称为"剃刀与刀片"(Razor and Blades)模式,或是"搭售"(Tied Products)模式——出现在二十世纪早期年代。在这种模式里,基本产品的出售价格极低,通常处于亏损状态;而与之相关的消耗品或是服务的价格则十分昂贵。比如说,剃须刀(饵)和刀片(钩),手机(饵)和通话时间(钩),打印机(饵)和墨盒(钩),相机(饵)和照片(钩),等等。这个模式还有一个很有趣的变形:软件开发者们免费发放他们文本阅读器,但是对其文本编辑器的定价却高达几百美金。

10.1.2.3 硬件+软件模式

苹果以其独到的 iPod + iTunes 商业模式创新,将硬件制造和软件开发进行结合,以软件使用增加用户对硬件使用的黏性，并以独到的 iOS 系统在手机端承载这些软件，此时消费者在硬件升级时不得不考虑软件使用习惯的因素。

10.1.2.4 其他模式

在 20 世纪 50 年代，新的商业模式是由麦当劳(McDonald's)和丰田汽车(Toyota)创造的；20 世纪 60 年代的创新者则是沃尔玛(Wal-Mart)和混合式超市(Hypermarkets，指超市和仓储式销售合二为一的超级商场)；到了 20 世纪 70 年代，新的商业模式则出现在 FedEx 快递和 Toys R US 玩具商店的经营里；20 世纪 80 年代是 Blockbuster，Home Depot，Intel 和 Dell；20 世纪 90 年代则是西南航空(Southwest Airlines)，Netflix，eBay，Amazon 和星巴克咖啡(Starbucks)。而没有经过深思熟虑的商业模式则是许多 dot -com 的一个严重问题。

随着科学技术不断发展，商业模式也有了多样化趋势，互联网的免费模式就是其中典型代表，由于新兴商业模式太多故不一一列举。

每一次商业模式的革新都能给公司带来一定时间内的竞争优势。但是随着时间的改变，公司必须不断地重新思考它的商业设计。随着(消费者的)价值取向从一个工业转移到另一个工业，公司必须不断改变它们的商业模式。一个公司的成功与否最终取决于它的商业设计是否符合了消费者的优先需求。

有一些学者和专家曾尝试过对商业模式进行系统的分类。最早进行这一尝试的人里有 Timmers 和 Rappa。

10.1.3 商业模式的要素

在综合了各种概念的共性的基础上，提出了一个包含十个要素的参考模型。这些要素包括：

(1) 价值主张(Value Proposition) 即公司通过其产品和服务所能向消费者提供的价值。价值主张确认了公司对消费者的实用意义。

(2) 消费者目标群体(Target Customer Segments) 即公司所瞄准的消费者群体。这些群体具有某些共性，从而使公司能够(针对这些共性)创造价值。定义消费者群体的过程也被称为市场划分(MarketSegmentation)。

(3) 分销渠道(Distribution Channels) 即公司用来接触消费者的各种途径。这里阐述了公司如何开拓市场。它涉及到公司的市场和分销策略。

(4) 客户关系(Customer Relationships) 即公司同其消费者群体之间所建立的联系。我们所说的客户关系管理(Customer Relationship Management)即与此相关。

(5) 价值配置(ValueConfigurations) 即资源和活动的配置。

(6) 核心能力(CoreCapabilities) 即公司执行其商业模式所需的能力和资格。

(7) 价值链(Value chain) 为了向客户提供产品和服务的价值，相互之间具有关联性的，支持性活动。

(8) 成本结构(Cost Structure) 即所使用的工具和方法的货币描述。

(9) 收入模型(Revenue Model) 即公司通过各种收入流(Revenue Flow)来创造财富的途径。

(10) 裂变模式(Business Name Consumer) 也即 BNC 模式，公司商业模式转变的方式、转变的方向。

创业公司在商业模式上常见的失误有：做出来的解决方案没有市场需求，产品缺乏特定的市场，产品总是免费赠送。一个好的商业模式要包含以上 10 个基本元素中的前 7 个。

（1）价值定位

创业公司所要填补的需求是什么或者说要解决什么样的问题？价值定位必须清楚地定义目标客户、客户的问题和痛点、独特的解决方案以及从客户的角度来看，这种解决方案的净效益。

（2）目标市场

目标市场是创业公司打算通过营销来吸引的客户群，并向他们出售产品或服务。这个细分市场应该有具体的人数统计以及购买产品的方式。

（3）销售和营销

如何接触到客户？口头演讲和病毒式营销是目前最流行的方式，但是用来启动一项新业务还是远远不够的。创业公司在销售渠道和营销提案上要做具体一些。

（4）生产

创业公司是如何做产品或服务的？常规的做法包括家庭制作、外包或直接买现成的部件。这里的关键问题是进入市场的时间和成本。

（5）分销

创业公司如何销售产品或服务？有些产品和服务可以在网上销售，有些产品需要多层次的分销商、合作伙伴或增值零售商。创业公司要规划好自己的产品是只在当地销售还是在全球范围内销售。

（6）收入模式

你如何赚钱的？关键要向你自己和投资人解释清楚你如何定价，收入现金流是否会满足所有的花费，包括日常开支和售后支持费用，然后还有很好的回报。

（7）成本结构

创业公司的成本有哪些？新手创业者只关注直接成本，低估了营销和销售成本、日常开支和售后成本。在计算成本时，可以把预估的成本与同类公司发布出来的报告对比一下。

（8）竞争

创业公司面临多少竞争者？没有竞争者很可能意味着没有市场。有 10 个以上的竞争者表明市场已经饱和。在这儿要扩展开来想一想，就像飞机和火车，客户总有选择的机会。

（9）市场大小、增长情况和份额

创业公司产品的市场有多大？是在增长还是在缩小？能获得多少份额？VC 风投寻找的项目所在的市场每年要有两位数的增长率，市场容量在 10 亿美金以上，创业公司要有 10% 以上市场占有率的计划。投资者希望能很好、很早的理解创业公司的商业模式。他们不想听创业者的向客户推销式的演讲。这样的演讲通常都自然地回避了创业者打算赚多少钱的问题，以及创业者期望确认多少客户的问题。向投资人做那样的演讲只会让创业者和投资人双方都感到很恼火。一个可行、有投资价值的商业模式是创业者需要在商业计划书中强调的首要内容之一。事实上，没有商业模式，创业就只是一个梦想。

10.2 商业模式的设计与创新

10.2.1 商业模式的设计

商业模式是一个企业创造价值的核心逻辑，价值的内涵不仅仅是创造利润，还包括为客户、员工、合作伙伴、股东提供的价值，在此基础上形成的企业竞争力与持续发展力。怎样建立企业并从中赢利的一整套方法，将战略，策略，战术，即战力打包成怎样赢利的一整套方法，因此商业模式就是战略的应用工具。品牌是企业的有形的手，商业模式是企业无形的手。商业模式的核心就是资源的有效整合，其要点为：销售-运营-资本。

(1) 商业模式的设计要素

① 盈利；

② 自我保护；

③ 能自启动；

④ 可调整；

⑤ 财务退出策略。

(2) 商业模式的执行

运作流程是：钱→物→钱→进入下一个循环。

有一种观点认为，在企业已经非常重视商业模式创新的今天，决策层必须清醒的认识到，好的商业模式并不意味着最终的成功，这取决于它是否恰好拥有一个与之匹配的、能够驾驭它的创业家和创业家团队，创业家比商业模式更重要。这种观点只是说到点而没有考虑到面上。

战略规划是解决企业发展问题，商业模式解决企业生存问题。美国超级亿万富豪石油大王保罗盖蒂预测：在 21 世纪最有前途的商业模式应该具有以下几个特点：

① 一定是拥有属于自己的生意，从事这项生意的每个人都是一个独立的生意人，而不是为他人打工。

② 你的生意一定要提供具有广阔市场前景的产品和服务，而不是某种特殊产品，看起来有特色，但潜在市场很小。

③ 你要为你的产品和服务提供保障，这样一来，你的顾客才可能放心购买，而且还能重复购买。

④ 你所提供的产品和服务一定要强于你的竞争对手，要具有自己的核心竞争力。

⑤ 你一定要奖励那些作出贡献的人，遵循的是多劳多得的原则。

⑥ 你的生意的成功一定要建立在帮助他人成功的基础之上，是双赢甚至于是多赢的生意机制。

(3) 商业模式应该遵循的要点

商业模式必须能盈利--几乎没有哪个生意第一天就盈利。问题是，需要多长时间才能盈利？把目标的盈利日期写下来。如果超过很久还没能盈利，或者想法解决问题.

① 商业模式必须能自我保护　这些壁垒包括专利(其实并不像很多人以为的那么有

用)、品牌、排他性的推销渠道协议、商业秘密(如可口可乐的配方)，以及先行者的优势。

② 商业模式必须能自启动　创业者最容易陷入的陷阱之一就是试图创造一种不能自启动的商业模式。

③ 商业模式必须可调整　依赖大量客户或合作伙伴的商业模式远没有可以随时调整的商业模式灵活。

④ 商业模式要有财务退出策略(不是必须)　如果你能创立起一摊生意然后把它卖掉或上市，你就能从你建立起的公司净值中套现。

(4) 商业模式从经营的角度可分为

销售模式-运营模式-资本模式，核心就是资源的有效整合。

① 销售模式　指的是产品或服务的销售方式。

② 运营模式　特指企业内部人、财、物、信息等各要素的结合方式。这是商业模式的核心。这是商业模式的最基本体现。

③ 资本模式　主要指企业获得资本的方式以及资本运行的方式。这是商业模式的支撑体系。

(5) 商业模式应该遵循的核心战略

应该包括五个方面：以价值创新为灵魂，以占领客户为中心，以经济联盟为载体，以应变能力为关键，以信息网络为平台。

① 以价值创新为灵魂　商业模式的灵魂在于价值创新。企业经营的核心是市场价值的实现，必须借助商业模式进行价值创造、价值营销和价值提供，从而实现企业价值最大化。商业模式应该回答一系列的问题：向什么顾客提供价值，向顾客提供什么样的价值，怎么样为顾客提供价值等。所谓轻资产经营，是在资源有限的基础上科学配置各种资源，以最少投入的商业模式实现企业价值最大化。

a. 注重虚拟(轻)资产经营　要求有效率的知识型员工组合成高度绩效的工作小组，整合顾客与供应商等企业资源，利用网络技术做有效的沟通和协调，提供有价值的生产和服务。轻资产经营的行为主体是企业价值链上的所有利益共同体，它包括企业的员工、企业的供应商、企业的客户等。轻资产经营不仅要有战略规划、流程优化，更重要的是要有一种与轻资产经营相适应的企业文化，用相应的激励措施保证轻资产经营创造最大的价值。

b. 加强企业市值管理　必须尊重价值规律做好股票价格与价值的有效匹配。影响股票价格有两大因素：一是内因，即股票的内在价值；一是外因，即市场对股票内在价值的发现和认同。

c. 构造企业价值网　随着竞争的不断加剧，企业联盟的建立和发展，今后的竞争不再是企业与企业之间的竞争，也不是单一线性价值链之间的竞争，企业正从独立创造价值走向合作创造价值，有多条价值链构造企业价值网。在价值网中，企业可将众多的合作商连在一起，通过有效的资源整合，构成快速、可靠、便利的系统，以适应不断变化的市场环境。

d. 为广义的客户创造价值

· 顾客价值　能够为顾客提供一流的产品和服务，努力为顾客创造价值。

· 股东价值　能够为股东提供持续、稳定、高水平的价值回报。

· 员工价值　能够为员工创造良好的成长和发展空间，让员工与企业的发展共同成长。

· 社会价值　能够努力回报社会，为社会发展做出积极贡献。

② 以占领客户为中心　商业模式创新必须以客户为中心，由企业本位转向客户本位，由占领市场转向占领客户，必须立足以客户为中心，为客户创造价值。从消费者的角度出发，认真考虑顾客所期望获得的利益，只有把竞争的视角深入到为用户创造价值的层面中，才能进入到游刃有余的竞争空间。

a. 精心研究客户需求　实施大客户管理、实施客户互动管理。

b. 创造新的附加值　文化附加值、服务附加值、附件附加值。

③ 以经济联盟为载体　当今科技的高速发展和产品的日益复杂化，无论企业实力多么雄厚，单独控制所有产品和所有技术的时代已一去不复返。而传统的价值链中可挖掘的潜力已越来越少，向组织内部寻找有效的生产力提高的来源也越来越难。

a. 强化供应链管理。

b. 打造企业核心竞争力。

c. 外包非核心业务。

④ 以应变能力为关键　如果说商业模式决定了企业的成败，应变能力则是商业模式成败的关键。应变能力是企业面对复杂多变市场的适应能力和应变策略，是竞争力的基础。

a. 时间是第一成本。

b. 随需而变。

c. 个性化定制。

⑤ 以信息网络为平台　随着互联网的迅速崛起，全球经济网络化、数字化已成为时代主旋律，网络经济正以经济全球化为背景，以现代信息技术为手段，深刻地影响着人类经济和社会的发展。新的商业模式必须重视信息网络的力量，脱离信息网络平台，企业将无竞争力可言。

a. 构造虚拟经济的竞争力　比如以“虚拟+现实”的商业模式，在网络时代首次实现了“真实生活”与“虚拟生活”的对接。

b. 加快企业商务电子化　传统企业管理只有与信息技术有机融合，通过企业商务电子化，强化物流、资金流、人员流及信息流的集成管理，推动企业全面的管理变革，才能不断提高运行效率和应变速度，为企业的发展带来新的增长空间。

c. 推动流程再造　信息技术的飞速发展，从根本上改变了组织收集、处理、利用信息的方式，从而推动组织形式的巨大变革。

商业模式创新的五条核心战略也是创新商业模式的指导原则和基本要求。

10.3　商业模式案例

10.3.1　四巨人新武器

IBM 公司董事长兼首席执行官路易斯 · 格斯特纳曾表示，雨后春笋般冒出来的网络公司并不意味着网络风暴的来临，只有当世界级大公司抓住互联网的力量并用它来改造自身的时候，才表明网络风暴的形成。

如今网络风暴在20世纪末真的开始形成了。作为工业时代代表的通用汽车、福特汽车、通用电气和波音公司都纷纷开展了自己的互联网战略。两大汽车制造商福特和通用先后宣布将把它们庞大的采购部门转移到互联网上。从此以后，这两家公司的采购部门将通过互联网来和世界各地的供应商、商业合作伙伴以及顾客联系。

市场人士认为，两大汽车制造商将凭借它们巨大的规模和需求在互联网上掀起旋风。福特公司将其采购部门转移到网上之后，每年通过网上进行的交易金额将达到800亿美元。不仅如此，由于福特公司的零部件供应商数目多达3万多家，它们每年的销售总额在3000亿美元左右，通过福特公司建立的网站，这些公司之间可以互通有无，建立业务联系，由此而带来的商机可以说是无法估量的。同时，福特公司表示，欢迎其他汽车厂商加入福特公司建立的网站。在今后几年内，通过福特公司建立的网站进行的交易金额将达到2000亿美元。

福特公司建立的网站将向通过它所达成的每笔交易收取一定的手续费，此外，广告收入也将成为它的主要利润来源。预计一年后其年经营收入即可达到10亿美元，在4年之内，这一数字将上升到50亿美元。至于通用公司的网站，其年经营收入预计与福特公司的网站将基本持平。但与福特公司网站有所不同的是，通用公司的网站将不“招揽”其他汽车制造商加入，通用公司称此举的目的在于保持对网站的绝对控制。

而对他们的主营业务汽车制造来说，网络的开放性和全球性让他们可以密切跟踪交易的每个步骤，更容易货比三家，挑选性能和价格最佳的产品。据估计，仅此一项，这两家公司每年就能够节省20%左右的成本。

其实通用电气的网络采购实行更早，在1996年，通用电气公司的信息服务部就开发了一个在线采购系统(TPN)，使通用公司当天就可以收到供应商的电子标书。使用该系统以后，给公司带来了明显的经济效益：比如解放了采购部员工的繁琐工作，采购范围扩大，采购成本降低等。到2000年，通用电气公司所有的采购都将通过网络进行，采购零部件和MRO产品，总额达50亿美元，仅此一项就为公司节约5亿~7亿美元。

波音公司的网络战略从两年前开始实施，其出发点是为航空公司和零部件供应商提供维护飞机和经营航线所需的数据。其网站的主要功能是：零部件供应和技术支持。1996年11月波音公司首次在互联网上发布了零部件主页，航空公司通过这个网页订购了9%的零部件，同时客户可以直接上网了解产品价格、供货方式及订货状况。航空维护可能发生在任何地方，波音公司的技术文档必须随时提供支持，这些文档包括各种图表、手册、公告等，单独一本手册就达3万页，这对机械师如何获得及时正确的信息是一个严重的挑战。1996年波音公司的在线数据库开始起用，很快就有7500名使用者。1997年，一家航空公司失火，在处理中波音公司的网上电子数据发挥了作用，客户通过网络到波音公司的电子图书馆查询了所需的全部技术文档。波音公司的网络给客户带来了效率的提高、成本降低和收入增长，获得了广泛的好评。

10.3.2　中小企业的商业模式

在营销学或管理学理论的研究中，我们经常会看到诸如“通用、丰田、可口可乐、

NIKE、麦当劳”等等耳熟能详的国际知名品牌，经济达尔文主义会促使中小企业将大企业、大品牌订立为自己的标杆，而且他们享誉国内外的品牌知名度和影响力同时也能为学者们的论文论据增添几分权威性；反之亦然，故此，对中小企业进行研究难免有所受到企业和学者的偏废。

但是，我们需要质疑的是，仅占据企业总数不到1%的大型、特大型企业的某些成功经验，或在此基础上研究出来的一部分理论，是否也是能适应“占据企业总数99%的中小企业”的普遍规律？至少，从统计学选样的角度来看，其结果更应该是否定的。

即便从经济达尔文主义的角度出发，中小企业将大企业、大品牌定为标杆自有其道理，但是否也应该注意，这种标杆企业的标杆意义也是非常局限的，毕竟大企业、大品牌与中小企业之间在本质上存在着巨大差距，其表现在品牌、资金实力和融资能力、技术能力、人才资源以及市场控制力等方面、甚至是全方位的明显差距。

在实践中，经过我们长期专注于对中小企业的研究，越来越多的研究结果表明，简单地复制大企业、大品牌的成功营销经验和模式，或简单运用现代营销理论到中小企业的营销实践中，效果往往会差强人意。也就是说，中小企业的确需要摸索出一条与众不同的营销和营销管理方法。这也是此中小企业研究系列的立意所归，笔者寄希望抛砖引玉，以一种新的思维角度来激发读者的灵感，同时也希望得到大家的支持与勉励。

创业型企业的快速成长有赖于两个方面，一是有利的外部市场和行业条件，二是内在的技术、人力等资源优势。但是如何用企业内部有限的资源去把握“无限”(相对创业型企业的产能而言)市场需求，其间需要有合理的商业模式去嫁接。

1. 中小企业更需要商业模式研究

曾经有杂志组织评定最优商业模式的研究专题，向社会征集商业模式案例，但在案例入围标准中注明，“尚在创业期，或者刚刚渡过创业期的企业，其商业模式尚未定型，不在此次评选考虑范围之内”。此言大概隐含两个假设前提，第一，成熟企业的才有借鉴意义；其二，商业模式研究对于成熟企业才更有意义；笔者却持有恰好相反的观点：其一，中小企业更需要商业研究；其二，中小企业更需要研究适合自己的商业模式。

暂且不谈两个问题，我们先来看看不同的商业模式是如何给企业释放出截然不同的生产力的。它能让你对“商业模式研究对中小企业快速发展有非常积极的意义”这个命题有着基本的感性认识。

先来看看华氏公司的例子。1995 年，华氏公司(化名)开发了汉字扫描识别软件，其技术含量在当时可以说是绝无仅有，当时在考虑将技术产品化和商品化的时候，采取提供服务的商业模式，即只对客户提供文字扫描识别的服务，而不是有形产品或软件。主要定位在当地的报社和杂志社，因为杂志社需要把以前的报纸资料录入电脑，靠人工输入费时费力，当时需求很大，企业发展两年后，人员规模迅速扩张到逾 50 人，而业务量却不到 600 万/年。如果要继续成长，人员规模还要继续扩大，如果还要考虑往市外或省外拓展，则需要大量资金租营业场所和装修门面，还要购置大量的电脑，巨大的投入以及计算机技术日新月异变化的事实让公司犹豫不决。

显然，后来接受咨询公司的建议，其商业模式的调整方式为：将原来的软件分解为扫描和汉化两部分。其中扫描录入部分需要大量人力，公司将这部分免费送给那些待业在家，且有电脑的社会闲散劳动人员，吸纳这些人员作为弹性工作制员工，他们只需完成录入的动作，将录入好的电子文档交给公司，再由公司通过另外一半的识别软件进行格式转换。公司此时只需两个人就够了，其中一个人操作软件，另外一人负责做好工作人员的业务管理和考核。

这样，不仅解决了公司人员与业绩成比例增长的矛盾，还整合了社会的人力物力资源，同时人力资源成本也相对降低了；同时这些员工不仅可以是生产员工，也可以是销售人员，对于华氏公司来说，销售队伍也大大强化了；而且市场有什么变化，公司也容易灵活应对。

再来看看海城(化名)企业的案例。海城的主打产品是智能防盗电子系统，这种电子防盗器主要是用来替代传统的“防盗网”和“防盗门”的产品，产品技术含量高，附加值也高，在经营这种产品的时候，海城在销售方式上采取自营直销的方式，通过大量宣传推广来激发市场，另外这种产品也因为需要安装调试，故海城特意培养一支专业的安装服务队伍，这便是海城商业模式的基本雏形。

当我们问及其经营状况的时候，海城的老板却感叹市场的确是很大，但是自己却感觉驾驭不了，主要是销售和安装队伍的扩张不能跟上市场发展的需要，另外企业的资金越来越紧张，企业越发展感觉压力越大。

在访谈中获悉，公司产品都需要专业安装人员，但是产品的售价一般只有三五百元，粗略计算一下，一旦海城的年营业收入突破一亿元，根据工作量倒推，海城至少需要700~1000名安装服务人员，而且仅管理安装员工的管理人员也要配置约50人以上，一旦流动率高，其招聘培训成本也是一笔巨大开支。

这种人员规模与市场成长之间的线性关系无疑是给成长型企业埋下了一个定时炸弹。

从财务的角度来看，这种人工成本是固定成本，固定成本攀高意味着企业的盈亏平衡点更高，也就是说，市场虽然成长了，但是企业很难获得相当的规模效应；而且，一旦经营不太景气，这种高额的固定成本容易让公司更快陷入经营的困顿。

再从战略的角度来看，企业的大部分资源集中在人力资源要素上，很顺其自然的逻辑是，企业注定会决定企业会将服务质量的提升作为重点工作来抓，毕竟，如果公司在服务上不能提升，也是一种资源浪费。不言而喻，这种无奈让企业的战略选择形成了一定的路径依赖。对于海城的防盗系统而言，无疑技术含量应该是其核心竞争力的原动力，而不应该是服务，原因太简单了，消费者需要的不是安装时对服务态度的满意，而更在意安装后的防盗效果。

对于这种情况，前车之鉴，屡见不鲜。令人熟知的红桃K集团也是比较典型的例子，红桃K曾经红极一时，今天却几近销声匿迹，当时红桃K的内部逐渐摸索出一种市场扩张的模式，即业务员只需一天卖不到一盒，就能自己养活自己，公司将之转变为基本的销售政策，便大张旗鼓扩大销售队伍。

其销售额也曾一度达到17亿元，人员达到几万人，巨大的营销团队，对于企业的管理控制是一个巨大的挑战。

果不其然，正如上面分析的那样，当红桃K的市场成长物极必反时，销售稍有下滑，就引起资金链的紧绷，广告宣传削减，销售再下滑，资金链再绷紧，这种恶性循环一下子将企业的销售拉下来，惨淡的境况导致营销团队士气低沉，流动率骤然攀升，平时管理失控所致的问题随之都浮出水来，熟悉红桃 K 内幕的人都知道，在其内部，曾经有一个近百人的部门，专门负责处理公司与营销人员之间的劳动纠纷和各种违规违纪问题的处理。

鉴于此，海城接受了一个简单的建议，取消安装服务，取而代之的是，编制一本傻瓜式的《安装使用说明书》，通过程序化、标准化的安装和调试操作规范，替代专业的安装人员；另外，鉴于中小企业在成长过程中常常因为要扩大产能、增加研发资金、扩编队伍等，相比成熟企业更加需要资金的现实，建议海城在前期销售模式上以代理为主，强化协销，既可以快速回笼资金，又可以整合社会资源，比单打独斗占领市场的速度就要快得多。

而且，海城可以腾出精力来专注于品牌营销和技术研发，也就自然抓住了价值链条上的关键环节，确保了海城具备整合价值链条的发牌权。

2. 中小企业需要寻找适合自己的商业模式

海城与华氏都是中小企业，他们都有好的技术和市场商机，但是商业模式却都在一定程度上阻碍了企业发展的步伐，这是他们商业模式有共性的地方，但是这是不是所有中小企业相对大型企业所共有的特性呢?

经过我们对武汉市一百多家中小企业的访谈调研基本上印证了这一推断，相比大企业而言，中小企业常常受到许多“不公平”的市场待遇：

在资本市场，资本常常觉得中小企业生存风险大，尽管回报高，大多也不愿意轻易投资；在人才市场，人才大多偏好大企业，中小企业常常出现“庙小留不住大和尚”的局面；在技术上，投入同样数目的科研费用，对大企业而言或许是九牛一毛，对小企业而言常常称得上是孤注一掷；在客户面前，大企业的品牌优势可以让他们获得客户的更多信任，甚至支付更高的溢价，而中小企业有时贴着本钱提供高性价比产品，消费者还常常是不屑一顾。

可见，中小企业要在处在如此劣势地位的情况下，如果还想要，进入成熟的市场，盲目模仿和借鉴大企业的成功模式，要后来居上，只能是个梦想。

事实调查显示，中小企业在立项时，手上没有过硬的产品(虽然握有领先国际的独家专利)、市场没有相当的潜在需求这两个前提条件，他们是不会把自己的“血汗钱”轻易投下去的。

正是因为这两个先天的优势，再加上基数小，以致中小企业发展的速度是非常快的，倍速式增长几乎只能是中小企业(创业型企业)的“专利”，如此超速发展，在中小企业中也不足为奇，但是商机稍纵即逝，企业要进一步把握商机，则意味着需要快速投入人力物力，扩大产能，此时很容易出现海城和华氏那样的问题，“巨大”(相对)的资金需求常常扼杀企业快速扩张的念头，常常只能眼睁睁看着市场被后来的大企业轻易地捡走。

可以归纳出中小企业发展阻力的主要原因：其“自身的资产增值的能力和速度”不能满足“企业扩张对快速投入增量资产的要求”之间的矛盾。这种矛盾在中小企业，由于中小企业受到市场的不公平待遇，显得尤其尖锐。

而海城和华氏就是通过设计一种对资源有很强整合力的商业模式，来破解这种矛盾的。海城和华氏原来的商业模式只是封闭式地配置自己已经拥有的资源，而重新塑造后的商业模式的一个显著特征，它对社会其他资源有更强的整合力，在新的商业模式下，所配置、抑或所整合到的资源不仅是可以是企业已经拥有的，也是企业可以整合的社会资源。

综上所述，中小企业商业模式设计有两个要点，其一，中小企业在商业模式上不能简单模仿成熟的商业模式；其二、中小企业的商业模式通常要具备很强的资源整合能力，尤其是创业型的中小企业，因为中小企业更关注扩张与发展，而大型企业更关注持续。

再来看商业模式的本质，对商业模式的理解就更清晰了，企业行为就是投入和产出的过程，而企业在不同的发展阶段，在不同的经营状况下，把企业的资源已经拥有或能够拥有的资源组织起来，实现最佳的产出(或价值创造)，这种组织方式就是商业模式，而商业模式设计的实质是资源优化配置的方式而已。

可见，商业模式是个性化的，是不容拷贝的，因为同时有两个企业拥有或能够拥有的资源不可能完全一样的。

在咨询行业，一旦企业有了市场营销的需求，咨询师常常首先考虑的是“如何引进科学的分析方法和先进的营销手段来实现‘救死扶伤’的终极目标”。而这正是“市场的问题必须用4P理论来解决”定式思维的表现。

此时，何不抬高视角，从商业模式重塑的角度出发，从源头上进行系统调整，以更加适应市场环境和符合企业资源状况的商业模式，来获取更快的发展。在华氏的例子中可以看到，同样的技术，产品化的形式不一样，其应对的商业模式也就不一样，其发展的逻辑和路径也就不一样，商业模式所释放的生产力也就截然不同。

忽视这个规律，即便营销技术再好，根子上的问题不解决，也只能是事倍功半、甚至南辕北辙。

10.3.3 电子商务

从网络经济中，获利最大的是哪些公司？不少人会说是网络界的四大名旦——AOL、Yahoo、Amazon以及ebay。然而实际上，网络经济带来的利益并不是只由这些网络公司独享的。恰恰相反，当网络公司在资本市场上接受欢呼的同时，像Intel、Cisco和Dell这样卖硬件的传统企业也通过电子商务捞到了令人震惊的实际利益。

Intel公司1999财年网络销售收入105亿美元，占总销售收入的三分之一。Cisco公司的网络销售收入95亿美元(已经超过Intel)，占总销售收入的80%；Dell公司的网络销售收入61亿美元，占总销售收入的40%。通过电子商务带来的收入已经是三个硬件巨头的半壁江山。

Intel的网络战略开展比较晚，但是为了让网络成为该公司全新的销售通道，Intel对此进行了精心的准备，包括网络设施、商务流程、顾客服务等方面，而且一出手就是全方位的大手笔——第一个月的网络销售就达10亿美元。Cisco的网络销售战略实施最早，已经基本上将公司的所有业务集中到网络上，消除了大部分中间环节，将路由器和其他网络设备直达用户。Cisco网络战略最成功的一点是网上全面的技术支持——利用网络做到快速及时地把设备的各种参数告诉用户。电子商务带来的极高的销售额和极低的销售成本，使Cisco成为了IT业历史上获利最丰的公司。Dell的网络销售和公司传统一脉相承，该公司的商业模式就是和顾客保持全面的联系，按订单制造。Dell网页已达30000页，为大客户专门建立了服务网页，为散户建立了个性化的服务。Dell目前是PC制造商中成长最快，最有进取心的公司。

其实 IT 行业应该是电子商务最肥沃的土壤：客户们都有一定的网络知识，最先接受电子商务的理念，企业内部的计算机管理系统完善，可谓万事俱备。上面的三家公司开展电子商务的成功，就在于他们在一定的时机、一定的环境下率先做了必须做的事情。

10.3.4 快递模式创新

网络经济如日中天，传统公司一定要遭淘汰么？不一定！有些传统公司不仅活的挺好，而且更加欣欣向荣，快递公司就是一类。经过脱胎换骨的改造，快递公司已经摆脱了“傻大黑粗”的印象，甚至成了网络经济中第一批赢家。大家都在网上卖东西，能将商品及时送到顾客家门的配送系统，当然就是网络新生活中的有机组成部分。

在 1998 年的圣诞节，美国网上购物人潮汹涌，美国联合货运公司(UPS)承运了其中的 55%商品，美国的邮政系统承运了 32%，联邦快运(FedEx)承担了 10%。UPS 公司宣称他们业务的 60%都是通过网络开展的，1999 年的网络收入达 53.4 亿美元。

但是，网络时代的快运公司已不是过去的模样。UPS 公司在美国全国范围内建立了仓储和包装系统，可以在顾客需要的时间内送货上门。配送单也是在网上流通，最难能可贵的是，顾客能在网上看到配送过程中自己的商品到达什么地方，把顾客的不安全感减到最低。UPS 公司又有绝招，为自己的客户提供免费接入，客户可以随时查看货物的流动状况。所以 UPS 公司已经很难分清楚哪些是网上业务。

FedEx 公司过去就有自己的网络系统，只不过不在互联网上。FedEx 公司的网络收入高达 56 亿美元。所以 FedEx 公司收购了一家软件公司，全面改造过去的系统以便于互联网接轨，为客户提供“一站式”服务：只要你发来一个电子邮件，剩下的就全部由我来做。

网络和电子商务，似乎一下子让这些“老兵”找到了新的、更刺激的岗位。

10.3.5 O2O

10.3.5.1 模式定义

O2O 即 Online To Offline，也即将线下商务的机会与互联网结合在了一起，让互联网成为线下交易的前台。这样线下服务就可以用线上来揽客，消费者可以用线上来筛选服务，还有成交可以在线结算，很快达到规模。该模式最重要的特点是：推广效果可查，每笔交易可跟踪。国内首家社区电子商务开创者九社区是鼻祖。

10.3.5.2 线上线下对接

O2O 绕不开的，或者说首先要解决的是，线上订购的商品或者服务，如何到线下领取？专业的话语是线上和线下如何对接？这是 O2O 实现的一个核心问题。用的比较多的方式是电子凭证，即线上订购后，购买者可以收到一条包含二维码的短彩信，购买者可以凭借这条短彩信到服务网点经专业设备验证通过后，即可享受对应的服务。这一模式很好的解决了线上到线下的验证问题，安全可靠，且可以后台统计服务的使用情况，方便了消费者的同时，也方便了商家。

10.3.5.3 模式网站

采用 O2O 模式经营的网站已经有很多，团购网就是其中一类，另外还有一种为消费者提供信息和服务的网站。值的一提的是，在业内受到争议，且已在全国建立 20 余家实体店铺的青岛某品牌所推行的 ITM 网购与 O2O 模式有本质的不同，无论是经营理念、经营构架，还是经营方式截然不同于 O2O 模式。如，O2O 更注重线上交易，而 ITM 模式则更偏重线上预订，线下交易；O2O 模式的实际经营可适用于办公室等任何实体经营场所，而 ITM 模式则以店铺式经营。

如某网站是一种全新的 O2O 社区化消费综合平台，与团购的线上订单支付，线下实体店体验消费的模式有所不同，多拿网创造了全新的线上查看商家或活动，线下体验消费再买单的新型 O2O 消费模式。有效规避了网购所存在的不确定性，线上订单与线下实际消费不对应的情况。并依托二维码识别技术应用于所有地面联盟商家，锁定消费终端，打通消费通路。最大化地实现信息和实物之间、线上和线下之间、实体店与实体店之间的无缝衔接，创建一个全新的、共赢的商业模式。网站涵盖了休闲娱乐、美容美发、时尚购物、生活服务、餐饮美食等多种品类。旨在打造一个绿色、便捷、低价的 O2O 购物平台，为用户提供诚信、安全、实惠的网购新体验。

10.3.5.4 市场分析

O2O 模式的核心很简单，就是把线上的消费者带到现实的商店中去 ——在线支付购买线下的商品和服务，再到线下去享受服务。

B2C、C2C：B2C、C2C 是在线支付，购买的商品会塞到箱子里通过物流公司送到你手中；O2O 是在线支付，购买线下的商品、服务，再到线下去享受服务。

与团购的区别：O2O 是网上商城，团购是低折扣的临时性促销。无论你是不是第一次听到 O2O，这个市场正在被激活。

2014 年 6 月 13 日，习近平总书记提出“四个革命、一个合作”能源安全新战略，引领我国能源行业发展进入了新时代。2021 年 2 月 19 日，习近平总书记在中央全面深化改革委员会第十八次会议上指出，要建立生态产品价值实现机制，探索政府主导、企业和社会各界参与、市场化运作、可持续的生态产品价值实现路径，推进生态产业化和产业生态化。这为国有企业，特别是作为国有资本投资试点的能源央企，充分挖掘“绿色”价值，实现高质量发展指明了方向。从“3060 目标”被纳入“十四五”规划建议，到“碳达峰、碳中和”列入中央经济工作会议年度重点任务，国内能源电力产业结构调整、竞争力重塑快速加剧。特别是在能源数字化大背景下，无论是具有资源、规模优势的国内外能源巨头，还是具有数字化、智能化优势的互联网头部企业；无论是市场认可度高的新型科技民营企业，还是具有资本优势的港资、外资企业，纷纷入局新能源和智慧能源领域。竞争加剧，国有能源央企如何破局，成为亟需解决的难题。面对百年未有之大变局，置身能源变革浪潮中，作为国有资本投资试点企业，国家电力投资集团有限公司深谙商业模式创新破解上述难题的重大意义。自提出“建设具有全球竞争力的世界一流清洁能源企业”的“2035 一流战略”以来，国家电投矢志绿色发展，在加强生态文明建设、推动能源产业结构转型中，充分发挥主力军作用；在坚持创新驱动、推动能源技术升级中，充分发挥顶梁柱作用；在坚持绿色发展、打造新产业新业态中，充分发挥先行者作用，以清洁能源领先同业的先发优势，深度挖掘产业绿色价值。国家电投 2021 年工作会议上，国家电投党组提出，要以价值创造为导向的新发展理念，以绿色发展带动放大绿色资本，以绿色资本赋能反哺绿色发展。通过深入调研、论证，国家电投于2020年6月，在中央企业中率先建立商业模式创新中心，着力提升资本运作、产业研判、投资决策和风险管控等能力，将云大物智移链等数字技术与产业深度融合，在综合智慧能源、氢能、储能、电能替代等三新产业率先布局，促进智慧城市、智慧园区、美丽乡村、共享储能、绿电交通等新技术、新业态、新模式蓬勃发展。运用资本工具，国家电投主动承担国有资本培育发展优势产业的使命，引导产业科学调整、整合、培育，先行先试、以融促产，为能源电力央企深度挖掘行业绿色价值进行了有益探索。

（1）创建“创新工场”式的商业创新中心

国家电投的商业模式创新中心(以下简称商创中心)，既不同于投行研究机构，也区别于普通的智库单位，类似于李开复博士2009年创办的“创新工场”，是一个提供全方位创业培育的投资机构与创业平台。商创中心通过对早期项目需求的资金、商业、技术、市场、人力、培训等提供一揽子服务，帮助新项目顺利启动和快速成长，协助开创出一批具有市场价值和商业潜力的产品。作为全集团公司商业模式创新的智慧中枢和咨询服务平台，商创中心兼顾研究、实证、应用、推广等多项职能，通过构建商业模式创新体系，助力新模式的研究与推广，为国家电投新产业发展注入新活力。“育种、育苗、育林”的新型协作机制是商创中心运作的精髓。2020年，商创中心以集团公司开展商业模式创新元年为契机，以培育团队、创新模式、培养思维为目标，在系统内“自下而上”营造模式创新的思想和氛围，并将之具体化为一个“育种、育苗、育林”的过程：创新型商业模式是“育种”，这是商创中心的重要职责；商业模式实证是“育苗”，履行商业模式创新孵化器功能，选择型场景推进试点探索，主要目标是研究形成“可落地、可推广、可复制”的成熟思路；商业模式推广是“育林”的过程，将成熟模式在全系统推广应用，以点带面，快速提升企业价值和影响力。同时，可结合具体项目进展，针对性地运用各类金融产品，助力模式创新的快速落地生根。

（2）创新推出“3T3S”商业模式方法论

商业模式创新较为抽象，需要有完整的理论体系来支撑。国家电投商创中心，以综合智慧能源作为切入点，根据集团公司综合智慧能源等新业态的特点，建立了国家电投版商业模式创新体系，简称为“3T3S”体系。体系涵盖发展原则(STANDARD)、竞争策略(TACTICS)、构成要素(SUBSTANCE)、典型模式(TYPICAL)、推广体系(SPREAD)、实施工具(TOOLS)等六个构成部分。这套创新体系从产业发展原则入手，在充分分析市场的基础上提出了营销引领和成本领先策略，提出了商业模式的九大构成要素，提炼了商业模式推广的主要工具——形成商业推介书、商业模式策划书、商业计划书和项目经济性评价算法模型等具体工具和实施方法，最终将商业模式创新概念转变为具体的行动指南。“3T3S”总体思路是一个有机的整体，各项之间基于原则构建典型，分解要素制定策略，开发工具指导实践，从而形成闭环。以“3T3S”总体思路为核心的商业模式创新体系的最终目标是指导项目盈利，回归商业模式的本质。同时，创新体系将保持开放，既能够不断完善，也可以依据项目实际进行调整。

（3）商业模式主逻辑思维锻造独特竞争力

抓住商业模式创新“依托核心能力、实现客户价值最大化、持续获得利润”的主逻辑，按照“3T3S”的方法论，国家电投坚持以用户需求为导向、以应用场景为基础、以持续盈利为目标、以风险可控为保障，提出实证一批、推广一批、储备一批的商业模式创新路径，陆续推出多种商业模式，既为综合智慧能源等新业态提供了新解决方案，又为水、火、风、光、核等传统发电方式注入新的活力。“+电卡”的集成商思维，实现企业与企业之间、企业部门之间、企业与用户之间共赢。“+电卡”商业模式是直击重卡客户燃油成本高的需求痛点，联合重卡制造企业、电池生产企业、动力总成等产业链条涉及企业，以集成商身份携手产业链条合作企业，通过油改电的方式，围绕燃料成本大幅降低这一目标共同发力，持续提升短倒换电重卡车队盈利水平，实现客户利益最大化，带动平台企业共赢。同时，电卡备用电池为周边电厂提供储能服务，参加电网辅助服务，扩大国家电投作为发电企业自身的盈利能力。目前，国家电投融和电科已经落地 5000 余辆换电重卡，每年减少车队开支 7 亿元，减少了四项污染物(一氧化碳、碳氢化合物、氮氧化物、颗粒物)排放量 10000 吨/年，产生良好的经济社会效益。

思考与练习

SIKAOYULIANXI

1. 请谈一谈商业模式的定义和本质。
2. 商业模式的核心原则。
3. 请举例商业模式的案例，来说明这种模式带来什么优势。

第11章 常见的创业扶持政策

11.1 商贸型、服务型企业的优惠政策

商贸公司生产相同产品的企业，由于生产经营方式不同，税负率会有比较大的差异。具体分析可以从以下两点着手：

(1) 分析企业的价值链

制造企业的价值链包括了研发设计、采购、生产制造、销售、运输、售后服务、行政人力资源等部分。对于一个独立的企业，往往内部囊括了以上价值链的全部，各个部分产生的增加值在同一家公司汇集，企业税负比较高。对于集团公司，内部价值链各个部分可能是分开的，因此，每家企业的增值税税负比较低。案例一：如果某企业生产一批产品，最终销售额为5000万元，产品可抵扣的成本是2000万元。现在有两种方式可以选择：一种是生产和销售在同一家公司，一种是生产和销售分立。

如果选择方式一：交纳增值税(5000万-2000万)×17%=510万元，税负为10.2%。

如果选择方式二：假设销售给销售公司2500万，交纳增值税(2500万-2000万)×17%=85万元，对应的税负为3.4%。

企业虽然税负下降，但并没有异常，因为一部分税负转移到了销售公司。除了把销售分离出来，企业还可以把研发设计、采购、人力资源等部分分离出来，一家企业的价值链越短，相应的税负越低。可以看出，价值链分割将会导致各个部分的税负下降，但一般来说整个价值链的税负是相同的。

(2) 分析企业的生产方式

企业的加工费用包括了折旧、人工、辅助生产的费用，这些费用都没有对应的进项可以抵扣。但如果企业将部分产品发外加工，对方开具专用发票，这些加工费就产生了进项，企业销售额相同的情况下，缴纳的增值税减少，税负下降。企业高速成长过程中，选择发外加工模式的情况很普遍，所以分析税负率时，要分析企业是否存在发外加工的情况。

案例二：某公司年销售额1000万元，其中加工费用占30%。全部自己生产的税负为5%。现在一半产品发外加工，新增进项1000×30%×50%×17%=25.5万元，应缴纳的增值税为1000×5%-25.5=24.5万元，计算出的税负为24.5/1000=2.45%。税负下降的原因在于接受委托加工一方承担了增值税。分割价值链，虽说税负降低了，而且没有异常，但是利润相应的也减少了，发外加工也存在同样的问题。那么有没有两全其美的方法？既能保住利润，也能降低税负。

在合适的地区合理利用当地税收优惠政策就可以达到。比如注册新企业，将本企业的

销售业务分到新企业里，那新企业 开具的每一张发票均可享受园区的财政奖励。以重庆黔江的总部经济招商为例，为了促进地方发展，同时服务企业，黔江总部经济招商出台了一系列非常丰厚的税收优惠政策：

① 对注册企业的增值税以地方留存的30%～50%扶持；

② 企业所得税以地方留存的30%～50% 给予扶持；

③ 个人独资企业(营改增)小规模的可以申请核定征收，核定征收之后享受个税税率0.5%～3.1%；

④ 可叠加享受。企业如果本身享受国家优惠政策扶持的，可叠加享受园区的扶持政策。

11.2 技术服务类企业税收优惠政策

(1) 高新技术企业所得税优惠税率减免：属于国家需要重点扶持的高新技术企业，减按15%的税率征收企业所得税。

(2) 特区内新设立国家需要重点扶持的高新技术企业所得税两免三减半：对经济特区内在2008年1月1日(含)之后完成登记注册的国家需要重点扶持的高新技术企业，在经济特区内取得的所得，自取得第一笔生产经营收入所属纳税年度起，第一年至第二年免征企业所得税，第三年至第五年按照25%的法定税率减半征收企业所得税。

(3) 软件和集成电路企业所得税两免三减半：2008年1月1日起，对我国境内新办软件生产企业经认定后，自获利年度起，第一年和第二年免征企业所得税，第三年至第五年减半征收企业所得税。

(4) 国家重点软件企业所得税优惠税率：国家规划布局内的重点软件生产企业，如当年未享受免税优惠的，减按10%的税率征收企业所得税。

(5) 在一个纳税年度内，居民企业技术转让所得不超过500万元的部分，免征企业所得税；超过500万元的部分，减半征收企业所得税。

11.3 环境保护类企业税收优惠政策

(1) 企业购置并实际使用《节能节水专用设备企业所得税优惠目录》《环境保护专用设备企业所得税优惠目录》和《安全生产专用设备企业所得税优惠目录》规定的专用设备的，该专用设备的投资额的10%可以从企业当年的应纳税额中抵免；当年不足抵免的，可以在以后5个纳税年度结转抵免。

(2) 从事符合条件的环境保护、节能节水项目企业所得税三免三减半：企业从事规定的符合条件的环境保护、节能节水项目的所得，自项目取得第一笔生产经营收入所属纳税年度起，第一年至第三年免征企业所得税，第四年至第六年减半征收企业所得税。

(3) 节能服务公司实施合同能源管理项目所得企业所税三免三减半：对符合条件的节能服务公司实施合同能源管理项目，符合企业所得税税法有关规定的，自项目取得第一笔生产经营收入所属纳税年度起，第一年至第三年免征企业所得税，第四年至第六年减半征收企业所得税。

11.4 科技创新类企业税收优惠政策

科技型中小企业开展研发活动中实际发生的研发费用，未形成无形资产计入当期损益的，在按规定据实扣除的基础上，在2017年1月1日至2019年12月31日期间，再按照实际发生额的75%（其他企业50%）在税前加计扣除；形成无形资产的，在上述期间按照无形资产成本的175%（其他企业150%）在税前摊销。税收减免额上不封顶。

3. 技术先进型服务企业优惠有：

在现行企业所得税优惠政策体系下，技术先进服务企业有两种类型，一种是 从事服务外包的技术先进型服务企业，还有-种是从事服务贸易的技术先进型服务企业。对经认定的技术先进型服务企业，减按1 5%的税率征收企业所得税。经认定的技术先进型服务企业发生的职工教育经费支出，不超过I资薪金总额8%，准予在计算应纳税所得额时扣除；超过部分，准予在以后纳税年度结转扣除。在享受以上税收优惠之后，怎么做能进一步节税呢?依法诚信纳税是纳税人的义务和觉悟，企业避税方式有很多，然而合理报税才是企业节税、避税的最佳选择。今天在这里就为大家推荐一个 合理合法的税收洼地政策，只要将企业注册在有优惠政策的税收洼地(注册式，不用实地办公)，两种方式：

a. 有限公司(一般纳税人)：增值税根据地方财政所得部分的50%~80%予以财政扶持奖励；企业所得税按照地方财政所得部分的70%~90%予以财政扶持奖励，特大企业一事-议，蕞高可获奖励90%。

b. 个人独资企业或者合伙企业：这种方式是对于缺乏成本或无法取得进项的企业，可以注册成个人独资企业或合伙企业对所得税进行核定征收，所得税税率可降低至2%，综合税负3.16%以内，通过纳税筹划解决企业成本、个人所得税、分红等问题。比如开票300万，只需纳税8万左右即可完税。

11.5 金融服务类企业税收优惠政策

（1）关于鼓励证券投资基金发展的优惠政策(财税〔2008〕1号)：

① 对证券投资基金从证券市场中取得的收入，包括买卖股票、债券的差价收入，股权的股息、红利收入，债券的利息收入及其他收入，暂不征收企业所得税。

② 对投资者从证券投资基金分配中取得的收入，暂不征收企业所得税。

③ 对证券投资基金管理人运用基金买卖股票、债券的差价收入，暂不征收企业所得税。

（2）金融服务行业可以选择将总部设立在有税收扶持政策的园区，享受当地园区的税收优惠政策。注册新公司、设立分公司或子公司的方法都是可行的，寻找一个有税收扶持政策的园区，将所有业务或者部分业务转移到新注册的公司中去，或者通过业务分流分包，将高利润以收入的方式转移到园区的新公司中，通过享受园区一定比例的扶持政策，能够起到很好的节税作用。

有限公司可以享受到的优惠政策如下。

增值税：以地方存留的40%~70%扶持

企业所得税：以地方存留的40%~70%扶持

个人所得税：以地方存留的40%~70%扶持

(3) 创业投资企业采取股权投资方式投资于未上市的中小高新技术企业2年以上的，可以按照其投资额的70%在股权持有满2年的。

11.6　高校毕业生创业方面的税收优惠政策

(1) 凡高校毕业生从事个体谋划的，自本地工商部门批准其谋划之日起1年内免交税务登记证工本费(即：免税)。

(2) 新成立的城镇劳动就业服务企业(国家限制的行业不计算在内)，昔时安置待业职员(含已办理失业登记的高校毕业生，下同)超过企业从业职员总数60%的，经相关主管税务机关批准，可免纳所得税3年。

(3) 劳动就业服务企业免税期满后，昔时新安置待业职员占企业原从业职员总数30%以上的，经相关主管税务机关批准，可减半缴纳所得税2年。

(4) 不同的行业另有不同的税务优惠，例如：

① 大学毕业生创业新办咨询业、信息业、技术服务业的企业或谋划单位，提交申请经税务部门批准后，可免征企业所得税两年。

② 大学毕业生创业新办从事交通运输、邮电通讯的企业或谋划单位，提交申请经税务部门批准后，第一年免征企业所得税，第二年减半征收企业所得税。

③ 大学毕业生创业新办从事公用事业、贸易、物资业、对外贸易业、旅游业、物流业、仓储业、居民服务业、饮食业、教育文化事业、卫生事业的企业或谋划单位，提交申请经税务部门批准后，可免征企业所得税一年。

(5) 从事个体经营的大学生可持《再就业优惠证》，按每户每年8000元限额依次扣减当年实际应缴纳的营业税、城市维护建设税、教育费附加个人所得税和企业所得税。

(6) 学生创办的企业从事下列行业之一的，免征企业所得税：谷物、蔬菜、薯类、水果、棉花、油料、豆类、棉花、麻类、糖料、坚果的种植；农作物新品种的选育；中药材的种植；林木的培育和种植；牲畜、家禽的饲养；林产品的采集；灌溉、农产品初加工、兽医、农技推广、农机作业和维修等农、牧、渔、林服务业项目；远洋捕捞。

(7) 大学生创业举办的商贸企业、服务型企业(除广告业、房屋中介、按摩、典当、桑拿、氧吧外)、劳动就业服务企业中的加工型企业和街道社区具有加工性质的小型企业实体，在新增加的岗位中，当年新招用持《再就业优惠证》人员，与其签订1年以上期限劳动合同并依法缴纳社会保险费的。

(8) 大学生创业举办的企业从事技术转让、技术开发和与之相关的技术咨询、技术服务业务取得的收入免征营业税；居民企业在一个纳税年度内技术转让所得不超过500万元的部分，免征企业所得税，超过500万元的部分，减半征收企业所得税。

(9) 大学生创业的企业是由省高新技术企业认定管理机构认定的，减按15%的税率征收企业所得税。大学生从事的婚姻介绍，免征营业税；大学生转让著作权，免征营业税；取得的稿酬所得，按税法规定予以减征应纳税额的30%。

（10）大学毕业生新办咨询业、信息业、技术服务业的企业或经营单位，经税务部门批准，免征企业所得税两年；新办从事交通运输、邮电通讯的企业或经营单位，经税务部门批准，第一年免征企业所得税，第二年减半征收企业所得税；新办从事公用事业、商业、物资业、对外贸易业、旅游业、饮食业、仓储业、物流业、居民服务业、教育文化事业、卫生事业的企业或经营单位，经税务部门批准，免征企业所得税一年等。

案例：2016年大学生创业税收优惠政策分析

国务院总理李克强主持召开了国务院常务会议，部署进一步促进就业鼓励创业，以稳就业惠民生助发展。大众创业、万众创新成为许多即将毕业大学生关注的焦点。每年五六月份，是高校毕业生就业的关键时期，自主创业成了不少大学生走出校门后的选择。“大众创业、万众创新”给了年轻人追梦的机会，而与之相对应的各项税收优惠政策则给了他们拼搏的信心。持证创业3年内每年扣减税9600元。

小谭是某大学市场营销专业的学生，毕业后他没有加入找工作的大军，而是选择自主创业。几番周折，他开了一家“小青年”旅社，规模不大，属于个体经营。根据湘财税〔2014〕60号）文件规定，对持《就业失业登记证》人员从事个体经营的，在3年内按每户每年9600元为限额一次扣减其当年实际缴纳的营业税、城市维护建设税、教育费附加、地方教育附加和个人所得税。纳税人年度应缴纳税款小于上述扣减限额的，以其实际缴纳的税款为限；大于上述扣减限额的，则以上述限额为限。审批期限为2014年1月1日至2016年12月31日，在2016年12月31日，未享受满3年的可继续享受直到3年期满为止。

税务部门提醒：小谭的情况可享受上述减税优惠政策，但前提是小谭需要办理证件。按规定，《就业失业登记证》更名为《就业创业证》，毕业年度内高校毕业生离校后从事个体经营享受税收优惠政策的，按规定可直接向公共就业服务机构申领《就业创业证》。公共就业服务机构在《就业创业证》上注明“毕业年度内自主创业税收政策”。

值得注意的是，国务院印发的《关于进一步做好新形势下就业创业工作的意见》(以下简称《意见》)中，高校毕业生、登记失业人员等重点群体创办个体工商户的税收减免政策已扩展到了个人独资企业。冷门专业、涉农专业创业有优惠不同于热门专业的毕业生混迹于各大招聘会，农学系的小张早就有了回老家创业的打算。虽然农学被认为是冷门专业，但是小张对家乡的果树、田园充满感情，他打算在家乡迈出创业的第一步。

根据《企业所得税法实施条例》规定，企业从事下列项目的所得，免征企业所得税：蔬菜、谷物、薯类、油料、豆类、棉花、麻类、糖料、水果、坚果的种植；农作物新品种的选育；中药材的种植；林木的培育和种植；牲畜、家禽的饲养；林产品的采集；灌溉、农产品初加工；兽医、农技推广、农机作业和维修等农、林、牧、渔服务业项目；远洋捕捞。企业从事下列项目的所得，减半征收企业所得税：花卉、茶以及其他饮料作物和香料作物的种植以及海水养殖、内陆养殖。

此外，对个人或个体工商户从事种植业、养殖业、饲养业、捕捞业取得的所得暂不征收个人所得税。直接用于农、林、牧、渔业生产用地，免征城镇土地使用税。纳税人承受荒山、荒沟、荒丘、荒滩土地使用权，用于农、林、牧、渔业生产的，免征契税。

税务部门提醒：相关政策研究是创业的第一步，涉农产业的经营规模形式、经营范围、经营业务关系着各类税收优惠政策，小张可前往当年税务部门进行咨询，选择最适宜自己创业的优惠政策。起征点提高创业担保贷款调为10万元。

小冷是一名艺术生，在一所音乐学院学习竹笛。大学毕业后，利用自己的专业优势，小冷注册了一家公司性质的培训班，教授学生学习竹笛、箫、葫芦丝之类的乐器。公司规模比较小，月营业额不超过3万元。

11.7 失业、协保人员、农村富余劳动力从事个体经营的优惠政策

11.7.1 国家对下岗失业人员再就业的税收优惠政策主要有三类

(1) 鼓励和扶持下岗失业人员自谋职业和自主创业的政策。下岗失业人员从事个体经营的(国家限制的行业除外)，3年内免征营业税、城市维护建设税、教育费附加和个人所得税，免收税务登记证工本费。3年免税期满，如果达不到规定的起征点，可以免缴个体经营的增值税、营业税。

(2) 鼓励企业吸纳下岗失业人员的政策。

第一条　为贯彻落实市政府《关于贯彻(国务院关丁进一步加强就业再就业工作通知)的实施意见》(津政发〔2006〕3号)精神，根据《财政部、国家税务总局关于下岗失业人员再就业有关税收政策问题的通知》(财税〔2005〕186号)等相关文件，制定本办法。

第二条　申请享受再就业政策的企业实体包括服务型企业(除广告业、房屋中介、典当、桑拿、按摩、氧吧外)、商贸企业、劳动就业服务企业中的加工型企业和街道社区具有加工性质的小型企业实体(以下简称“企业”)，国家限制行业除外。

第三条　凡本市辖区内符合《则政部、国家税务总局关于下岗失业人员再就业有关税收政策问题的通知》(财税〔2005〕186号)文件第一条规定的企业，在新增加岗位中，当年新招用持有《再就业优惠证》人员，与其签订1年以上期限劳动合同并依法缴纳社会保险费的，均可申请享受国家再就业政策。

第四条　企业享受再就业政策的认定工作，由市劳动保障局负责。经认定合格的，应当向企业核发《企业实体吸纳下岗失业人员认定证明》(以下简称《认定证明》)。企业享受再就业政策的电信核实工作，分别由市、区(具)两级劳动保障部门负责。市劳动保障局负责中央及外埠单位企业享受再就业政策的审核认定工作。区县劳动保障部门负责区县各企业的再就业政策的审查核实工作，并将审核意见报市劳动保障局认定。

11.7.2 下岗职工优惠政策

(1) 干部退休政策

党政机关、群众团体、企业、事业单位的干部符合下列条件之一的，都可以退休。

(一) 男年满六十周岁，女年满五十五周岁，参加革命工作年限满十年的；

（二）男年满五十周岁，女年满四十五周岁，参加革命工作年限满十年，经过医院证明完全丧失工作能力的；

（三）因工致残，经过医院证明完全丧失工作能力的。

（2）工人退休政策

全民所有制企事业单位。机关群众团体工人符合下列条件之一的，应该退休。

（一）男年满六十周岁，女年满五十周岁，连续工龄满十年的；

（二）从事井下、高空、高温、特别繁重体力劳动或者其他有害身体健康工作，男年满五十五周岁，女年满四十五周岁，连续工龄满十年的。本项规定也适用于工作条件与工人相同的基层干部；

（三）男年满五十周岁，女年满四十五周岁，连续工龄满十年的，由医院证明，并经过劳动鉴定委员会确认，完全丧失劳动能力的；

（四）因工致残，由医院证明，并经劳动鉴定委员会确认，完全丧失劳动能力。

（3）破产国有企业职工退休政策：资源枯竭型破产关闭企业职工，在享受111个资本结构试点城市的破产国有企业职工退休政策的同时，其符合特殊工种退休条件的人员，可再提前5年退休。

（4）自谋职业者退休规定：城镇个体工商户等自谋职业者、农民合同制工人以及采取各种灵活方式就业人员在男年满60周岁，女年满55周岁时，累计缴费年限满15周年的，可按规定领取基本养老金。

（5）提前退休年龄政策规定：根据《国务院关于工人退休、退职的暂行办法》规定，全民所有制企业、事业单位和党政机关、群众团体的工人或基层干部，从事井下、高空、高温、特别繁重体力劳动或者其他有害身体健康的工作，男年满55周岁、女年满45周岁，连续工龄满××年的，应该退休。

最新下岗职工退休政策

（一）大龄下岗失业职工现行政策

（1）有条件的发放生活费；

（2）达到提前退休年限自行选择退休；

（3）达到提前或正常退休年龄个人勉缴养老金。

（二）下岗失业职工提前或正常退休政策规定

（1）男，年满50岁，工龄30年以上的，为提前准退休年龄段；

（2）男，年满55岁，工龄15年以上的，为正常提前退休年龄段；

（3）女，工龄30年以上，全日制毕业包分配的大学本科生工龄26年、专科27年、研究生25年以上的，为提前准退休年龄段。

（三）下岗职工基本生活费发放规定

（1）下岗职工（男）工龄达到30年以上，全日制毕业包分配的大学本科生工龄26年以上、专科27年、研究生25年以上的，每月领取600元左右的基本生活费，达到提前准退休年龄段后，本人可以自行选择退休，或选择不退休；

（2）若本人选择提前退休的，停止发放基本生活费，按其退休工资发放。

(3) 若本人愿意拿基本生活费的，直到正式退休，基本生活费自行停止。

(四) 自行提前退休政策

[男性提前退休政策]

(1) 男性选择提前准退休年龄段退休的，年龄 50~54 岁之间，退休工资按照国家税务总局关于提前退休之规定按月纳税，年龄达到 55 岁后，退休工资不再纳税。

(2) 男性按正常提前退休年龄段退休的，即 55 岁以上退休的，退休工资不再纳税。

(3) 男性选择 60 岁正常退休的。基本生活费一直发放到正常退休为止。

[女性提前退休政策]

(1) 女性选择提前准退休年龄段退休的，退休工资按照国家税务总局关于提前退休之规定按月纳税，年龄达到 50 周岁，退休工资不再纳税。

(2) 女性退休 50 岁，工龄 15 年以上法定退休政策不变。

(3) 未达到提前退休年龄，患有癌症及其他绝症，或者因致残失去完全行为能力的，工龄达到 15 年以上应准许退休。

11.7.3 农村创业国家的支持政策主要有四个方面

(1) 在资金方面上，扩宽融资渠道。推行信用证、农户联保贷款制度，降低贷款担保门槛和抵押标准，加大对返乡创业人员的信贷支持力度。

(2) 在税收优惠上，对农民工返乡创办的企业，在登记注册后，3 年内按规定缴纳的企业所得税地方留成部分，由财政部门安排给企业。对返乡创业农民工从事个体经营的，相关部门适当提高营业税的起征点。

(3) 在金融扶持上，返乡创业农民工证照齐全的房屋产权、机器设备、大件耐用消费品和有价证券以及注册商标、发明专利等无形资产均可作为抵(质)押品，向金融机构申请贷款。并探索用土地流转经营权、商品林权、农房、农业生产用房等作为抵押担保方式为农民工返乡创业提供贷款。

(4) 在创业场地上，引导和鼓励返乡创业农民工通过租赁、承包等合法方式利用闲置土地、闲置厂房、镇村边角地、农村撤并的中小学校舍、荒山、荒滩等场地进行创业。允许通过村庄整治等方式盘活集体建设用地存量，将置换出来的集体建设用地优先用于农民工返乡创业，减半收取集体非农用地费用。

11.8 大学生返乡创业优惠政策

11.8.1 进一步加强融资支持，解决返乡大学生创业融资难题

农业农村部部联合农业发展银行探索扩大农村贷款抵押物范围，开发符合返乡下乡大学生创业需求特点的金融产品和金融服务，加大对农村创业创新的信贷支持和服务力度。

人力资源社会保障部对高校毕业生创业给予税费减免、场租补贴、培训补贴、创业担

保贷款及贴息等政策扶持；会同财政部、人民银行出台相关政策，进一步降低贷款申请条件。

财政部持续加大专项资金投入，中央财政设立普惠金融发展专项资金，用于创业担保贷款贴息及奖补，鼓励金融机构加大对返乡下乡大学生的信贷供给。

银监会推动银行业金融机构扩大农业农村贷款抵押物范围，研发基于林权、海域使用权、农机具、渔船、农产品、农业设施等担保方式。

① 一次性创业补贴。对首次领取小微企业营业执照、正常经营满 12 个月的创业者，给予不低于 1 万元的一次性创业补贴。

② 一次性创业岗位开发补贴。创业企业吸纳就业人员与其签订 1 年以上劳动合同并缴纳社会保险的，每个岗位给予 2000 元的一次性创业岗位开发补贴。

③ 对入驻创业孵化基地的创业企业，给予一定的场地租赁费补贴和水电费补贴。

④ 对符合条件的各类创业人员可给予小额担保贷款，最高额度为 10 万元，微利项目给予全额贴息。同时对于有创业意愿的人员，还可免费参加创业培训，提高创业能力和创业成功率。

⑤ 从事个体经营的，3 年内按每户每年 8000 元为限额，依次扣减其当年实际应缴纳的营业税、城市维护建设税、教育费附加和个人所得税。

⑥ 大学生从事个体经营符合条件的，免收行政事业性收费。

⑦ 大学生申办个人独资企业、合伙企业，不受出资额限制。

⑧ 鼓励大学生依法以知识产权、实物、科技成果等可评估、可转让的非货币资产作价出资，允许大学生自主创业公司以股权出质融资。

11.8.2 开发利用好农村各类闲置资产，用于返乡人员创业创新

开发利用好农村各类闲置资产用于返乡人员创业创新。支持返乡下乡大学生依托自有和闲置农房、院落发展农家乐。通过宅基地整理，新增的耕地和建设用地可重点用于返乡大学生创业创新。鼓励利用“四荒地”(荒山、荒沟、荒丘、荒滩)和厂矿废弃地、砖瓦窑废弃地、道路改线废弃地、闲置校舍、村庄空闲地等用于返乡下乡大学生创业创新。支持有条件的地方，通过盘活农村闲置房屋、集体建设用地、城乡建设用地增减挂钩试点用地、“四荒地”、可用林场和水面、边远海岛等资产资源发展休闲农业。

各地将根据实际放宽经营场所等限制，大学生创业人员从事非扰民项目的，可以在住所(经利害关系人同意)、租借房、临时商业用房、农村住宅等处经营，同时依法放宽企业名称登记条件、放宽营业执照期限限制。

11.8.3 开展创业知识和技能培训，积极培育和留住“乡土人才”

农业农村部联合财政部早就启动了实施新型职业农民培育工程。截至目前，中央财政累计安排 70.9 亿元支持新型职业农民培育工作，面向大学生等返乡涉农创业者，开展农业全产业链培训，从政策法规、创业创新等通用知识、专业技能、经营管理水平等方面规范培训内容，利用信息化手段开展在线培训和服务，实现线上线下融合发展。

人力资源社会保障部将有创业意愿和培训需求的大学生纳入培训范围，推动创业培训工作，引导毕业生到农村创业，并向符合条件的大学生提供培训补贴支持；开展高校毕业生就业指导活动，组织企业家、职业经理人、天使投资人等，成立创业导师团、专家志愿团，为创业大学生提供就业指导活动；认定71家全国创业孵化示范基地，为大学生创业提供场地支持、项目孵化、成果转化等服务。

2013—2017年，全国各地财政累计安排就业补助资金超过4000亿元；其中，中央财政累计安排就业补助资金2193.7亿元；2018年，中央财政预算安排就业补助资金477.3亿元，用于支持各地落实各项职业培训补贴政策支出。

农业农村部将实施现代青年农场主培养计划、新型农业经营主体带头人轮训计划、农村实用人才带头人培训计划和农业产业精准扶贫培训计划，加大对新型职业农民创业创新能力的精准培训力度。确认一批农村创业创新人员培训、实训、见习、实习和孵化基地，加强与各类创业创新基地的交流合作，加大对大学生返乡创业创新支持力度，培育一支留得住、用得上、靠得住的乡村就业创业人才队伍。有需要的大学生可以通过相关渠道进行申请培训。

11.8.4 搞好农村文化软硬件建设，为乡村文化振兴筑牢人才基础

文化和旅游部将鼓励各地创新政策，吸引和选拔更多热爱乡村文化的文化能人、大学生、退伍军人等人才加入乡村文化建设队伍中，加强农村文化设施网络建设、不断丰富农村文化活动、加强农村文化人才扶持力度等为乡村文化振兴筑牢人才基础

目前，我国已基本实现了“县有图书馆、文化馆，乡镇有综合文化站”的建设目标，面向农村的公共文化设施网络基本建成。截至2017年，全国已建成340560个基层综合性文化服务中心，626个县级图书馆、464个文化馆，城乡基本公共文化服务标准化、均等化水平不断提高。

政府持续开展全国文化志愿者边疆行和国家艺术院团志愿服务走基层等活动。2017年，全国艺术表演团体赴农村演出达到184.44万场，农村观众达8.3亿人次。各地农村品牌文化活动蓬勃开展，丰富了广大农民的精神文化生活。

11.9 农民工返乡创业优惠政策

（1）降低返乡创业门槛。

（2）落实定向减税和普遍性降费政策，符合政策规定的，可享受减征企业所得税、免征增值税、营业税等税费减免政策。

（3）加大财政支持力度。对符合条件的企业和人员，按规定给予社保补贴；具备享受支农惠农、小微企业扶持政策规定条件的纳入扶持范围；经工商登记注册的网络商户从业人员，同等享受各项就业创业扶持政策；未经工商登记注册的，可同等享受灵活就业人员扶持政策。

（4）强化返乡创业金融服务。运用创业投资类基金支持农民工等人员返乡创业；加快

发展村镇银行、农村信用社和小额贷款公司，鼓励银行业金融机构开发有针对性的金融产品和金融服务；加大对返乡创业人员的信贷支持和服务力度，对符合条件的给予创业担保贷款。

11.10 军人返乡创业优惠政策

(1) 对自谋职业的退役士兵从事个体经营(除建筑业、娱乐业以及广告业、桑拿、按摩、网吧、氧吧外)的，自领取税务登记证之日起，3年内免征营业税、城市维护建设税、教育费附加和个人所得税。

(2) 自谋职业的退役士兵：报考成人高等学校的，投档总分可增加10分，其中服役期间荣立三等功以上的，投档总分可增加20分；报考普通高等学校的，投档总分可增加10分，其中服役期间荣立二等功以上或被大军区以上单位授予荣誉称号的，投档总分可增加20分；具有本科学历报考研究生的，在同等条件下，可优先予以复试或录取。

(3) 自谋职业退役士兵从事个体经营的，除国家限制的行业(包括建筑业、娱乐业以及广告业、桑拿、按摩、网吧、氧吧等)外，自工商部门批准其经营之日起，凭《退役士兵自谋职业证》，3年内免交下列费用：①工商部门收取的个体工商户注册登记费(包括开业登记、变更登记)、个体工商户管理费、集贸市场管理费、经济合同示范文本工本费；②卫生部门收取的民办医疗机构管理费；③劳动保障部门收取的劳动合同鉴证费；④省人民政府及其财政、价格主管部门批准设立的涉及个体经营的登记类和管理类收费项目；⑤其他有关登记类、管理类的收费项目。

(4) 自谋职业的退役士兵从事个体经营或创办经济实体，经营资金不足时，可持《退役士兵自谋职业证》向商业银行申请贷款。符合贷款条件的，商业银行应优先予以信贷支持。

(5) 市劳动和社会保障局就业管理中心针对农业户口的退伍军人和农民工，可以免费参加技能培训和创业培训，还可以为返乡农民工提供小额担保贷款。

(6) 持有关复员转业的证件到当地人武部或民政局申请创业贷款和自谋职业创业免税优惠

11.11 农村创业贷款优惠政策的实施

11.11.1 农村青年创业小额贷款的审批、发放和管理

(1) 贷款对象。年龄在40周岁(含)以下，具有完全民事行为能力，遵纪守法，诚实守信，无不良信用记录，有创业愿望和一定基础的农村青年。

(2) 贷款额度、期限、利率和发放方式。小额信用贷款额度原则上控制在3万元以内，一般不超过5万元；抵押、质押和保证担保(含联保)贷款额度视借款人实际风险状况，可在信用贷款额度基础上适度提高。贷款期限一般设定在3年以内，最长不超过5年，具体

还款期限可由借、贷双方共同商定。按照“保本微利”运营方式，贷款利率执行在人民银行公布的同期贷款利率基础上可给予适当优惠。在授信额度内采取“一次授信、随用随贷、循环使用”方式发放贷款。探索把农村青年创业小额贷款与银行卡功能结合起来，发放“青年创业信用卡”。

(3) 贷款方式。本着“方便客户、灵活多样、覆盖风险”的原则，因地制宜，积极探索、创新适合农业农村实际、可操作性强的贷款方式。积极推进农村青年创业小额信用贷款。引导和鼓励涉农银行业金融机构利用信用户、信用村、信用乡(镇)制度等多种方式，建立和完善农村青年资信评价体系，积极发放不需要抵押担保的小额信用贷款，扩大贷款覆盖面，提高贷款满足率。

有条件的地方，可以以县(市)为单位，建立农村青年创业人才库和项目库，逐步实现区域联网。各级团组织要积极争取政府支持，营造良好的信用政策环境，对农村青年的优秀创业项目给予贴息扶持、税费优惠、放宽不良贷款核销条件等。争取各类社会支持，帮助农村青年创业就业，探索风险分担、补偿机制，建立团组织协调推动，政府、银行、保险、农村创业青年共同承担风险的工作体系。鼓励地方各级财政部门出资成立农村青年创业贷款基金，对农村青年创业小额贷款进行担保、贴息或作为奖励基金。

进一步完善小额担保贷款政策，创新小额担保贷款管理模式和服务方式。扩大小额担保贷款借款人范围。在现行政策已经明确的小额担保贷款借款人范同的基础上，符合规定条件的城镇登记失业人员、就业困难人员，均可按规定程序向经办金融机构申请小额担保贷款。小额担保贷款借款人的具体条件由各省(自治区、直辖市)制定。其中，对申请小额担保贷款从事微利项目的，中央财政给予贴息。具体贴息比例和办法，由财政部会同有关部门制定。提高小额担保贷款额度，经办金融机构对个人新发放的小额担保贷款最高额度为5万元，还款方式和计、结息方式由借贷双方商定。对符合条件人员合伙经营和组织起来就业的，经办金融机构可适当扩大贷款规模。创新小额担保贷款管理模式和服务方式。鼓励有条件的地区积极创新、探索符合当地特点的小额担保贷款管理新模式．、各经办金融机构在保证小额担保贷款安全的前提下，要尽量简化贷款手续，缩短贷款审批时间，为失业人员提供更便捷、更高效的金融服务．对信用记录好、贷款按期归还、贷款使用效益好的小额担保贷款的借款人，银行业金融机构要积极提供信贷支持，并在资信审查、贷款利率、贷款额度和期限等方面予以适当优惠。

11.11.2 改进财政贴息资金管理，拓宽财政贴息资金使用渠道

(1) 完善小额贷款担保基金(以下简称担保基金)的风险补偿机制。各省级财政部门(含计划单列市，下同)每年要安排适当比例的资金，用于建立和完善担保基金的持续补充机制，不断提高担保基金的代偿能力：中央财政综合考虑各省级财政部门当年担保基金的增长和代偿情况等因素，每年从小额担保贷款贴息资金中安排定比例的资金，对省级财政部门的担保基金实施奖补，鼓励担保机构降低反担保门槛或取消反担保。

(2) 建立小额担保贷款有效奖补。中央机制市小额担保贷款年度新增额的一定比例，从小额担保贷款贴息资金中安排一定奖补资金，主要用于对小额担保贷款工作业绩突出的

经办金融机构、担保机构、信用社区等单位的经财政按照各省费补助。具体奖补政策和担保基金风险补偿政策由财政部根据小额担保贷款年度发放回收情况、担保基金担保绩效等另行制定。

11.11.3 加大对劳动密集型小企业的扶持力度，充分发挥其对扩大就业的辐射拉动作用

(1) 经办金融机构对符合上述条件的劳动密集型小企业发放小额担保贷款，由财政部门按中国人民银行公布的贷款基准利率的50%给予贴息(展期不贴息)，贴息资金山由中央和地力财政各负担一半。经办金融机构的手续费补贴、呆坏账损失补贴等仍按现行政策执行。

(2) 鼓励各省级和省级以下财政部门利用担保基金为符合条件的劳动密集型小企业提供贷款担保服务。具体管理政策由各省级财政部门牵头制定，并报财政部备案。

11.11.4 进一步完善“小额担保贷款+信用社区建设+创业培训”的联动工作机制

认真落实《中国人民银行、财政部、劳动和社会保障部关于改进和完善小额担保贷款政策的通知》的有关规定，进一步细化和严格信用社区标准和认定办法，加强对信用社区的考核管理工作，及时总结信用社区创建工作好经验、好做法，逐步建立和完善有效的激励奖惩机制。具体考核指标和考核办法由各省级财政部门牵头制定。

11.12 劳动就业服务企业的税收优惠政策

根据《财政部 国家税务总局关于全面推开营业税改征增值税试点的通知》(财税〔2016〕36号)附件3 营业税改征增值税试点过渡政策的规定：扣减增值税规定、重点群体创业就业。

(1) 对持《就业创业证》(注明“自主创业税收政策”或“毕业年度内自主创业税收政策”)或2015年1月27日前取得的《就业失业登记证》(注明“自主创业税收政策”或附着《高校毕业生自主创业证》)的人员从事个体经营的，在3年内按每户每年8000元为限额依次扣减其当年实际应缴纳的增值税、城市维护建设税、教育费附加、地方教育附加和个人所得税。限额标准最高可上浮20%，各省、自治区、直辖市人民政府可根据本地区实际情况在此幅度内确定具体限额标准，并报财政部和国家税务总局备案。纳税人年度应缴纳税款小于上述扣减限额的，以其实际缴纳的税款为限；大于上述扣减限额的，应以上述扣减限额为限。上述人员是指：

① 在人力资源社会保障部门公共就业服务机构登记失业半年以上的人员。

② 零就业家庭、享受城市居民最低生活保障家庭劳动年龄内的登记失业人员。

③ 毕业年度内高校毕业生。高校毕业生是指实施高等学历教育的普通高等学校、成人高等学校毕业的学生；毕业年度是指毕业所在自然年，即1月1日至12月31日。

(2) 对商贸企业、服务型企业、劳动就业服务企业中的加工型企业和街道社区具有加

工性质的小型企业实体，在新增加的岗位中，当年新招用在人力资源社会保障部门公共就业服务机构登记失业半年以上且持《就业创业证》或 2015 年 1 月 27 日前取得的《就业失业登记证》(注明“企业吸纳税收政策”)人员，与其签订 1 年以上期限劳动合同并依法缴纳社会保险费的，在 3 年内按实际招用人数予以定额依次扣减增值税、城市维护建设税、教育费附加、地方教育附加和企业所得税优惠。定额标准为每人每年 4000 元，最高可上浮 30%，各省、自治区、直辖市人民政府可根据本地区实际情况在此幅度内确定具体定额标准，并报财政部和国家税务总局备案。

按上述标准计算的税收扣减额应在企业当年实际应缴纳的增值税、城市维护建设税、教育费附加、地方教育附加和企业所得税税额中扣减，当年扣减不足的，不得结转下年使用本条所称服务型企业是指从事《销售服务、无形资产、不动产注释》中“不动产租赁服务”“商务辅助服务”(不含货物运输代理和代理报关服务)、“生活服务”(不含文化体育服务)范围内业务活动的企业以及按照《民办非企业单位登记管理暂行条例》(国务院令第 251 号)登记成立的民办非企业单位。

(3) 享受上述优惠政策的人员按以下规定申领《就业创业证》：

① 按照《就业服务与就业管理规定》(劳动和社会保障部令第 28 号)第六十三条的规定，在法定劳动年龄内，有劳动能力，有就业要求，处于无业状态的城镇常住人员，在公共就业服务机构进行失业登记，申领《就业创业证》。其中，农村进城务工人员和其他非本地户籍人员在常住地稳定就业满 6 个月的，失业后可以在常住地登记。

② 零就业家庭凭社区出具的证明，城镇低保家庭凭低保证明，在公共就业服务机构登记失业，申领《就业创业证》。

③ 毕业年度内高校毕业生在校期间凭学生证向公共就业服务机构按规定申领《就业创业证》，或委托所在高校就业指导中心向公共就业服务机构按规定代为其申领《就业创业证》；毕业年度内高校毕业生离校后直接向公共就业服务机构按规定申领《就业创业证》。

④ 上述人员申领相关凭证后，由就业和创业地人力资源社会保障部门对人员范围、就业失业状态、已享受政策情况进行核实，在《就业创业证》上注明“自主创业税收政策”“毕业年度内自主创业税收政策”或“企业吸纳税收政策”字样，同时符合自主创业和企业吸纳税收政策条件的，可同时加注；主管税务机关在《就业创业证》上加盖戳记，注明减免税所属时间。

(4) 上述税收优惠政策的执行期限为 2016 年 5 月 1 日至 2016 年 12 月 31 日，纳税人在 2016 年 12 月 31 日未享受满 3 年的，可继续享受至 3 年期满为止。

按照《财政部 国家税务总局 人力资源社会保障部关于继续实施支持和促进重点群体创业就业有关税收政策的通知》(财税〔2014〕39 号)规定享受营业税优惠政策的纳税人，自 2016 年 5 月 1 日起按照上述规定享受增值税优惠政策，在 2016 年 12 月 31 日未享受满 3 年的，可继续享受至 3 年期满为止。

《财政部 国家税务总局关于将铁路运输和邮政业纳入营业税改征增值税试点的通知》(财税〔2013〕106 号)附件 3 第一条第(十三)项失业人员就业增值税优惠政策，自 2014

年1月1日起停止执行。在2013年12月31日未享受满3年的，可继续享受至3年期满为止。

思考与练习

SIKAOYULIANXI

1. 列举出三种常见的 创业扶持政策。
2. 概述一下大学生返乡创业的优惠政策。
3. 谈一谈对于常见的创业扶持政策，政府做出了哪些政策。